Spring Cloud Alibaba 微服务开发

李西明 陈立为 ◎ 编著

清華大学出版社
北京

内 容 简 介

本书基于2023年推出的微服务框架Spring Cloud Alibaba详细讲解了Nacos注册中心、配置管理、负载均衡组件LoadBalancer、OpenFeign远程服务调用框架、Dubbo＋ZooKeeper的RPC远程调用框架、网关组件Gateway、Sentinel流量控制和熔断降级、RocketMQ消息中间件、Spring Cloud Stream整合消息中间件、Seata分布式事务、微服务监控组件Skywalking及如何使用Docker部署Spring Boot项目和微服务组件、使用Kubernetes整合Spring Boot项目、使用Kubernetes编排微服务、基于Jenkins的微服务CI/CD实战等，帮助读者理解Spring Cloud Alibaba框架原理并快速上手搭建Spring Cloud Alibaba微服务框架项目。

本书适合有Spring Boot基础的读者进阶学习，也可作为高等院校计算机软件相关专业的教材或开发人员的参考资料。

图书在版编目（CIP）数据

Spring Cloud Alibaba微服务开发/ 李西明，陈立为编著. -- 北京：清华大学出版社，2025.2.

（计算机技术开发与应用丛书）. -- ISBN 978-7-302-67956-1

Ⅰ. TP368.5

中国国家版本馆CIP数据核字第2025KV8833号

责任编辑：赵佳霓
封面设计：吴　刚
责任校对：郝美丽
责任印制：沈　露

出版发行：清华大学出版社
网　　址：https://www.tup.com.cn，https://www.wqxuetang.com
地　　址：北京清华大学学研大厦A座　　**邮　　编**：100084
社 总 机：010-83470000　　**邮　　购**：010-62786544
投稿与读者服务：010-62776969，c-service@tup.tsinghua.edu.cn
质量反馈：010-62772015，zhiliang@tup.tsinghua.edu.cn
课件下载：https://www.tup.com.cn，010-83470236
印 装 者：涿州汇美亿浓印刷有限公司
经　　销：全国新华书店
开　　本：186mm×240mm　　**印　　张**：17.5　　**字　　数**：396千字
版　　次：2025年3月第1版　　**印　　次**：2025年3月第1次印刷
印　　数：1～1500
定　　价：59.00元

产品编号：102892-01

前言

PREFACE

当前 Java Web 开发逐步从单体项目过渡到分布式项目，再发展成为微服务项目，微服务技术在国内方兴未艾，读者对这方面技术的学习需求旺盛，Spring Cloud Alibaba 微服务框架作为微服务方面的引领者，也在不断升级以适应新时代新技术的需要，但图书市场上不少还停留在与 Spring Cloud 的 Hoxton 版本搭档的 Spring Cloud Alibaba 的 2.2.7.RELEASE～2.2.9.RELEASE 版本，较新的版本很难找到，本书是基于 2023 年推出的 Spring Cloud Alibaba 2022.0.0.0 版本，适配的 Spring Cloud 版本是 Spring Cloud 2022.0.0，使用的 Spring Boot 版本是 3.0.2，JDK 版本是 JDK 17，这些较高配置足以满足未来若干年的需要。扫描目录上方的二维码可下载本书配套的源码及教学课件(PPT)。

本书特色

(1) 新：全新版本，全新配套技术，例如负载均衡不再采用 Ribbon，而是采用最新的 LoadBalancer。

(2) 全：从单体过滤到微服务，再到 Docker 容器部署，K8S 编排，最后到 Jenkins 持续集成，循序渐进，内容不仅包括了 Spring Cloud Alibaba 的常用组件，还包括了常用的其他 Spring Cloud 组件，如 Gateway、OpenFeign 等。

(3) 通俗易懂：易理解，易入门，语言组织不深奥。

(4) 理论联系实际：主要知识点均辅于实例验证。

编　者

2024 年 12 月

目录

CONTENTS

教学课件(PPT)

本书源码

第1章 微服务架构与 Spring Cloud Alibaba

本章主要内容:

- *微服务架构介绍*
- *搭建微服务开发环境*
- *微服务初步实践案例*

随着项目功能的增强及高并发与复用的需求,传统单体架构已不能满足需求,以 Spring Boot 技术为依托,以 Spring Cloud 为代表的微服务架构得到了迅速发展,其中 Spring Cloud Alibaba 是 Spring Cloud 的一个流行解决方案。本章介绍微服务的概念与 Spring Cloud Alibaba 的基础知识,并实现一个简单的微服务工程。

1.1 微服务架构

微服务架构比单体架构更复杂,功能更强大,用于解决单体架构存在的一系列问题。下面通过两者的比较来认识微服务架构,并认识 Spring Cloud Alibaba 微服务架构解决方案。

1.1.1 单体架构与微服务架构

单体架构是一个项目中包括所有的业务功能模块,通常被打包部署到一个服务器中,或仅在多个服务器中做简单的负载均衡。单体架构的好处是开发与部署比较容易,弊端是多个业务模块之间存在高耦合,模块之间关系复杂,不利于维护与功能扩展,并且容错性差,一个模块的错误可能会蔓延到整个系统,从而导致系统崩溃。

微服务按业务功能可划分为多个独立的功能模块,每个业务模块作为单独的项目进行开发,称为一个微服务,每个微服务可分别部署,但多个微服务进行统一管理与协作,模块之间可以以 HTTP 或远程调用的方式进行互相调用,共同满足客户所需的业务需求。微服务是一种分布式架构设计方案。微服务架构由于各个业务模块是互相独立的,因此可以对某个模块单独进行修改、测试或升级而不会影响到其他模块,降低了耦合度。方便独立开发,各个小组团队可各自开发其中的一个模块而互不影响,只需对外暴露远程访问的接口。易于扩展或升级,要扩展功能,只需增加一些模块,再进行相对简单的整合。此外单个微服务启动较快,从而整体上启动速度较快。

微服务架构很好地解决了单体架构高耦合的问题、维护性及扩展性差的问题并有更好的并发访问能力,但划分出更多的模块也意味着更加复杂并需要更多的管理与协作,需要考虑并解决如下一些问题。

(1) 需要为多个微服务设置一个统一的入口,即网关。

(2) 如果有新的微服务模块启动,则系统如何识别并加入进来。

(3) 微服务之间如何互相调用。

(4) 多个微服务如何进行负载均衡。

(5) 如何对多个微服务的配置文件进行统一管理。

(6) 如果一个微服务出现故障,则如何不影响其他微服务,即服务熔断与降级问题。

(7) 分布式事务问题。

(8) 如何监控微服务的运行状态,如何识别调用链路。

本书介绍的 Spring Cloud Alibaba 对上述问题皆提出了较好的解决方案。

1.1.2 微服务架构图

为了更好地理解微服务,下面用一张图展示微服务架构的全貌,如图 1-1 所示。

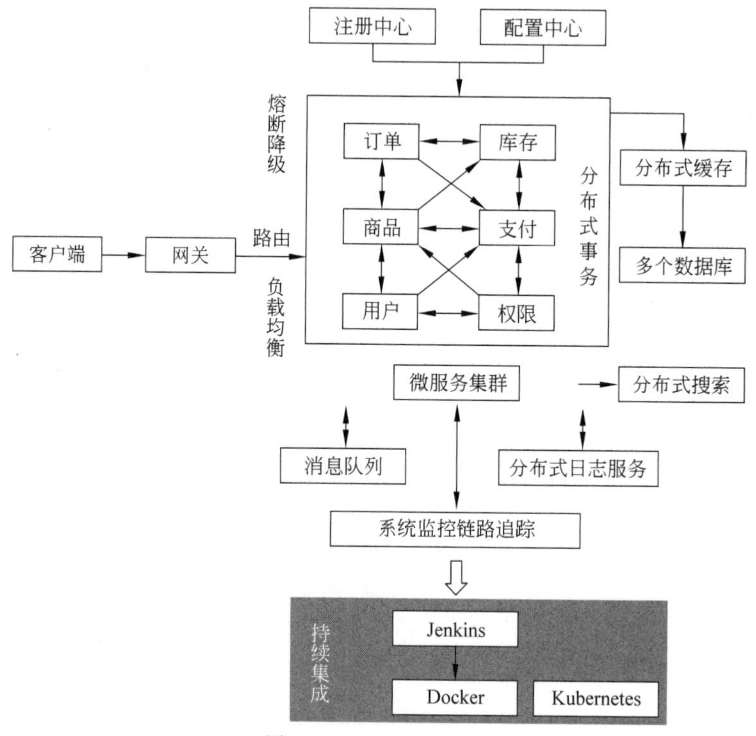

图 1-1 微服务架构图

1.1.3 Spring Cloud Alibaba 微服务解决方案

Spring Cloud 是 Spring 推出的微服务框架，在 Spring Boot 技术的基础上整合了微服务的各种功能组件，如注册发现、负载均衡、配置中心、消息总线、断路器、全局锁、数据监控等，构建了一个分布式的系统，主要组件来自 Netflix。

Spring Cloud Netflix 众多组件进入了维护模式，目前国内用得较多的是 Spring Cloud Alibaba 的微服务解决方案，它已成为 Spring Cloud 官方的一套正式的微服务组件，可用来快速搭建分布式应用系统，在国内电商的高并发应用场景中已得到充分的实战检验。

Spring Cloud Alibaba 的主要功能与组件如表 1-1 所示。

表 1-1　Spring Cloud Alibaba 的主要功能与组件

功　　能	组　　件	描　　述
服务注册与发现、分布式配置管理	Nacos	服务注册与发现、配置管理和服务管理平台
服务限流与降级	Sentinel	流量控制、熔断降级、负载保护
分布式事务	Seata	一个高性能的分布式事务解决方案
分布式消息系统	RocketMQ	提供高可用、低时延的消息发布与订阅服务
消息驱动能力	Spring Cloud Stream	为微服务应用构建消息驱动能力
网关	Spring Cloud Gateway	统一网关入口与路由转发功能
分布式任务调度	Alibaba Cloud SchedulerX	一款分布式任务调用产品，支持定期任务
阿里云对象存储	Alibaba Cloud OSS	可以存储、处理和访问来自世界任何地方的大量数据

Spring Cloud Alibaba、Spring Cloud 和 Spring Boot 版本对应关系如表 1-2 所示。注意，这些版本要对应才能正常运行。

表 1-2　Spring Cloud Alibaba、Spring Cloud 和 Spring Boot 版本对应关系

Spring Cloud Alibaba Version	Spring Cloud Version	Spring Boot Version
2022.0.0.0	Spring Cloud 2022.0.0	3.0.2
2022.0.0.0-RC2	Spring Cloud 2022.0.0	3.0.2
2022.0.0.0-RC1	Spring Cloud 2022.0.0	3.0.0
2021.0.5.0 *	Spring Cloud 2021.0.5	2.6.13
2021.0.4.0	Spring Cloud 2021.0.4	2.6.11
2021.0.1.0	Spring Cloud 2021.0.1	2.6.3
2021.1	Spring Cloud 2020.0.1	2.4.2
2.2.9.RELEASE *	Spring Cloud Hoxton.SR12	2.3.12.RELEASE

续表

Spring Cloud Alibaba Version	Spring Cloud Version	Spring Boot Version
2.2.8.RELEASE	Spring Cloud Hoxton.SR12	2.3.12.RELEASE
2.2.7.RELEASE	Spring Cloud Hoxton.SR12	2.3.12.RELEASE

本书选用 Spring Boot 3.0.2,Spring Cloud 2022.0.0,Spring Cloud Alibaba 2022.0.0.0。Spring Cloud Alibaba 版本与各组件的版本的对应关系如表 1-3 所示。

表 1-3　Spring Cloud Alibaba 版本与各组件的版本的对应关系

Spring Cloud Alibaba Version	Sentinel Version	Nacos Version	RocketMQ Version	Dubbo Version	Seata Version
2022.0.0.0	1.8.6	2.2.1	4.9.4	—	1.7.0
2022.0.0.0-RC2	1.8.6	2.2.1	4.9.4	—	1.7.0-native-rc2
2021.0.5.0	1.8.6	2.2.0	4.9.4	—	1.6.1
2.2.10-RC1	1.8.6	2.2.0	4.9.4	—	1.6.1
2022.0.0.0-RC1	1.8.6	2.2.1-RC	4.9.4	—	1.6.1
2.2.9.RELEASE	1.8.5	2.1.0	4.9.4	—	1.5.2
2021.0.4.0	1.8.5	2.0.4	4.9.4	—	1.5.2
2.2.8.RELEASE	1.8.4	2.1.0	4.9.3	—	1.5.1
2021.0.1.0	1.8.3	1.4.2	4.9.2	—	1.4.2
2.2.9.RELEASE	1.8.5	2.1.0	4.9.4	—	1.5.2
2021.0.4.0	1.8.5	2.0.4	4.9.4	—	1.5.2
2.2.8.RELEASE	1.8.4	2.1.0	4.9.3	—	1.5.1
2021.0.1.0	1.8.3	1.4.2	4.9.2	—	1.4.2
2.2.7.RELEASE	1.8.1	2.0.3	4.6.1	2.7.13	1.3.0
2.2.6.RELEASE	1.8.1	1.4.2	4.4.0	2.7.8	1.3.0

1.2　搭建开发环境

进行 Spring Cloud Alibaba 的开发需要安装 JDK、Maven 及 IDEA 开发工具。

1.2.1　安装 JDK

为了获取并安装 JDK 17 及以上的版本,可在适合的来源查找适用于自己的操作系统的 JDK 17 安装程序。完成下载后,双击安装包按照提示进行安装。安装完成后,需要牢记安装路径。接下来，需要配置两个环境变量。首先，将 JAVA_HOME 设置为 JDK 的安装路径，然后在环境变量 Path 中添加%JAVA_HOME%\bin，并在原有 Path 值的末尾添加一个分号作为分隔符。这样就完成了 Java 环境变量的配置。

1.2.2 安装 Maven

从适合的渠道获取 Maven 安装包，并解压缩。解压后，打开目录，将会看到包含 bin、conf 等子目录的目录结构，如图 1-2 所示。记住或复制这个路径，然后将环境变量 MAVEN_HOME 的值设置为该路径，如图 1-3 所示。

主页 共享 查看

› 此电脑 › Windows (C:) › software › apache-maven-3.8.4

名称	修改日期	类型	大小
bin	2021/11/14 9:12	文件夹	
boot	2021/11/14 9:12	文件夹	
conf	2021/11/14 9:12	文件夹	
lib	2021/11/14 9:12	文件夹	
LICENSE	2021/11/14 9:12	文件	18 KB
NOTICE	2021/11/14 9:12	文件	6 KB
README.txt	2021/11/14 9:12	文本文档	3 KB

图 1-2 Maven 主目录

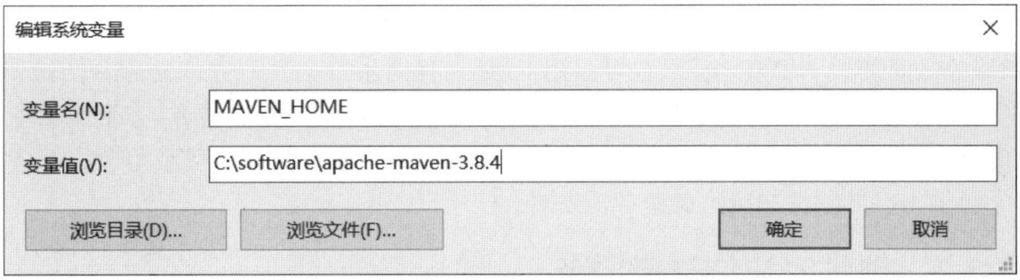

编辑系统变量

变量名(N): MAVEN_HOME

变量值(V): C:\software\apache-maven-3.8.4

浏览目录(D)... 浏览文件(F)... 确定 取消

图 1-3 配置 MAVEN_HOME 环境变量

在环境变量 Path 中新建一个%MAVEN_HOME%\bin 的值。

选择一个硬盘，新建一个名为 repository 的目录作为 Maven 的仓库，记住或复制其路径，打开图 1-2 所示的 Maven 目录下的 conf 子目录，双击打开 settings.xml 文件，在图 1-4 所示位置(第 55 行)配置上述的 Maven 仓库的路径，保存后退出。

```
49   <!-- localRepository
50     | The path to the local repository maven will use to store artifacts.
51     |
52     | Default: ${user.home}/.m2/repository
53
54   -->
55   <localRepository>C:\repository</localRepository>
```

图 1-4 配置 Maven 仓库

打开命令提示符，输入命令 mvn -version，如果出现 Maven 的版本信息，则证明 Maven 配置成功，如图 1-5 所示。

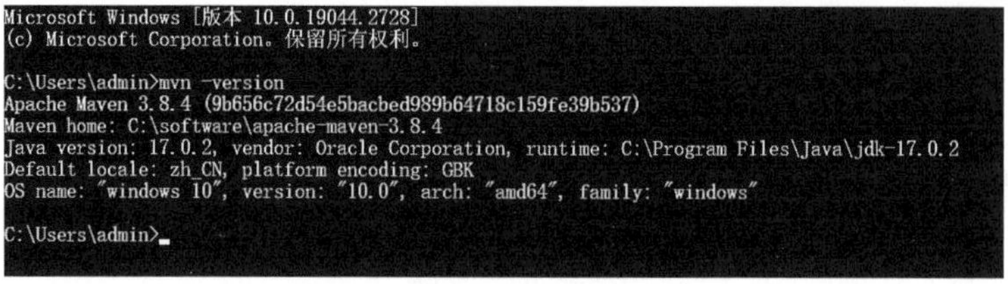

```
Microsoft Windows [版本 10.0.19044.2728]
(c) Microsoft Corporation。保留所有权利。

C:\Users\admin>mvn -version
Apache Maven 3.8.4 (9b656c72d54e5bacbed989b64718c159fe39b537)
Maven home: C:\software\apache-maven-3.8.4
Java version: 17.0.2, vendor: Oracle Corporation, runtime: C:\Program Files\Java\jdk-17.0.2
Default locale: zh_CN, platform encoding: GBK
OS name: "windows 10", version: "10.0", arch: "amd64", family: "windows"

C:\Users\admin>
```

图 1-5　验证 Maven 安装成功

此外还需要自行安装 IntelliJ IDEA 集成开发环境及 MySQL 数据库 8.0 版本及 Navicat 客户端工具。这些都安装好了以后就可以进行 Spring Cloud Alibaba 的开发了。

1.3 微服务初步实践

如果单体项目不能满足需求，可以考虑拆分为多个微服务，拆分需要注意一些原则，下面讲述拆分的原则并提供一个简单的微服务实例。

1.3.1 微服务拆分原则与角色划分

微服务是将一个大型应用拆分为若干个小型的服务，通常以独立的不重复的业务功能为单位进行拆分，每个微服务运行在自己的进程中，可以独立部署和升级维护，一般情况下各个微服务的数据库也要独立，每个微服务有自己独立的数据库，微服务可对外暴露业务接口，微服务之间使用 HTTP 交互(也可以用 RPC 远程调用)，交互双方的角色分别是：发出 HTTP 请求的称为微服务消费者，响应 HTTP 请求的称为微服务提供者，一个微服务可能某一时刻扮演着微服务提供者角色，而另一个时刻又扮演着微服务消费者角色。服务提供者通常会将 JSON 数据响应给微服务消费者。

1.3.2 创建客户信息微服务

这里创建一个 Spring Boot 项目 userservice，用作微服务的服务提供者，对外暴露一个格式为 http://localhost:8081/user/1 的 URL，这个 URL 中的 1 是可变的，代表客户编号，响应数据是该客户编号的 JSON 格式的用户信息。

(1) 创建数据库 userdb，创建表 user，如图 1-6 所示。

添加若干数据，如图 1-7 所示。

(2) 创建 Spring Boot 项目 userservice，创建过程如图 1-8 所示。

Spring Boot 版本选择或修改为 3.0.2。

(3) 添加依赖的代码如下：

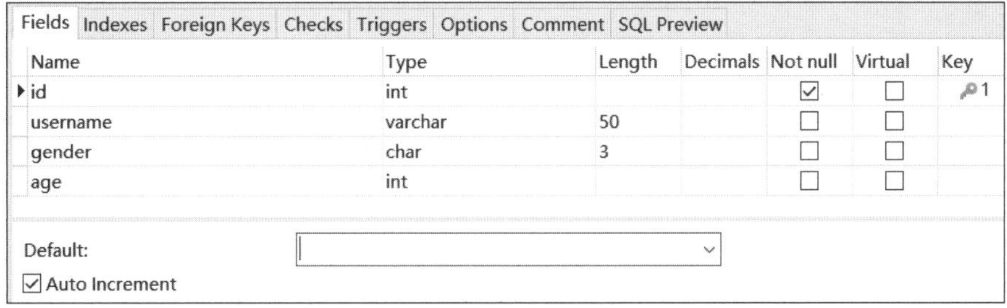

Fields | Indexes | Foreign Keys | Checks | Triggers | Options | Comment | SQL Preview

Name	Type	Length	Decimals	Not null	Virtual	Key
id	int			☑	☐	1
username	varchar	50		☐	☐	
gender	char	3		☐	☐	
age	int			☐	☐	

Default:

☑ Auto Increment

图 1-6　user 表结构

id	username	gender	age
1	李白	男	18
2	王维	男	19
3	张飞	男	22
4	李清照	女	17
5	苏东坡	男	23

图 1-7　user 表数据

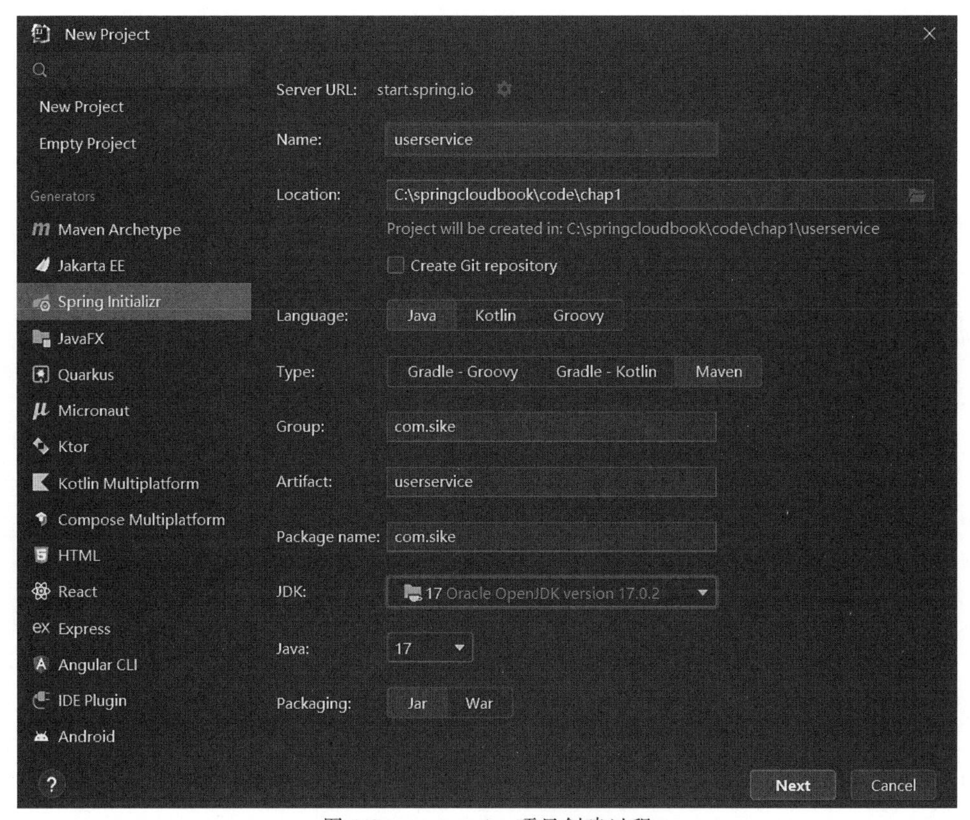

图 1-8　userservice 项目创建过程

```
<dependency>
    <groupId>org.springframework.boot</groupId>
    <artifactId>spring-boot-starter-web</artifactId>
</dependency>
<dependency>
    <groupId>mysql</groupId>
    <artifactId>mysql-connector-java</artifactId>
    <version>8.0.25</version>
</dependency>
<dependency>
    <groupId>com.baomidou</groupId>
    <artifactId>mybatis-plus-boot-starter</artifactId>
    <version>3.5.3</version>
</dependency>
<dependency>
    <groupId>org.projectlombok</groupId>
    <artifactId>lombok</artifactId>
</dependency>
```

然后在 IDEA 的 file→settings 中修改 Maven 的配置，将 Maven 路径设置为前述安装路径。

(4) 配置文件 application.xml 的代码如下：

```
server:
  port: 8081

spring:
  datasource:
    driver-class-name: com.mysql.cj.jdbc.Driver
    username: root
    password: root
    url: jdbc:mysql://localhost:3306/userdb?serverTimezone=UTC
  application:
    name: userservice
```

(5) 使用 MyBatisX 快速生成数据访问层与业务层。在 IDEA 中安装 MyBatisX 插件，然后在 IDEA 右侧连接好 userdb 数据库，找到 user 表，右击 MybatisX-Generator，如图 1-9 所示。

当弹出如图 1-10 所示的对话框时，选择 module path 作为当前项目路径，在 base package 右侧的文本框填写的内容为 com.sike，其他保持默认值。

单击 Next 按钮，此时会弹出如图 1-11 所示的对话框。

单击图中箭头所示的选择，再单击 Finish 按钮即可自动生成数据访问层与业务层，如图 1-12 中的方框所示。

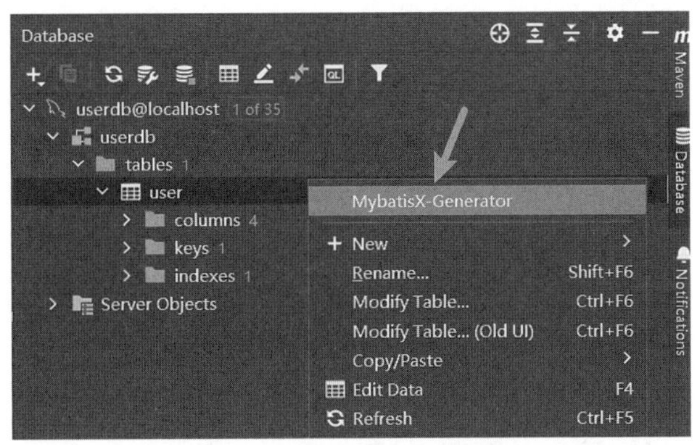

图 1-9　MyBatisX 使用图示

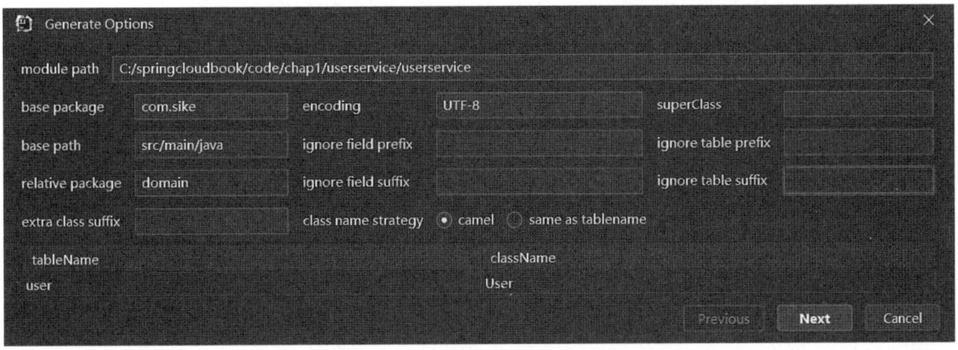

图 1-10　MyBatisX 使用步骤一

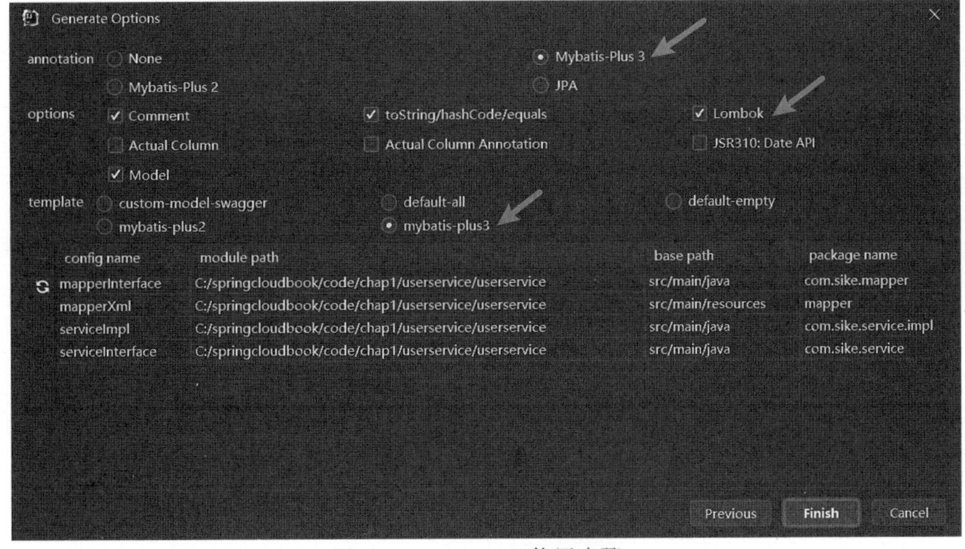

图 1-11　MyBatisX 使用步骤二

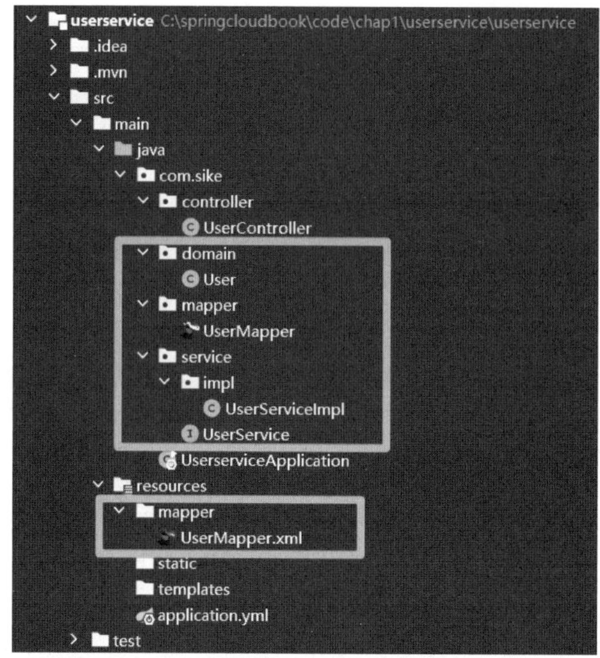

图 1-12　自动生成的数据访问层与业务层

（6）创建控制器 UserController，代码如下：

```
@RestController
@RequestMapping("/user")
public class UserController {

    @Autowired
    private UserService userService;

    @GetMapping("/{id}")
    public User findUserById(@PathVariable Integer id){
        return userService.getById(id);
    }
}
```

在启动类中添加@MapperScan("com.sike.mapper")注解，启动项目，打开浏览器，访问网址 http://localhost:8081/user/1，结果如图 1-13 所示。

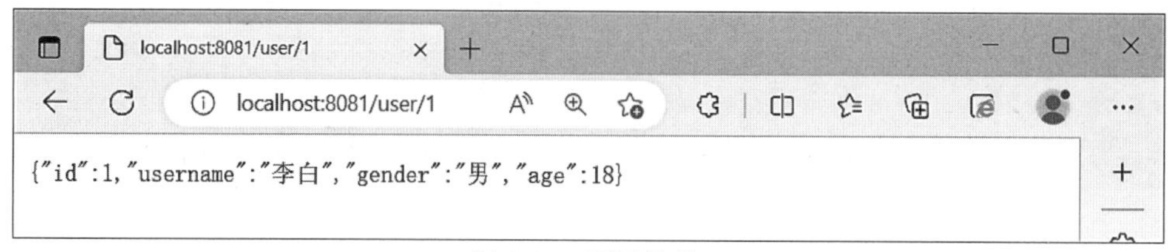

图 1-13　测试效果

可以把 URL 中的 1 分别改为 2、3 等再多测试几次。这个 URL 就是微服务提供者暴露给其他微服务的接口，至此微服务提供者创建完毕。

1.3.3　创建订单信息微服务

创建订单信息微服务作为服务消费者。

(1) 创建数据库 orderdb，创建数据库表 orders，表结构如图 1-14 所示。

Fields | Indexes | Foreign Keys | Checks | Triggers | Options | Comment | SQL Preview

Name	Type	Length	Decimals	Not null	Virtual	Key	Comment
id	int			☑	☐	1	订单编号
ordername	varchar	255		☐	☐		订单名称
amount	double			☑	☐		订单金额
userid	int			☐	☐		用户编号

Default:

☑ Auto Increment

图 1-14　orders 表结构

其中，id 表示订单编号，userid 表示下订单的客户编号，添加若干数据，如图 1-15 所示。

id	ordername	amount	userid
1	儿童玩具	198	1
2	智能手表	2000	2
3	手机配件	300	3
4	休闲食品	88	4
5	女鞋	1800	5

图 1-15　orders 表数据

(2) 创建 Spring Boot 项目 orderservice，Spring Boot 版本号为 3.0.2，导入依赖的代码如下：

```
<dependency>
    <groupId>org.springframework.boot</groupId>
    <artifactId>spring-boot-starter-web</artifactId>
</dependency>
<dependency>
    <groupId>mysql</groupId>
    <artifactId>mysql-connector-java</artifactId>
    <version>8.0.25</version>
</dependency>
<dependency>
    <groupId>com.baomidou</groupId>
    <artifactId>mybatis-plus-boot-starter</artifactId>
    <version>3.5.3</version>
</dependency>
<dependency>
```

```
    <groupId>org.projectlombok</groupId>
    <artifactId>lombok</artifactId>
</dependency>
```

（3）application.xml 配置文件，代码如下：

```
server:
  port: 8082

spring:
  datasource:
    driver-class-name: com.mysql.cj.jdbc.Driver
    username: root
    password: root
    url: jdbc:mysql://localhost:3306/orderdb?serverTimezone=UTC
  application:
    name: orderservice
```

（4）使用 MyBatisX 快速自动生成数据访问层与业务层，如图 1-16 所示。

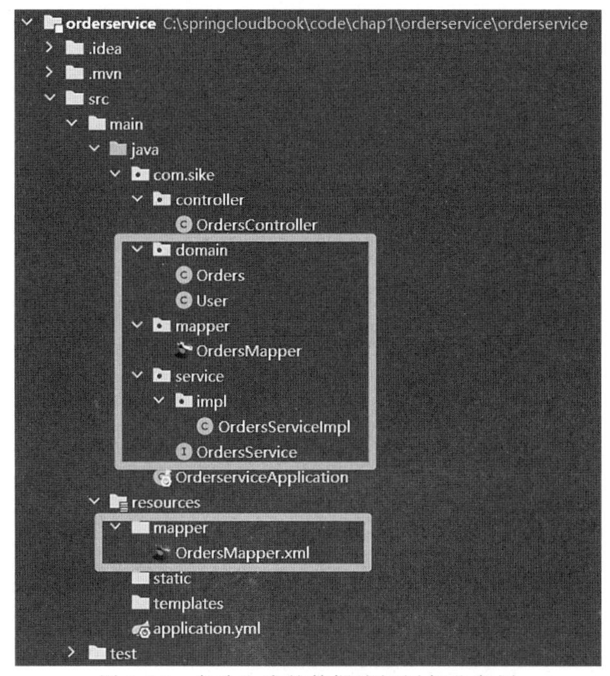

图 1-16　自动生成的数据访问层与业务层

创建完成后在启动类添加@MapperScan("com.sike.mapper")注解。

（5）将 User 类添加到 com.sike.domain 包下，修改 Orders 类，添加一个 User 类型的属性，关键代码如下：

```
@TableField(exist =false)
private User user;
```

注意属性上面的注解很重要，表示数据库表中无须对应的列。

(6) 创建控制器 OrdersController 的代码如下：

```
@RestController
@RequestMapping("/order")
public class OrdersController {

    @Autowired
    private OrdersService ordersService;

    @GetMapping("/{id}")
    public Orders findOrderById(@PathVariable Integer id){
        Orders orders=ordersService.getById(id);
        return orders;
    }
}
```

(7) 启动项目，在浏览器中访问网址 localhost:8082/order/1，结果如图 1-17 所示。

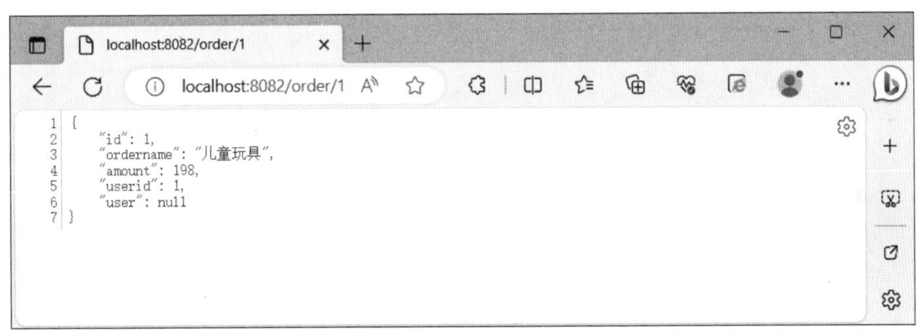

图 1-17　测试结果

可见订单号为 1 的订单信息查询出来了，但该订单下的客户信息为 null，即不清楚是哪个客户下的订单。可将 URL 中的 1 修改为 2、3 等多测试几次。

1.3.4　远程调用微服务

在上述订单信息微服务中，获取的订单信息缺少客户信息，这个问题可以通过在订单微服务中远程调用客户信息微服务得以解决，具体步骤如下：

(1) 在 OrderserviceApplication 类中添加一种方法生成 RestTemplate 的 Bean，存入 Spring 容器中，作为远程调用的工具。注意 restTemplate()方法，启动类的代码如下：

```
@Spring BootApplication
@MapperScan("com.sike.mapper")
public class OrderserviceApplication {

    public static void main(String[] args) {
        SpringApplication.run(OrderserviceApplication.class, args);
    }

    @Bean
    public RestTemplate restTemplate(){
        return new RestTemplate();
    }
}
```

（2）修改 OrdersController 类，注入 RestTemplate，然后在 findOrderById 方法中添加代码，进行远程调用，将调用结果封装为 User 对象，再设置到 Orders 的 user 属性中。修改后的代码如下：

```
@RestController
@RequestMapping("/order")
public class OrdersController {

    @Autowired
    private RestTemplate restTemplate;

    @Autowired
    private OrdersService ordersService;

    @GetMapping("/{id}")
    public Orders findOrderById(@PathVariable Integer id){

        Orders orders =ordersService.getById(id);
        int userId =orders.getUserId(); //获取用户编号
        //远程调用客户信息微服务，将结果封装为 User 对象
        User user = restTemplate.getForObject("http://localhost:8081/user/" +
userId, User.class);
        orders.setUser(user);
        return orders;
    }
}
```

这样返回的 orders 对象就包含了客户信息。

（3）重新启动，浏览器再次访问网址 localhost:8082/order/1，结果如图 1-18 所示。

可见，返回的订单信息里面已经包含了详细的客户信息。

这样就完成了一个简单的微服务之间的调用，但这个简单的案例还有很多问题需要解

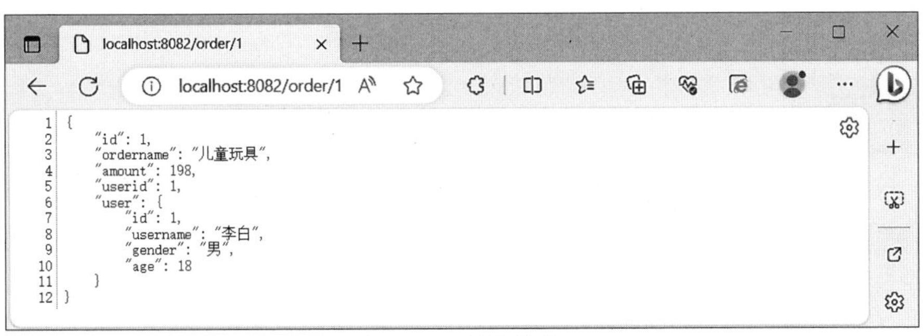

图 1-18　最终结果

决，例如微服务消费者怎样才能获得微服务提供者的信息，怎样实现负载均衡，怎样给多个微服务一个统一的入口，怎样进行流量控制，怎样做分布式事务，这些问题都需要进一步学习和应用 Spring Cloud Alibaba 来解决。

第2章 Nacos注册中心与配置管理

本章主要内容：

- Nacos简介
- Nacos服务注册与发现
- Nacos配置管理
- 搭建Nacos集群

Nacos集成了微服务注册中心和配置中心功能，它的出现取代了以前的常用的注册中心ZooKeeper和Eureka，以及常用的配置中心Spring Cloud Config。

2.1 Nacos简介

Nacos用来帮助用户快速实现动态服务发现、服务配置、服务元数据及流量管理。Nacos具有以下4大功能：

（1）服务发现和健康监测。

（2）动态配置服务。

（3）动态DNS服务。

（4）服务及其元数据管理。

2.2 Nacos服务注册与发现

在没有注册中心之前，如果服务消费者要调用其他微服务，则需要由服务消费者自己维护服务提供者的协议地址、端口号等，存在硬编码问题，耦合程度高，不方便维护。通过Nacos注册中心，服务提供者可以把自己的服务名称和协议地址注册到Nacos服务器，由Nacos服务器维护服务名称与协议地址的映射关系，供服务消费者查询（发现），服务消费者在调用服务时会到Nacos注册中心根据服务名称查询到该服务名称对应的实际协议地址，再根据实际协议地址进行HTTP访问或远程调用，如果服务提供者有多个实例，则可以进行负载均衡。服务消费者能动态地感知服务提供者服务地址的变化，并且 Nacos 还可以定期判断服务提供者是否还健康（是否下线），如果不健康，则会及时从服务列表中移除。Nacos 注册中心原理如图 2-1 所示。

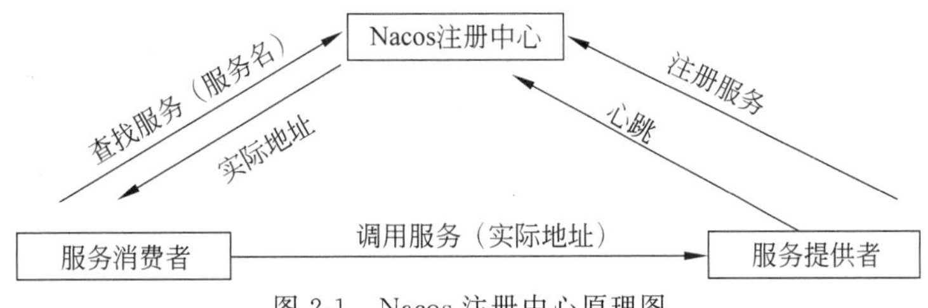

图 2-1 Nacos 注册中心原理图

2.2.1 安装与启动 Nacos 组件

从官网下载 Nacos 2.2.1 版本，解压后修改 conf 目录下的 application.properties 文件。设置其中的 nacos.core.auth.plugin.nacos.token.secret.key 值，默认为空值，这里的设置值为 SecretKey012345678901234567890123456789012345678901234567890123456789。

进入 bin 目录，启动 cmd 命令行窗口，输入的命令为 startup.cmd -m standalone，该命令的意思是以单机模式启动 Nacos 服务，将来还会学习以集群模式启动 Nacos 服务。

启动成功后，浏览器访问 http://localhost:8848/nacos/index.html，输入默认的用户名 nacos，默认的密码 nacos，即可进入 Nacos 服务器的管理界面，如图 2-2 所示，在这里可以管理 Nacos 服务器。

图 2-2 Nacos 服务器的管理界面

2.2.2 服务提供者项目

在第1章的案例中，服务提供者 userservice 并没有使用注册中心进行管理，这里要将其注册到 Nacos 服务器，关键步骤如下：

(1) 将第1章的 userservice 项目复制到新建的文件夹 chap2 中，然后重新打开。接着，在 pom.xml 文件中添加以下代码来管理 Spring Cloud 与 Spring Cloud Alibaba 的依赖：

```
<dependencyManagement>
    <dependencies>
        <dependency>
            <groupId>org.springframework.cloud</groupId>
            <artifactId>spring-cloud-dependencies</artifactId>
            <version>2022.0.0</version>
            <type>pom</type>
            <scope>import</scope>
        </dependency>
        <dependency>
            <groupId>com.alibaba.cloud</groupId>
            <artifactId>spring-cloud-alibaba-dependencies</artifactId>
            <version>2022.0.0.0</version>
            <type>pom</type>
            <scope>import</scope>
        </dependency>
    </dependencies>
</dependencyManagement>
```

再在<dependencies>节点下添加 Nacos 注册与发现相关的依赖，代码如下：

```
<dependency>
    <groupId>com.alibaba.cloud</groupId>
    <artifactId>spring-cloud-starter-alibaba-nacos-discovery</artifactId>
</dependency>
```

(2) 在配置文件 application.yml 的 spring 节点的下一级添加的代码如下：

```
cloud:
  nacos:
    discovery:
      server-addr: localhost:8848
```

其含义是配置 Nacos 注册中心的地址。

(3) 在启动类上面添加@EnableDiscoveryClient 注解，意思是将此微服务注册到配置文件指定地址的 Nacos 注册中心。

(4) 启动当前应用，然后刷新 Nacos 服务器的管理界面，此时会发现服务名 userservice

已经被注册到 Nacos 服务器中了，如图 2-3 所示。

图 2-3 Nacos 注册中心服务列表

单击图 2-3 中的详情链接，结果如图 2-4 所示，可见其中一张表列出了该服务名称对应的真实的 IP 地址与端口号，即 Nacos 注册中心维护了服务名与实际协议地址的映射关系。

图 2-4 服务详情

2.2.3 服务消费者项目

本节将第 1 章案例中的服务消费者 orderservice 项目复制到 chap2 文件夹中并进行改造，使它也能使用 Nacos 进行注册与发现。

(1) 先在 pom.xml 文件中添加 Spring Cloud 与 Spring Cloud Alibaba 的管理依赖，再在<depen-dencies>节点下添加 spring-cloud-starter-alibaba-nacos-discovery 依赖，内容同 2.2.2 节。此外由于服务消费者项目访问服务提供者项目时需要做负载均衡，因此还需要导入依赖，代码如下：

```
<dependency>
    <groupId>org.springframework.cloud</groupId>
    <artifactId>spring-cloud-starter-loadbalancer</artifactId>
</dependency>
```

(2) 在配置文件 application.yml 的 spring 节点的下一级添加的代码如下：

```
cloud:
  nacos:
    discovery:
      server-addr: localhost:8848
```

其含义是配置 Nacos 注册中心的地址。

(3) 在启动类上面添加@EnableDiscoveryClient 注解，将此微服务注册到配置文件指定的地址的 Nacos 注册中心中。此外，启动类的 restTemplate()方法上还要添加@LoadBalanced注解，表示调用微服务时启用负载均衡。完整的启动类代码如下：

```
@Spring BootApplication
@MapperScan("com.sike.mapper")
@EnableDiscoveryClient
public class OrderserviceNacosApplication {

    public static void main(String[] args) {
        SpringApplication.run(OrderserviceNacosApplication.class, args);
    }

    @Bean
    @LoadBalanced
    public RestTemplate restTemplate(){
        return new RestTemplate();
    }
}
```

(4) 对服务消费者不需要再用原始的协议地址访问服务提供者，只需用服务提供者的注册到 Nacos 服务的名称来调用服务，然后从注册中心查找该服务名称对应的实际协议地址，再用实际协议地址访问微服务提供者。需要修改 orderservice_nacos 项目的控制器，原来调用微服务的代码如下：

```
User user = restTemplate.getForObject("http://localhost:8081/user/" + userid,
User.class);
```

替换的代码如下：

```
User
user = restTemplate. getForObject ( " http://userservice/user/" + userid, User.
class);
```

最大的不同是将原来的真实协议地址 localhost:8081 替换为服务名 userservice。

(5) 启动当前应用,然后刷新 Nacos 服务器的管理界面,此时会发现 orderservice 也已经被注册到 Nacos 服务器中了,这时一共有两个服务被注册到 Nacos 注册中心,如图 2-5 所示。

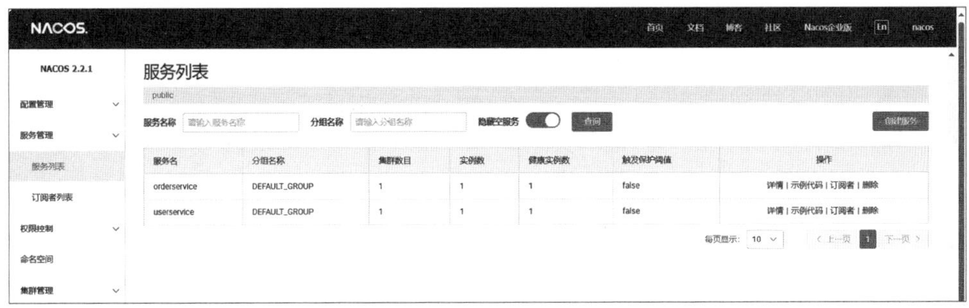

图 2-5　注册中心注册了多个服务

(6) 使用浏览器访问 http://localhost:8082/order/1,可看到返回了包含 user 的数据。证明微服务调用成功,如图 2-6 所示。

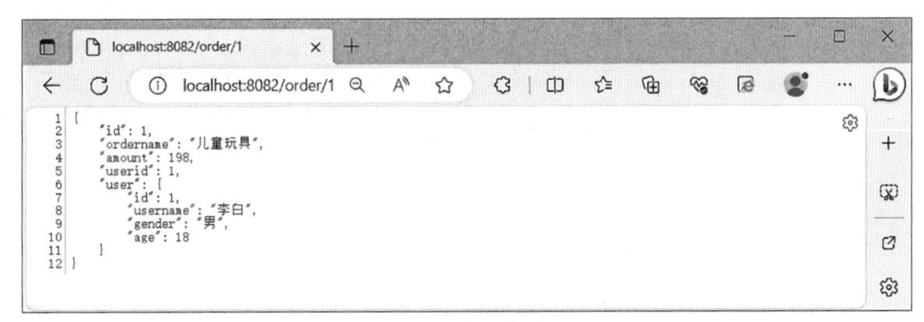

图 2-6　微服务调用

2.3　用 Nacos 配置管理

Nacos 的另一个重要功能就是进行配置管理,可以对各个微服务通用的一些配置进行统一管理,避免重复配置,也可以将可能需要动态更改的一些配置放到 Nacos 中,将来更改后能够及时地自动刷新。

2.3.1　基本配置

登录 Nacos,选择"配置管理"→"配置列表",此时会出现如图 2-7 所示界面。单击右上角的"+"号按钮,会弹出如图 2-8 所示的界面,可在此新建配置。

图 2-7　配置列表界面

图 2-8　新建配置

这里新建 Data ID，填写 nacosconfig1-dev.yaml，第 1 个单词 nacosconfig1 代表一个微服务项目的服务名称，第 2 个单词 dev 代表开发环境，yaml 代表配置文件的格式，Data ID 的命名规则代表这个配置将用于哪个微服务的哪个环境中。配置格式一般选择 YAML。这里最终创建一个如图 2-9 所示的配置，然后单击“发布”按钮，回到配置列表界面，结果如图 2-10 所示。

2.3.2　微服务拉取配置

Nacos 中已经创建了一个 Data ID 为 nacosconfig1-dev.yaml 的配置，下面创建一个微服务，以便拉取该配置。

(1) 创建 Spring Boot 3.0.2 项目，项目名称为 nacosconfig1，添加的 Spring Cloud、Spring Cloud Alibaba 管理依赖，以及 Nacos 注册与发现依赖同此前的项目，此外添加 Nacos 配置中心依赖和 Bootstrap 依赖，代码如下：

图 2-9　新建 nacosconfig1-dev.yaml 配置

图 2-10　配置结果

```
<dependency>
    <groupId>com.alibaba.cloud</groupId>
    <artifactId>spring-cloud-starter-alibaba-nacos-config</artifactId>
</dependency>
<dependency>
    <groupId>org.springframework.cloud</groupId>
    <artifactId>spring-cloud-starter-Bootstrap</artifactId>
</dependency>
```

（2）application.yml 配置文件中的代码如下：

```
server:
  port: 8801
```

```
spring:
  cloud:
    nacos:
      discovery:
        server-addr: localhost:8848
```

这里配置了端口号，Nacos 注册中心的地址。Spring Boot 启动时会读取 application.yml 配置文件，将服务注册到 Nacos 注册中心，创建 Spring 容器，但不会自动到 Nacos 配置中心读取配置信息，如果要想让项目启动时读取 Nacos 配置中心中的配置信息，则还需要创建一个 bootstrap.yml 文件，这个文件优先于 application.yml 启动，由它负责读取 Nacos 中的配置信息。

(3) 在 resource 目录下创建 bootstrap.yml 文件，代码如下：

```
spring:
  application:
    name: nacosconfig1
  profiles:
    active: dev
  cloud:
    nacos:
      config:
        file-extension: yaml
        server-addr: localhost:8848
```

这里除了配置了 Nacos 服务器的地址，还配置了服务名称、环境，以及需要读取的配置文件(Data ID)的扩展名，这样就可确定要读取的 Data ID，项目启动时就会读取此 Data ID 中的配置信息。本项目的服务名称为 nacosconfig1，环境为 dev，扩展名为 yaml，根据这些信息即可确定要读取的 Data ID 是 nacosconfig1-dev.yaml。接下来就可读取配置文件 nacosconfig1-dev.yaml 中配置的参数了。

(4) 从 Nacos 配置中心的配置文件 nacosconfig1-dev.yaml 中读取配置参数的值就跟读取本地配置的参数值一样，可以通过@Value 注解读取到。创建控制器 NacosConfigController，代码如下：

```
@RestController
public class NacosConfigController {
    @Value(value="${config.param1}")
    private String param1;

    @GetMapping("/getParam1")
    public String getParam1(){
```

```
            return param1;
        }
    }
```

(5) 测试,启动项目,访问 localhost:8801/getParam1,结果如图 2-11 所示。

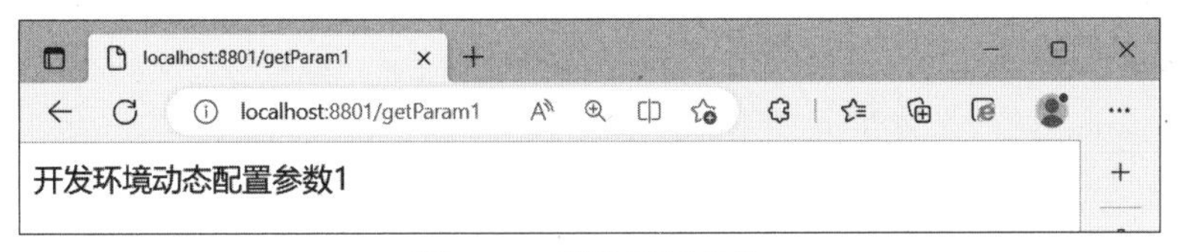

图 2-11 读取配置参数

(6) 在 Nacos 配置中心中再创建一个 Data ID 为 naocsconfig1-test.yaml 配置信息,内容如图 2-12 所示。

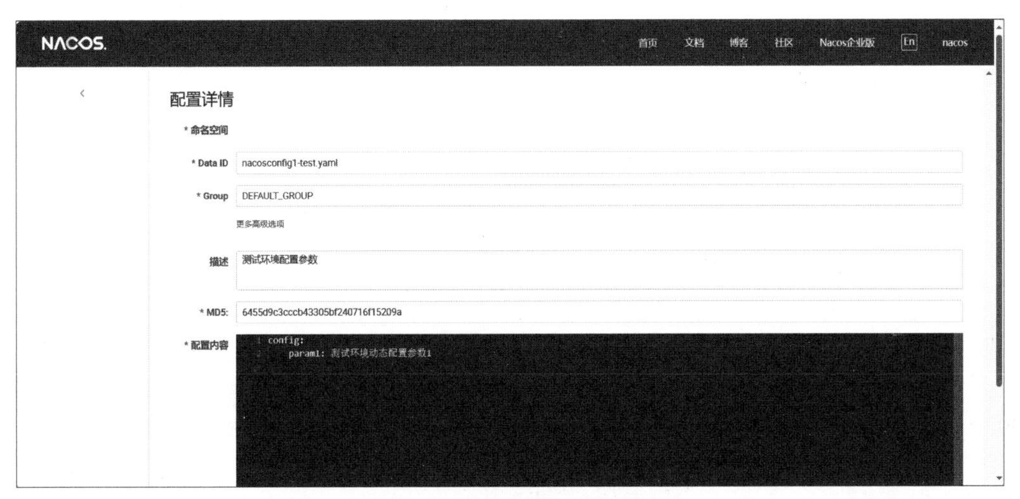

图 2-12 新建测试环境的配置

显然这个配置对应于微服务 nacosconfig1 的测试环境。修改 nacosconfig1 项目中的 bootstrap.yml 文件,将 dev 修改为 test,重新启动项目,访问 localhost:8801/getParam1,结果如图 2-13 所示。

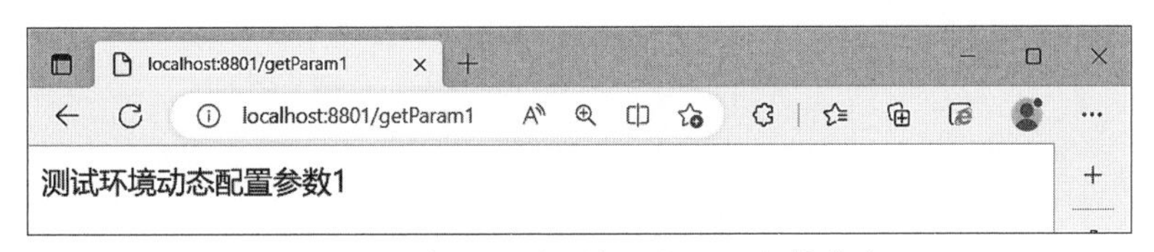

图 2-13 读取不同环境下的配置文件信息

这说明了不同的环境都可以读取 Nacos 配置中心中各自的配置文件。

2.3.3 配置信息热更新

在上面的案例中，如果配置信息发生了改变，例如修改 Nacos 中的配置参数 param1 的值，将其中的 1 改为 100，则再次访问 localhost:8801/getParam1，结果获取的数据仍然是旧的，并不是新的，只有重新启动项目，再次访问才能访问最新的配置信息。

如果无须重新启动便能获取最新的配置信息就叫作热更新，要点是使用@ConfiguratioProperties 注解代替@Value 注解，具体步骤如下：

(1) 首先复制项目 nacosconfig1 并命名为 nacosconfig2，再用 IDEA 打开 nacosconfig2 项目。

(2) 创建一个类并命名为 PatternProperties，代码如下：

```
package com.sike.config;


import lombok.Data;
import org.springframework.boot.context.properties.ConfigurationProperties;
import org.springframework.stereotype.Component;

@Data
@Component
@ConfigurationProperties(prefix ="config")
public class PatternProperties {
    private String param1;

}
```

(3) 修改控制器的代码如下：

```
@RestController
public class NacosConfigController {

    @Autowired
    private PatternProperties properties;

    @GetMapping("/getParam1")
    public String getParam1(){
        return properties.getParam1();
    }
}
```

(4) 测试，先将 Nacos 的配置信息的 100 恢复为 1，然后访问 localhost:8801/getPara-m1，再将 Nacos 的配置信息中的 1 改为 100，不重新启动项目，仅刷新浏览器，结果获取了新的配置信息，如图 2-14 所示，说明配置信息的改变项目会自动感知到，无须重启项目，即热更新成功。

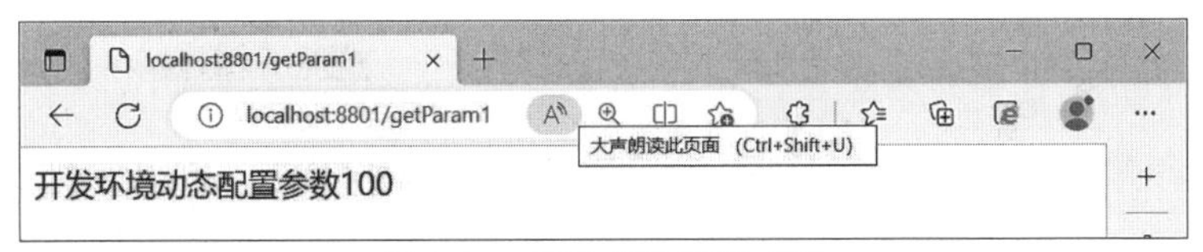

图 2-14　再次读取配置参数

2.3.4　多环境共享配置

2.3.2 节的案例说明了不同环境可以读取不同的配置文件，有没有一种 Data ID 各种环境都能读取到？

在 Nacos 配置管理中，如果 Data ID 采用服务名.yaml 的格式，则各种环境均可读取到，即服务名.yaml 的格式的配置是多个环境共享的配置，如果同时存在各自环境的配置，则能同时读取各自环境的配置及共享配置。

在 Nacos 配置管理中添加 Data ID 为 nacosconfig1.yaml 的配置，如图 2-15 所示。

图 2-15　各环境共享配置

修改 nacosconfig1 项目中的 NacosConfigController，用于读取上述参数，在其中添加的代码如下：

```
@Value(value="${config.paramShare}")
private String paramShare;

@GetMapping("/getParamShare")
public String getParamShare(){
    return param1+"<br/>"+paramShare;
}
```

当在 test 环境访问 localhost:8801/getParamShare 时，结果如图 2-16 所示，当在 dev 环境再次访问 localhost:8801/getParamShare 时，结果如图 2-17 所示，可见各个环境均可访问 nacosconfig1.yaml 配置中的参数 config.paramShare。

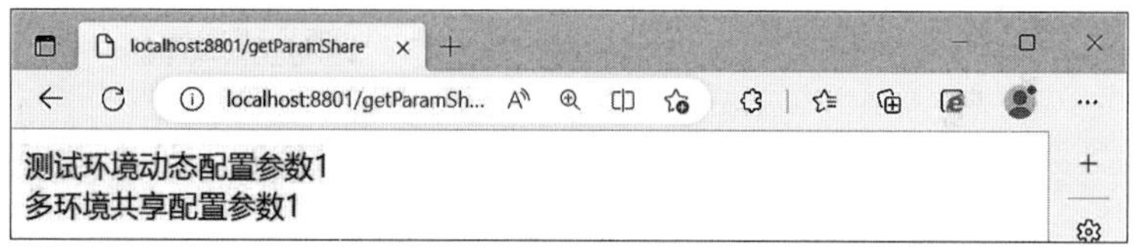

图 2-16 测试环境下的访问结果

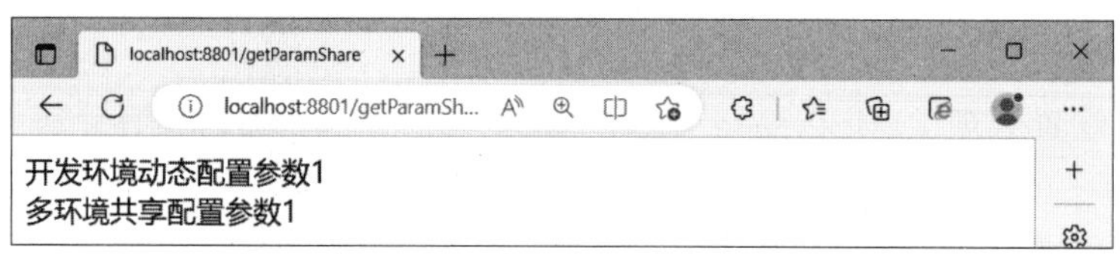

图 2-17 开发环境下的访问结果

2.3.5 多个微服务共享配置

除了不同环境有共享配置的需求外，不同微服务项目也可能有共同的配置，这些配置可以放到 Nacos 配置中心，供各个微服务共享，减少重复配置，便以维护。

在上述微服务 nacosconfig1 的 application.yml 配置文件中，假设如下关于注册中心的配置是其他微服务也会用到的相同的配置，代码如下：

```
spring:
  cloud:
    nacos:
      discovery:
        server-addr: localhost:8848
```

在这种情况下，这个配置可以放到 Nacos 配置中心，让多个微服务共享此项配置。在 Nacos 中新建 Data ID 为 common.yaml 的配置，将上述内容复制过来，再添加一个用于测试的配置项，如图 2-18 所示。

下面说明任意一个微服务如何能拉取共享这个配置，这里假设微服务 nacosconfig3 需要共享这个配置，首先复制项目 nacosconfig1 并命名为 nacosconfig3，再用 IDEA 打开 nacosconfig3 项目。修改 bootstrap.yaml 文件，修改后的代码如下：

```
spring:
  application:
    name: nacosconfig3
  profiles:
```

```
    active: dev

  cloud:
    nacos:
      config:
        file-extension: yaml
        server-addr: localhost:8848
        extension-configs[0]:
          data-id: common.yaml
          refresh: true
```

这段代码除了常规的配置外,指定了拉取 Data ID 为 common.yaml 的配置文件。

图 2-18 共享配置的内容

这时 application.yml 文件不再需要指定 Nacos 注册中心的地址,仅需指定基础的端口信息,代码如下:

```
server:
  port: 8802
```

修改 NacosConfigController 控制器的代码如下:

```
@RestController
@RequestScope
public class NacosConfigController {

    @Value(value="${config.testParam}")
    private String testParam;

    @GetMapping("/getTestParam")
```

```
    public String getTestParam(){
        return testParam;
    }
}
```

启动项目，观察 Nacos 注册中心，可以发现微服务 nacosconfig3 也注册进来了，如图 2-19 所示，说明 common.yaml 共享配置被成功读取到了。

图 2-19 使用了 common.yaml 共享配置的微服务注册成功

使用浏览器访问 localhost:8802/getTestParam，结果如图 2-20 所示，同样可证明共享配置 common.yaml 文件被成功读取到了。

图 2-20 使用了 common.yaml 共享配置的微服务读取到配置项

其他微服务模仿此项目 bootstrap.yaml 文件中的做法即可实现共享 common.yaml 文件中的配置。

2.4 搭建高可用的 Nacos 集群

之前的 Nacos 以单机启动的方式提供服务，存在单点故障问题，为了提高 Nacos 的可用性，应该搭建 Nacos 集群，并利用 Nginx 进行负载均衡。Nacos 集群的架构如图 2-21 所示。

2.4.1 搭建 Nacos 集群

这里搭建由 3 个 Nacos 服务器节点构造的集群，并由 Nginx 进行负载均衡。

(1) 由于 Nacos 集群数据由 MySQL 数据库进行管理，所以首先要在 MySQL 创建

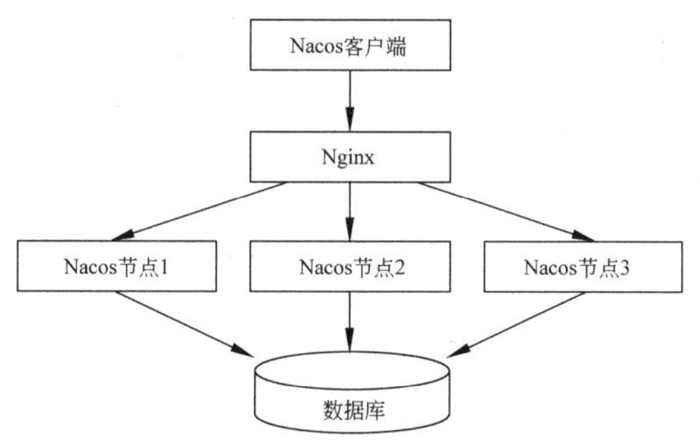

图 2-21　Nacos 集群架构

Nacos 数据库，并导入 Nacos 主目录下的 conf 子目录下的 nacos-schema.sql 文件，该文件包含了配置 Nacos 持久化的必需的数据库脚本，导入后 Nacos 数据库创建了若干表，如图 2-22 所示。

Name	Auto I...	Modified Date	Data Leng...	Engine	Rows	Comment
config_info	0		16 KB	InnoDB	0	config_info
config_info_aggr	0		16 KB	InnoDB	0	增加租户字段
config_info_beta	0		16 KB	InnoDB	0	config_info_beta
config_info_tag	0		16 KB	InnoDB	0	config_info_tag
config_tags_relation	0		16 KB	InnoDB	0	config_tag_relation
group_capacity	0		16 KB	InnoDB	0	集群、各Group容量...
his_config_info	0		16 KB	InnoDB	0	多租户改造
permissions	0		16 KB	InnoDB	0	
roles	0		16 KB	InnoDB	0	
tenant_capacity	0		16 KB	InnoDB	0	租户容量信息表
tenant_info	0		16 KB	InnoDB	0	tenant_info
users	0		16 KB	InnoDB	0	

图 2-22　Nacos 数据库表

（2）将包含 Nacos 的主目录复制一份，命名为 nacos1。打开 nacos1 子目录 conf 下的 application.properties 配置文件，部分内容如图 2-23 所示。

```
22  ### Default web server port:
23  server.port=8848
24
25  #*************** Network Related Configurations ***************#
26  ### If prefer hostname over ip for Nacos server addresses in cluster.conf:
27  # nacos.inetutils.prefer-hostname-over-ip=false
28
29  ### Specify local server's IP:
30  # nacos.inetutils.ip-address=
31
32
33  #*************** Config Module Related Configurations ***************#
34  ### If use MySQL as datasource:
35  ### Deprecated configuration property, it is recommended to use `spring.sql.init.platform` replaced.
36  # spring.datasource.platform=mysql
37  # spring.sql.init.platform=mysql
38
39  ### Count of DB:
40  # db.num=1
41
42  ### Connect URL of DB:
43  # db.url.0=jdbc:mysql://127.0.0.1:3306/nacos?characterEncoding=utf8&connectTimeout=1000&socketTimeout=3000&autoReconnect=true&useUnicode=true&useSSL=false&serverTimezone=UTC
44  # db.user.0=nacos
45  # db.password.0=nacos
46
47  ### Connection pool configuration: hikariCP
48  db.pool.config.connectionTimeout=30000
49  db.pool.config.validationTimeout=10000
50  db.pool.config.maximumPoolSize=20
51  db.pool.config.minimumIdle=2
```

图 2-23　application.properties 配置文件

修改第 23 行的端口号，这里修改为 8851，将第 36 行前面的＃号删除，表示使用 MySQL 数据库，将第 40 行前面的＃号删除，db.num＝1 表示只有一个数据库，同样取消第 43～45 行的注释，分别表示连接数据库的 URL、用户名及密码，并改为实际的值。修改完成后结果如图 2-24 所示。

```
22  ### Default web server port:
23  server.port=8851
24
25  #*************** Network Related Configurations ***************#
26  ### If prefer hostname over ip for Nacos server addresses in cluster.conf:
27  # nacos.inetutils.prefer-hostname-over-ip=false
28
29  ### Specify local server's IP:
30  # nacos.inetutils.ip-address=
31
32
33  #*************** Config Module Related Configurations ***************#
34  ### If use MySQL as datasource:
35  ### Deprecated configuration property, it is recommended to use `spring.sql.init.platform` replaced.
36  spring.datasource.platform=mysql
37  # spring.sql.init.platform=mysql
38
39  ### Count of DB:
40  db.num=1
41
42  ### Connect URL of DB:
43  db.url.0=jdbc:mysql://127.0.0.1:3306/nacos?characterEncoding=utf8&connectTimeout=1000&socketTimeout=3000&autoReconnect=true&useUnicode=true&useSSL=false&serverTimezone=UTC
44  db.user.0=root
45  db.password.0=root
46
47  ### Connection pool configuration: hikariCP
48  db.pool.config.connectionTimeout=30000
49  db.pool.config.validationTimeout=10000
50  db.pool.config.maximumPoolSize=20
51  db.pool.config.minimumIdle=2
```

图 2-24　修改 application.properties 配置文件

（3）将 Nacos1 子目录 conf 下的 cluster.conf.example 文件重命名为 cluster.conf，表示集群的配置，指定集群由哪些服务器节点组成，打开后进行配置，如图 2-25 所示，表示本集群由 3 个指定 IP 地址及端口号的 Nacos 服务器节点组成，这里将 3 个节点的端口号分别设置为 8851、8854、8857，注意不能用连续的端口号。特别注意的是这里的 IP 地址只能用实际的地址（读者要自行改为自己的 IP 地址），不能用 127.0.0.1，否则后面会出现莫名其妙的错误。

```
#2023-10-09T22:29:40.929487200
192.168.0.101:8851
192.168.0.101:8854
192.168.0.101:8857
```

图 2-25　cluster.conf 配置文件

（4）将 Nacos1 再复制两份，分别命名为 Nacos2、Nacos3，将 Nacos2 子目录 conf 下的 application.properties 配置文件中的端口号修改为 8854，将 Nacos3 子目录 conf 下的 application.properties 配置文件中的端口号修改为 8857。

（5）启动 Nacos 集群。进入 Nacos1 子目录 bin，打开命令行窗口中，输入命令 startup.cmd，不需要其他参数，默认以集群方式启动，结果如图 2-26 所示。

接着按同样的方式启动 Nacos2 和 Nacos3，3 个全部启动完成后便代表集群启动完毕。可使用任意一个节点地址登录 Nacos 管理后台。这里使用 Nacos1 节点，使用端口 8851 登录，登录后单击左侧的集群管理按钮，结果如图 2-27 所示。

2.4.2　使用 Nginx 对集群进行负载均衡

首先，下载 Nginx 1.20.2 版本，然后解压，打开子目录 conf 下的 nginx.conf 文件，关键

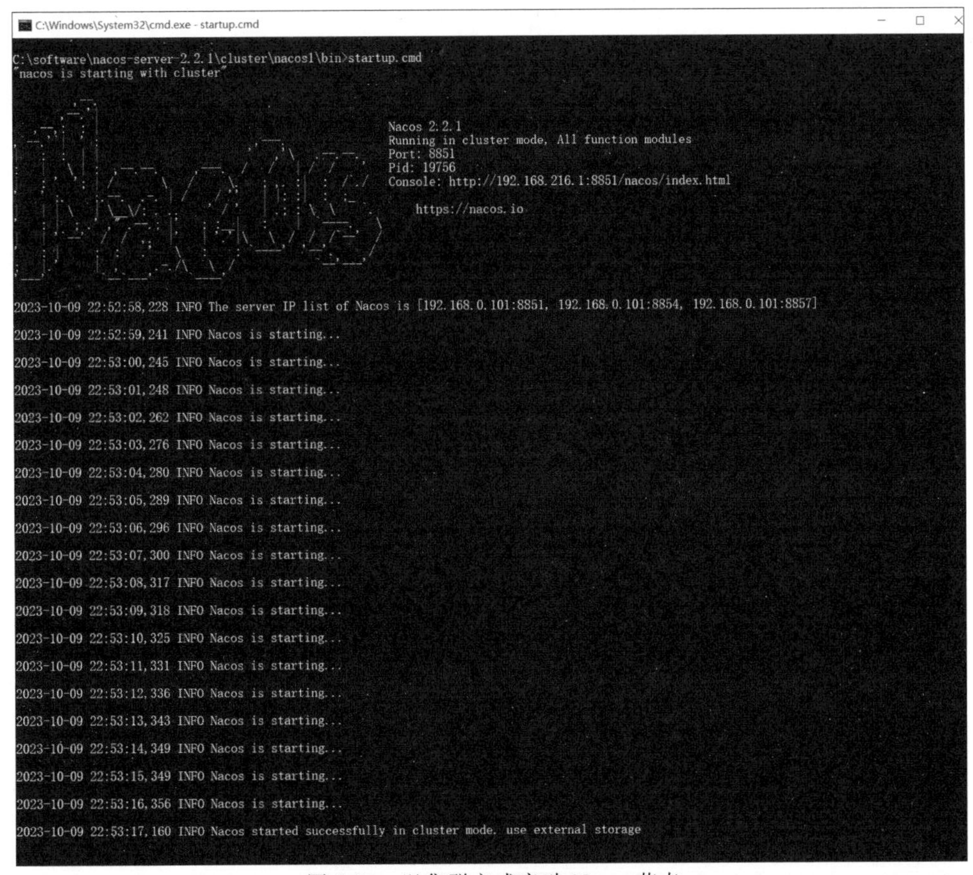

图 2-26　以集群方式启动 Nacos 节点

图 2-27　以集群方式启动 Nacos 节点

配置内容如图 2-28 所示。表示由 localhost:8078 反向代理 192.168.216.1:8851、192.168.216.1:8854、192.168.216.1:8857 的 3 个服务器并进行负载均衡。

进入 nginx-1.20.2 主目录，打开命令行窗口，输入命令 start nginx.exe，启动 Nginx。打开浏览器，可使用 http://localhost:8078/nacos 即可访问 Nacos 服务器并登录。

此外 Nacos 2.0 以上版本还要在 Nginx 中配置 TCP 转发，具体做法是在 nginx.conf 文件中的 http{}后面添加如图 2-29 所示的配置。

```
35    upstream nacos-cluster{
36        server 192.168.0.101:8851;
37        server 192.168.0.101:8854;
38        server 192.168.0.101:8857;
39    }
40
41    server {
42        listen       80;
43        server_name  localhost;
44
45        location / {
46            proxy_pass http://nacos-cluster;
47        }
48
```

图 2-28　Nginx 关键配置

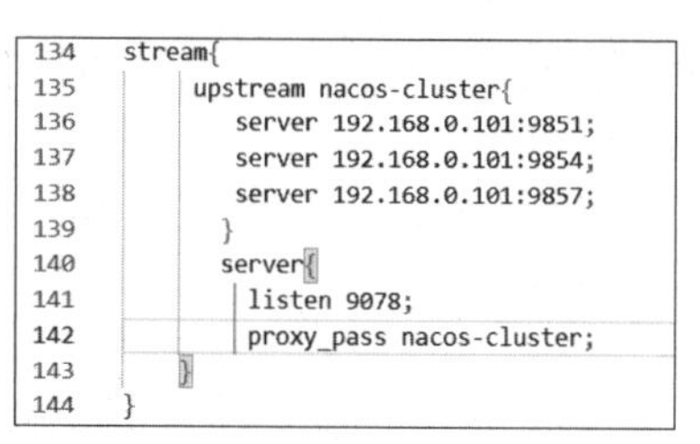

```
134  stream{
135      upstream nacos-cluster{
136          server 192.168.0.101:9851;
137          server 192.168.0.101:9854;
138          server 192.168.0.101:9857;
139      }
140      server{
141          listen 9078;
142          proxy_pass nacos-cluster;
143      }
144  }
```

图 2-29　在 Nginx 中配置 TCP 转发

注意，这里的端口号都必须在原来的端口号的基础上加 1000(非常重要)。

2.4.3　以集群的方式管理微服务

集群启动成功后，就能以集群的方式提供 Nacos 注册中心的服务，只需将微服务的注册中心的地址设置为集群的地址，即 Nginx 的入口地址。

修改微服务 userservice 中的 application.yml 配置文件，将 Nacos 注册中心的地址修改为 localhost:8078，重新启动，刷新 Nacos 服务列表，发现 userservice 服务注册成功，如图 2-30 所示。

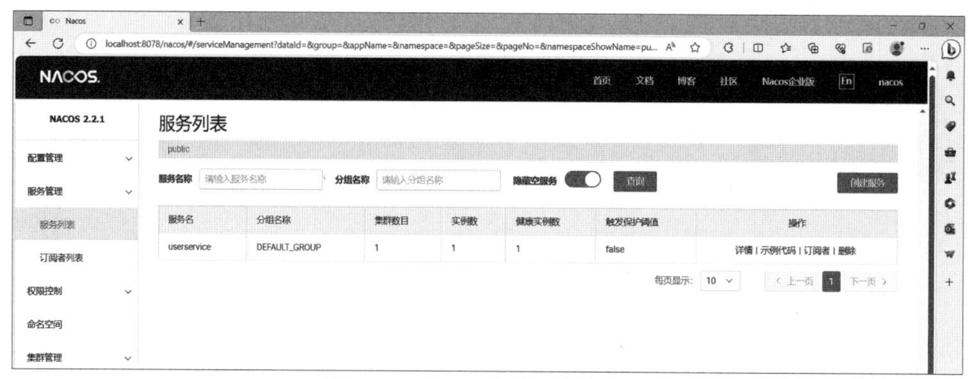

图 2-30　Nacos 集群的注册中心

2.4.4　以集群的方式管理配置

集群启动成功后，也能以集群的方式提供 Nacos 配置中心的服务，只需将微服务的配置中心的地址设置为集群的地址，即 Nginx 的入口地址。

登录 localhost:8078/nacos,进入配置管理界面,新建一个 Data ID 为 nacosconfig1-dev.yaml 的配置,如图 2-31 所示。

图 2-31 新建配置

打开微服务项目 nacosconfig1,将 application.yml 配置文件中的注册中心的地址设置为 localhost:8078,代码如下:

```
server:
  port: 8801

spring:
  cloud:
    nacos:
      discovery:
        server-addr: localhost:8078
```

将 bootstrap.yml 配置文件中的配置中心的地址设置为 localhost:8078,设置地址的代码如下:

```
spring:
  application:
    name: nacosconfig1
  profiles:
    active: dev
  cloud:
    nacos:
      config:
        file-extension: yaml
        server-addr: localhost:8078
}
```

启动 nacosconfig1,刷新 nacos:8078/nacos 配置管理界面中的服务列表,发现微服务

nacosconfig1 已经注册进来了，如图 2-32 所示。

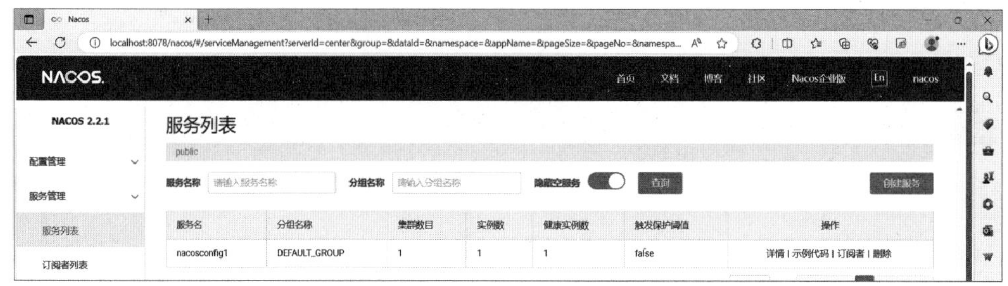

图 2-32　刷新 nacos:8078/nacos 的服务列表

使用浏览器访问 localhost:8801/getParam1，结果如图 2-33 所示。证明配置管理也生效了。

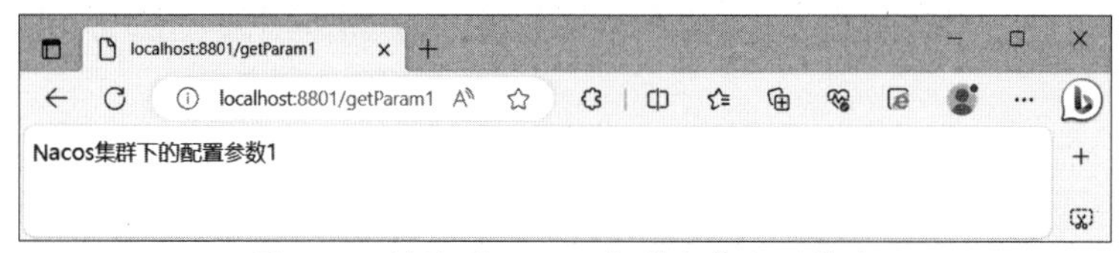

图 2-33　读取到 Nacos 集群中的配置信息

第3章 负载均衡组件 LoadBalancer

本章主要内容：

- LoadBalancer 负载均衡策略及其应用实例
- 切换负载均衡策略

为了提高系统的高并发能力，通常会将相同功能的微服务部署到多个不同的服务器上，然后把请求按一定的策略分摊到不同的服务器上，这种做法称为负载均衡。本章学习 Spring Cloud Alibaba Nacos 的负载均衡的策略与实现。

3.1 LoadBalancer 负载均衡策略

早期的 Spring Cloud Alibaba 默认采用 Ribbon 作为负载均衡器，但从 Spring Cloud Alibaba 2021 以后就不再默认使用 Ribbon 作为负载均衡器了，Cloud 官网中推荐使用 LoadBalancer 作为负载均衡器，LoadBalancer 的负载均衡策略没有 Ribbon 那么丰富，只有 RandomLoadBalancer 随机和 RoundRobinLoadBalancer 轮询两种方式，默认使用 RoundRobinLoadBalancer 轮询负载均衡策略，如果在项目中引入了 Nacos Discovery，则可以使用 NacosLoadBalancer 的方式，NacosLoadBalancer 是基于 Nacos 权重的负载均衡策略。

3.2 默认负载均衡策略

LoadBalancer 默认使用 RoundRobinLoadBalancer 轮询负载均衡策略，即轮流访问各个微服务。下面创建实例演示这种策略。

3.2.1 创建服务提供者项目

这里将创建由两个实例组成的服务提供者。

(1) 创建 Spring Boot 3.0.2 项目，命名为 ServiceProvider1，添加 Spring Cloud 和 Spring

Cloud Alibaba 管理依赖，并添加 nacos-discovery 依赖，具体同第 2 章的项目。

（2）application.yml 文件中的配置代码如下：

```
server:
  port: 8081

spring:
  application:
    name: ServiceProvider
  cloud:
    nacos:
      discovery:
        server-addr: localhost:8848
```

（3）在 com.sike.controller 包下创建 ProviderController 控制器，用于对外提供服务，代码如下：

```
@RestController
public class ProviderController {

    @GetMapping("/provideService")
    public String provideService(){
        return "Service from Provider1";
    }
}
```

provideService 方法用于返回简单的字符串，为了区分不同的微服务，这里的字符串在末尾标记为 1，下一个微服务在字符串的末尾将标记为 2。

（4）接下来再创建一个项目，并命名为 ServiceProvider2，创建过程基本同上，服务名称跟 ServiceProvider1 相同，都是 ServiceProvider，但此处将端口设置为 8082，ProviderController 控制器代码基本相同，但最后的那个 1 需要修改为 2，以便将来区别不同的微服务。

（5）单机启动 Nacos，再启动 ServiceProvider1 和 ServiceProvider2，打开 Nacos 管理界面，打开服务列表，单击服务名 ServiceProvider 的详情，发现这两个项目作为同一个服务的两个实例被注册到 Nacos 中了，如图 3-1 所示。

3.2.2 创建服务消费者项目

下面创建一个服务消费者项目，以便调用上述服务提供者。

（1）创建项目，命名为 ServiceConsumer，创建过程基本同 3.2.1 节，但在 pom.xml 文件中要多一个 LoadBalancer 依赖，将用于负载均衡，代码如下：

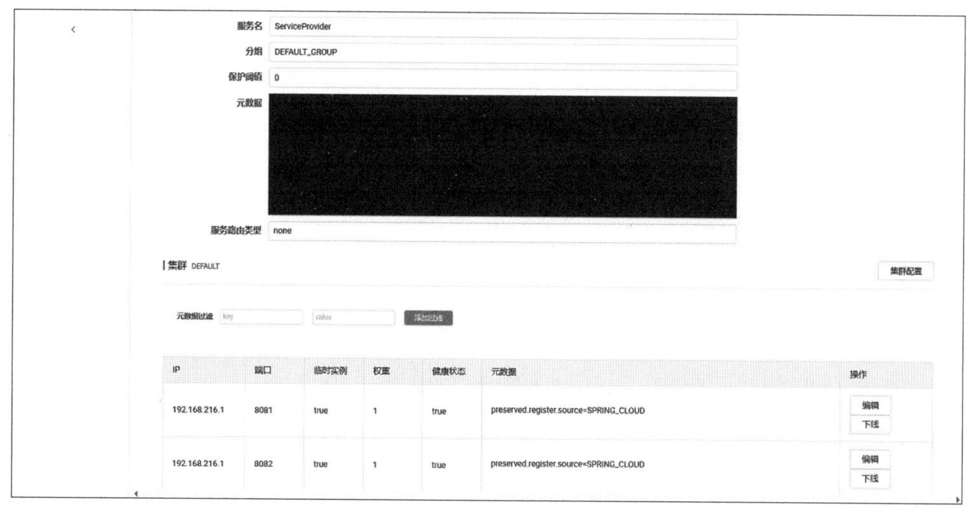

图 3-1　一个服务的两个实例

```
<dependency>
    <groupId>org.springframework.cloud</groupId>
    <artifactId>spring-cloud-starter-loadbalancer</artifactId>
</dependency>
```

（2）application.yml 配置文件中的代码如下：

```
server:
  port: 8080

spring:
  application:
    name: ServiceConsumer
  cloud:
    nacos:
      discovery:
        server-addr: localhost:8848
```

（3）启动类创建 RestTemplate 的 Bean，用于远程调用，并添加@LoadBalanced 注解，这样调用微服务时将使用默认的 RoundRobinLoadBalancer 轮询策略进行负载均衡，代码如下：

```
@Spring BootApplication
@EnableDiscoveryClient
public class ServiceConsumerApplication {

   public static void main(String[] args) {
```

```
        SpringApplication.run(ServiceConsumerApplication.class, args);
    }

    @Bean
    @LoadBalanced
    public RestTemplate restTemplate(){
        return new RestTemplate();
    }

}
```

(4) 创建控制器的代码如下,用于微服务的调用。

```
@RestController
public class ConsumerController {

    @Autowired
    private RestTemplate restTemplate;

    @GetMapping("/consumer")
    public String consumer(){
        return
restTemplate.getForObject("http://ServiceProvider/provideService", String.
class);
    }
}
```

(5) 启动项目后,观察 Nacos 管理界面,应能看到服务名为 ServiceConsumer 的服务被注册到 Nacos 中了。

3.2.3 测试负载均衡

使用浏览器访问 http://localhost:8080/consumer,将出现 Service from Provider1 的字样,如图 3-2 所示,这表明调用了微服务中的实例 1。再次访问(刷新即可),将出现 Service from Provider2 字样,如图 3-3 所示,这表明调用了微服务中的实例 2。接着多次访问将交替出现实例 1 和实例 2,这表明使用了负载均衡中的轮询策略。

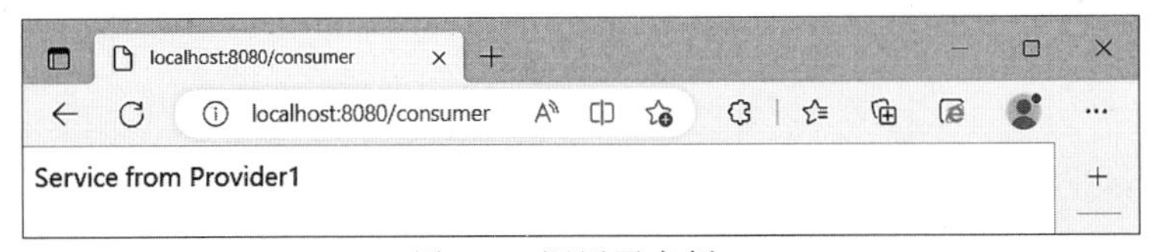

图 3-2 调用了实例 1

注意,在实际项目开发中,不同实例的服务的代码内容和端口一般相同,只是部署在不

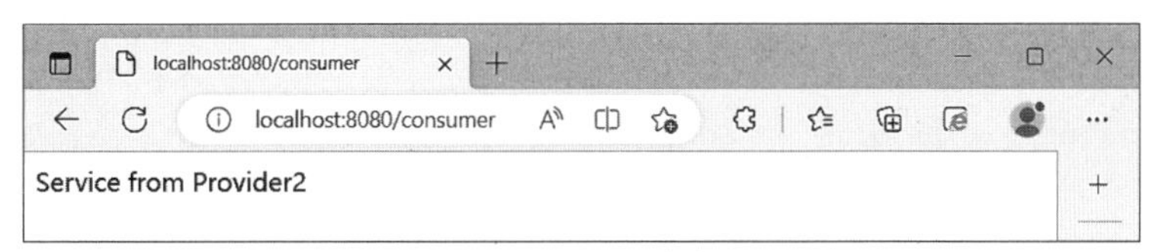

图 3-3 调用了实例 2

同的主机上。这里的内容不同，只是为了方便测试和认知。

3.3 切换负载均衡策略

Spring Cloud Alibaba Nacos 默认使用轮询策略的负载均衡，如果想切换成其他策略的负载均衡，则需要创建一个配置类，创建基于不同策略的 ReactorLoadBalancer<ServiceInstance>接口类型的 Bean，然后在启动类中使用注解@LoadBalancerClient 引用这个配置类。

3.3.1 使用随机负载均衡策略

(1) 在 ServiceConsumer 中创建一个配置类 LoadBalancerConfig1，代码如下：

```
@Configuration
public class LoadBalancerConfig1 {
    @Bean
    ReactorLoadBalancer<ServiceInstance> randomLoadBalancer(Environment
environment,

LoadBalancerClientFactory loadBalancerClientFactory) {
        String name =
environment.getProperty(LoadBalancerClientFactory.PROPERTY_NAME);
        return new
RandomLoadBalancer(loadBalancerClientFactory.getLazyProvider(name,
ServiceInstanceListSupplier.class), name);
    }
}
```

这里创建了一个 ReactorLoadBalancer<ServiceInstance>接口类型的 Bean，并指定其实现类为 RandomLoadBalancer，表示将使用随机的负载均衡策略。

(2) 修改启动类中的代码，修改后的代码如下：

```
@Spring BootApplication
@EnableDiscoveryClient
@LoadBalancerClient(name ="ServiceProvider", configuration =
LoadBalancerConfig1.class)
```

```
public class ServiceConsumerApplication {

   public static void main(String[] args) {
      SpringApplication.run(ServiceConsumerApplication.class, args);
   }


   @Bean
   @LoadBalanced
   public RestTemplate restTemplate(){
      return new RestTemplate();
   }
}
```

其中，下列注解的作用是指明微服务 ServiceProvider 将使用 LoadBalancerConfig1 配置类中的负载均衡策略。在本案例 LoadBalancerConfig1 配置类中使用的是随机的负载均衡策略，代码如下：

```
@LoadBalancerClient(name ="ServiceProvider", configuration =
LoadBalancerConfig1.class)
```

(3) 重启项目，使用浏览器多次访问 http://localhost:8080/consumer，发现不再是交替出现 Service from Provider1 和 Service from Provider2，而是随机地出现。

3.3.2 切换使用 RoundRobinLoadBalancer 轮询负载均衡策略

虽然轮询是默认的负载均衡策略，但为了方便切换，也可以像 3.3.1 节那样做成一个配置类，方便切换。

(1) 创建配置类 LoadBalancerConfig2，代码如下：

```
@Configuration
public class LoadBalancerConfig2 {
    @Bean
    public ReactorLoadBalancer<ServiceInstance>
roundRobinLoadBalancer(Environment environment, LoadBalancerClientFactory
loadBalancerClientFactory) {
        String name =
environment.getProperty(LoadBalancerClientFactory.PROPERTY_NAME);

        return new
RoundRobinLoadBalancer(loadBalancerClientFactory.getLazyProvider(name,
ServiceInstanceListSupplier.class), name);
    }
}
```

（2）修改启动类，只需将原来的 LoadBalancerConfig1 修改为 LoadBalancerConfig2，代码如下：

```
@LoadBalancerClient(name ="ServiceProvider", configuration =
LoadBalancerConfig2.class)
```

（3）重新启动，再次用浏览器多次访问 http://localhost:8080/consumer，发现又变成交替出现了，即轮询策略生效，服务将按照轮询方式被访问。

3.3.3　使用 NacosLoadBalancer 负载均衡策略

NacosLoadBalancer 策略可以根据不同实例设置的权重来决定访问的频率。实例的权重默认都是 1，如图 3-1 所示，可以在 Nacos 中修改权重，从而实现按权重比例进行访问。

（1）创建配置类，代码如下：

```
@Configuration
public class LoadBalancerConfig3 {
//注入当前服务的 Nacos 的配置信息
    @Resource
    private NacosDiscoveryProperties nacosDiscoveryProperties;

    @Bean
    ReactorLoadBalancer<ServiceInstance>nacosLoadBalancer(Environment
environment,

LoadBalancerClientFactory loadBalancerClientFactory) {
        String name =
environment.getProperty(LoadBalancerClientFactory.PROPERTY_NAME);
        return new
NacosLoadBalancer(loadBalancerClientFactory.getLazyProvider(name,
ServiceInstanceListSupplier.class), name, nacosDiscoveryProperties);
    }
}
```

注意，需要注入 NacosDiscoveryProperties 属性。

（2）修改启动类中的注解，代码如下：

```
@LoadBalancerClient(name ="ServiceProvider", configuration =
LoadBalancerConfig3.class)
```

将负载均衡策略的配置类指定为 LoadBalancerConfig3。

（3）在 Nacos 中重新设置微服务 ServiceProvider 的两个实例的权重，一个为 1，另一个为 0.2，这样它们的访问概率将是 5：1 左右，如图 3-4 所示。

（4）重新启动，使用浏览器多次访问 http://localhost:8080/consumer，发现两个实例

IP	端口	临时实例	权重	健康状态	元数据	操作
192.168.216.1	8082	true	0.2	true	preserved.register.source=SPRING_CLOUD	编辑 下线
192.168.216.1	8081	true	1	true	preserved.register.source=SPRING_CLOUD	编辑 下线

图 3-4　访问权重

出现的频率差不多是 5：1。

3.3.4　启动类中负载均衡注解的多种用法

在上述几个案例的启动类中都使用了类似的结构的注解，只是配置类不同，代码如下：

```
@LoadBalancerClient(name ="ServiceProvider", configuration =
LoadBalancerConfig1.class)
```

这种结构的注解表示调用某个服务名的微服务将使用某个配置类中的负载均衡策略，适合一个微服务消费者只调用一个微服务提供者的情况。如果微服务消费者不止调用一个微服务提供者，当调用其他微服务提供者时也使用同一个配置类的策略，则应该使用的代码如下：

```
@LoadBalancerClients(defaultConfiguration =LoadBalancerConfig1.class)
```

当微服务消费者调用任何微服务时都将使用配置类 LoadBalancerConfig1 中的策略。

如果微服务消费者调用多个微服务提供者，并且在调用不同的微服务提供者时使用不同的负载均衡策略，则可以用类似结构的注解，代码如下：

```
@LoadBalancerClients(value ={
@LoadBalancerClient(name ="ServiceProvider1", configuration =
LoadBalancerConfig1.class),
@LoadBalancerClient(name ="ServiceProvider2", configuration =
LoadBalancerConfig2.class)
})
```

这里指定在调用微服务 ServiceProvider1 时使用配置类 LoadBalancerConfig1 中定义的策略，在调用微服务 ServiceProvider2 时使用配置类 LoadBalancerConfig2 中定义的策略。

第4章 服务调用框架 OpenFeign

本章主要内容：

- OpenFeign 框架简介
- 使用 OpenFeign 调用微服务

OpenFeign 提供了一种声明式的远程调用接口，可大大地简化远程调用的编程体验。OpenFeign 组件的前身是 Netflix 公司的 Feign 项目，Feign 项目开源后成为 Spring Cloud 中的 OpenFeign 组件。本章来学习 OpenFeign 的基本原理和应用。

4.1 OpenFeign 框架简介

OpenFeign 是一种声明式、模板化的 HTTP 客户端。在 Spring Cloud 中使用 OpenFeign，只需创建一个接口并在接口上添加注解，然后就可像调用本地接口方法一样，实现远程调用。

4.1.1 OpenFeign 基础知识

OpenFeign 使用动态代理技术来封装远程服务调用的过程，远程服务调用的信息被写在 FeignClient 接口中，FeignClient 接口中通过注解声明了服务的名称、接口类型和访问路径。OpenFeign 通过解析这些注解标签生成一个动态代理类，生成代理类使用的是 JDK 的动态代理，然后通过 Bean 注入。这个代理类会将接口调用转换为一个远程服务调用的 HTTP 请求，并发送给目标服务。

代理类将根据 FeignClient 接口中定义的服务名称和路径将 HTTP 请求发送给目标服务，然后接收并处理响应。OpenFeign 自行封装了 JDK java.net 相关的网络请求方法，请求过程中还用 LoadBalancer 进行负载均衡，收到响应后，还会对响应类进行解析，取出正确的响应信息。

4.1.2 OpenFeign 的动态代理

在项目初始化阶段，OpenFeign 会生成一个代理类，对所有通过 FeignClient 接口发起的远程调用进行动态代理，其原理如图 4-1 所示。

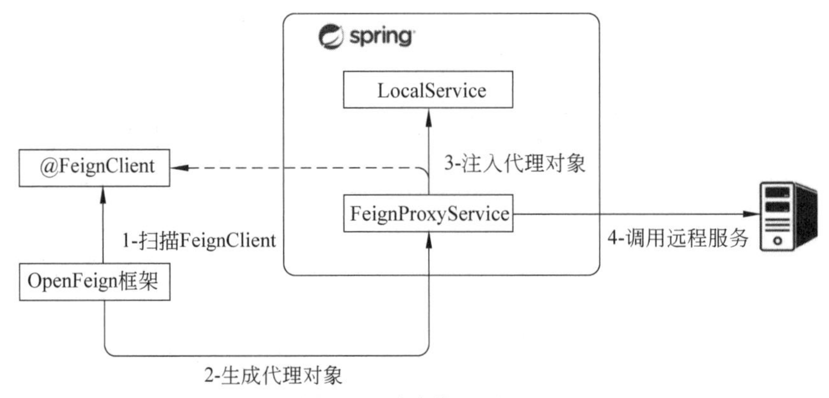

图 4-1　动态代理原理

项目启动时，OpenFeign 会进行一个扫描包的过程，扫描并加载所有被@FeignClient 注解修饰的接口，OpenFeign 会针对每个 FeignClient 接口生成一个动态代理对象，即图 4-1 中的 FeignProxyService，这个动态代理对象是 FeignClient 注解所修饰的接口的实例，然后动态代理对象会被添加到 Spring 容器中，最后注入对应的服务里，也就是图中的 LocalService 服务。

LocalService 发起底层方法调用时会被 OpenFeign 生成的代理对象接管，由代理对象发起一个远程服务调用，并将调用的结果返回给 LocalService。

4.2　使用 OpenFeign 框架调用微服务

在前面的案例中都使用 RestTemplate 调用微服务，这种调用方法存在硬编码、无法动态调整、需要手动编写 HTTP 请求代码、应用场景有限等问题，而 OpenFeign 是声明式的 API，可以更加方便地使用 RESTful 服务。下面的案例实现使用 OpenFeign 代替 RestTemplate 进行远程调用。

4.2.1　服务提供者与调用者项目

将第 2 章原来的 userservice 项目复制一份作为本章的服务提供者项目。将第 2 章原来的 orderservice 项目复制一份作为本章的服务消费者项目。服务调用者项目是重点，在这里进行改造，详细步骤如下。

(1) 在 IDEA 中打开 orderservice 项目，导入 OpenFeign 依赖，代码如下：

```
<dependency>
    <groupId>org.springframework.cloud</groupId>
    <artifactId>spring-cloud-starter-openfeign</artifactId>
</dependency>
```

（2）编写业务接口，用于代替 RestTemplate，代码如下：

```
@Component
@FeignClient(value ="userservice")
public interface UserServiceFeign {
    @GetMapping("/user/{id}")
    public User findUserById(@PathVariable Integer id);
}
```

这个接口添加了@FeignClient 注解，注解里的 value 值代表要调用的微服务名。方法中的@GetMapping 用来映射 GET 请求，组合起来表示调用哪个微服务的哪个 URL。@FeignClient 注解的作用见表 4-1。

根据上述原理，这个接口启动后会创建动态代理实现类，由代理实现类完成请求并获得响应数据。

（3）在启动类上添加@EnableFeignClients 注解，启用 OpenFeign，同时删除创建 RestTemplate 的方法，最终的代码如下：

```
@Spring BootApplication
@MapperScan("com.sike.mapper")
@EnableDiscoveryClient
@EnableFeignClients
public class OrderserviceApplication {

    public static void main(String[] args) {
        SpringApplication.run(OrderserviceApplication.class, args);
    }

}
```

OpenFeign 有关的注解作用如表 4-1 所示。

表 4-1　注解作用

注　　解	说　　明
@FeignClient	该注解用于通知 OpenFeign 组件对@RequestMapping 注解下的接口进行解析，并通过动态代理的方式生成实现类，实现负载均衡和服务调用
@EnableFeignClients	该注解用于开启 OpenFeign 功能，当 Spring Cloud 应用启动时，OpenFeign 会扫描标有@FeignClient 注解的接口，生成代理并注册到 Spring 容器中
@RequestMapping	Spring MVC 注解，在 Spring MVC 中使用该注解映射请求，通过它来指定控制器（Controller）可以处理哪些 URL 请求，相当于 Servlet 中 web.xml 文件的配置
@GetMapping	Spring MVC 注解，用来映射 GET 请求，它是一个组合注解，相当于@RequestMapping(method = RequestMethod.GET)
@PostMapping	Spring MVC 注解，用来映射 POST 请求，它是一个组合注解

(4) 修改 OrdersController 控制器中的代码,删除了 RestTemplate 调用远程服务的有关代码,改用 OpenFeign 方式进行远程调用,代码如下:

```
@RestController
@RequestMapping("/order")
public class OrdersController {

    @Autowired
    private UserServiceFeign userServiceFeign;

    @Autowired
    private OrdersService ordersService;

    @GetMapping("/{id}")
    public Orders findOrderById(@PathVariable Integer id){
        Orders orders=ordersService.getById(id);
        int userid=orders.getUserid();//获取用户编号
        //使用 OpenFeign 远程调用客户信息微服务
        User user =userServiceFeign.findUserById(userid);
        orders.setUser(user);
        return orders;
    }
}
```

首先注入 UserServiceFeign 接口的代理实现类,然后进行调用,最关键的远程调用代码为 User user = userServiceFeign.findUserById(userid),感觉就像调用本地的方法一样。

(5) 首先启动 Nacos,再启动服务提供者和服务调用者项目。最后将 orderservice 的端口修改为 8080,使用浏览器访问 http://localhost:8080/order/1,结果如图 4-2 所示,如果显示订单和客户信息,则表示调用成功。

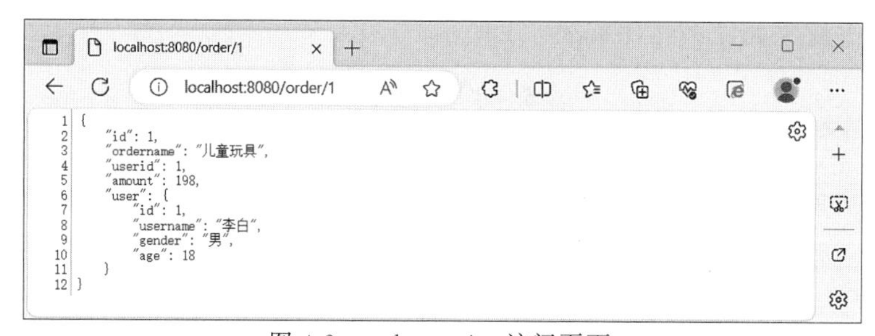

图 4-2 orderservice 访问页面

4.2.2 负载均衡

如果 OpenFeign 调用的远端服务有多个实例,则会自动启用负载均衡。

【示例 4-1】 同时运行两个 userservice 微服务项目,使用 OpenFeign 实现负载均衡。

(1) 复制 userservice 项目并命名为 userservice2,修改有关的名称。

(2) 将 userservice2 的端口修改为 8082。

(3) 在 userservice 项目的控制器的 findUserById 方法中添加代码,代码如下:

```
System.out.println("这是 userservice 项目");
```

(4) 在 userservice2 项目的控制器的 findUserById 方法中添加代码,代码如下:

```
System.out.println("这是 userservice2 项目");
```

(5) 重新启动 userservice 项目及启动 userservice2 项目,观察 Nacos,此时会发现服务列表中 userservice 有两个实例,如图 4-3 所示。

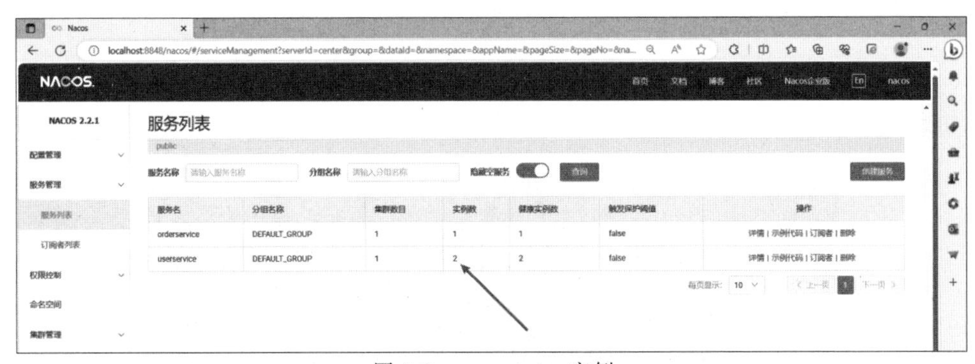

图 4-3　userservice 实例

(6) 使用浏览器访问 http://localhost:8080/order/1,观察 userservice 项目或 userservice2 项目的控制台,此时会发现只有其中一个输出了信息,再次访问 http://localhost:8080/order/1,会发现另外一个项目输出了内容,多次刷新浏览器,会发现 userservice 项目与 userservice2 项目交替输出内容。这样就验证了 OpenFeign 自动开启了负载均衡。

4.2.3　设置日志级别

OpenFeign 提供了日志打印功能,可以对 OpenFeign 接口的调用情况进行监控和输出,通过配置,调整日志级别,从而了解 OpenFeign 中 HTTP 请求的细节,日志级别如下。

(1) NONE:默认的,不显示任何日志。

(2) BASIC:仅记录请求方法、URL、响应状态码及执行时间。

(3) HEADERS:除了 BASIC 中自定义的信息外,还有请求和响应的信息头。

(4) FULL:除了 HEADERS 中定义的信息外,还有请求和响应的正文及元数据。

一般通过配置类实现日级别的调用,具体步骤如下。

(1) 创建配置类,在配置类中设置日志级别,代码如下:

```
@Configuration
public class FeignLoggerConfig {
    @Bean
    Logger.Level feignLoggerLevel() {
        return Logger.Level.FULL;
    }
}
```

(2) 在 application.yml 文件中配置日志，代码如下：

```
logging:
  level:
    #OpenFeign 日志以什么级别监控哪个接口
    com.sike.service.UserServiceFeign: debug
```

(3) 运行测试日志输出。使用浏览器中访问 http://localhost:8080/order/1，控制台会出现如图 4-4 所示的日志输出。

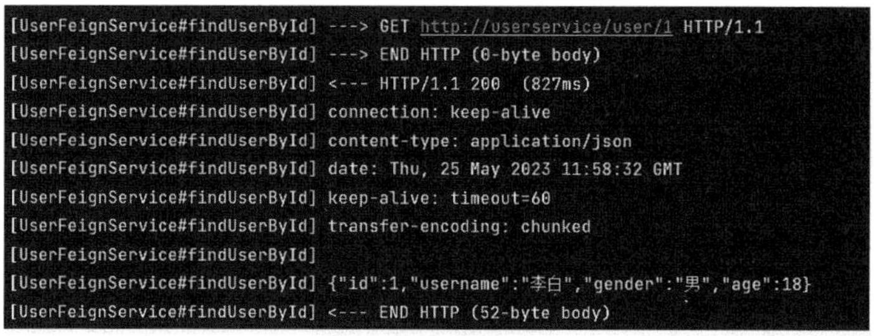

```
[UserFeignService#findUserById] ---> GET http://userservice/user/1 HTTP/1.1
[UserFeignService#findUserById] ---> END HTTP (0-byte body)
[UserFeignService#findUserById] <--- HTTP/1.1 200 (827ms)
[UserFeignService#findUserById] connection: keep-alive
[UserFeignService#findUserById] content-type: application/json
[UserFeignService#findUserById] date: Thu, 25 May 2023 11:58:32 GMT
[UserFeignService#findUserById] keep-alive: timeout=60
[UserFeignService#findUserById] transfer-encoding: chunked
[UserFeignService#findUserById]
[UserFeignService#findUserById] {"id":1,"username":"李白","gender":"男","age":18}
[UserFeignService#findUserById] <--- END HTTP (52-byte body)
```

图 4-4　日志输出

4.2.4　设置服务超时时间

可以设置全局超时，即当前项目中所有使用 OpenFeign 进行调用的微服务都设置相同的超时时间。

(1) 首先在 orderservice 项目的 application.yml 文件中的 spring:cloud: 层次的下一级别添加配置，代码如下：

```
openfeign:
  #配置超时
  client:
    config:
      #设置超时，囊括了 okhttp 的超时，okhttp 属于真正执行的超时，openfeign 属于服务间
      #的超时
      #设置全局超时时间
      default:
```

```
connectTimeout: 2000        #连接超时时间
readTimeout: 5000           #连接上后服务的响应超时时间
```

注意：上述配置的 openfeign 中还有上一级 cloud，并且 cloud 还有上一级 spring，这里没显示出来。

其中，readTimeout：5000 表示如果调用的微服务响应时间超过了 5s 就视为超时，程序将抛出 SocketTimeoutException 异常。

（2）在 userservice 的 UserController 控制器的 findUserById 方法中添加 5500ms 睡眠时间，代码如下：

```
try {
    Thread.sleep(5500);
} catch (InterruptedException e) {
    throw new RuntimeException(e);
}
```

（3）启动两个项目，在浏览器中访问 http://localhost:8080/order/1，再观察控制台，发现抛出了 SocketTimeoutException 异常信息，如图 4-5 和图 4-6 所示。

图 4-5　浏览器异常

```
java.net.SocketTimeoutException Create breakpoint : Read timed out
    at java.net.SocketInputStream.socketRead0(Native Method) ~[na:1.8.0_181]
    at java.net.SocketInputStream.socketRead(SocketInputStream.java:116) ~[na:1.8.0_181]
    at java.net.SocketInputStream.read(SocketInputStream.java:171) ~[na:1.8.0_181]
    at java.net.SocketInputStream.read(SocketInputStream.java:141) ~[na:1.8.0_181]
    at okio.Okio$2.read(Okio.java:140) ~[okio-1.17.2.jar:na]
```

图 4-6　控制台异常

如果把睡眠时间修改为 5000ms 以下，则可以正常访问。

可以在设置全局超时的基础上，针对某个特定的微服务设置一个不同的超时时间，步骤如下。

（4）首先在调用某个微服务的接口的@FeignClient 注解中添加一个 contextId 属性及值，以作为用于设置该微服务超时时间的一种标识，代码如下：

```
@Component
@FeignClient(value = "userservice", contextId = "userServiceFeign")
```

```
public interface UserServiceFeign {

    @GetMapping("/user/{id}")
    public User findUserById(@PathVariable Integer id);
}
```

（5）在 application.yml 文件原来配置全局超时时间的下面对上述 contextId 设置超时时间，配置 OpenFeign 客户端的超时时间，代码如下：

```
openfeign:
  #配置超时
  client:
    config:
      #设置超时,囊括了 okhttp 的超时,okhttp 属于真正执行的超时,openfeign 属于服务间
      #的超时
      #设置全局超时时间
      default:
        connectTimeout: 2000        #连接超时时间
        readTimeout: 5000           #连接上后服务的响应超时时间
      #针对特定 contextId 设置超时时间
      userServiceFeign:
        connectTimeout: 1000
        readTimeout: 2000
```

这样调用其他微服务时的超时时间都是 5000ms，但调用 userFeignService 微服务的超时时间是 2000ms。

（6）进行测试，在 userservice 项目的 UserController 控制器中将 findUserById 方法的睡眠时间设置为 4500ms 后，再次进行访问，结果同样出现了 SocketTimeoutException 异常。

第5章 网关组件

本章主要内容：

- 网关概述
- 网关快速入门
- 路由转发中的负载均衡
- 过滤器
- 网关中配置 Cors 跨域
- 灰度发布

网关可以作为所有 API 服务请求的接入点，同时可以作为所有后端业务服务的聚合点，通过网关可以实现安全、验证、路由、过滤、流控等策略，并对所有 API 服务和策略进行统一管理。本章重点讲述网关的路由转发功能、过滤器、跨域配置和灰度发布。

5.1 网关组件概述

在 Spring Cloud 体系架构中，需要部署一个单独的网关服务对外提供访问入口，然后网关服务根据配置好的规则将请求转发至具体的后端服务。这个任务由 Spring Cloud 的网关组件实现。Spring Cloud Gateway 是 Spring Cloud 的全新子项目，该项目意在提供简单方便、可扩展的统一 API 路由管理方式。

网关效果图如图 5-1 所示。

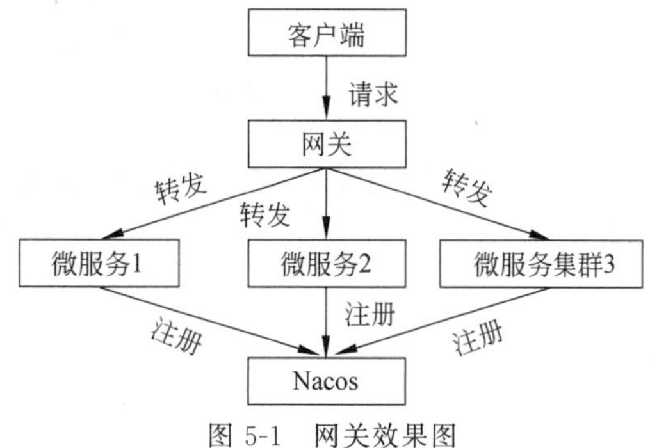

图 5-1　网关效果图

Gateway 作为网关组件，主要有以下作用。

(1) 统一入口：为所有微服务提供一个唯一的入口，网关起到外部和内部隔离的作用，保障了后台服务的安全性。

(2) 鉴权校验：识别每个请求的权限，拒绝不符合要求的请求。

(3) 动态路由：动态地将请求路由到不同的后端集群中。

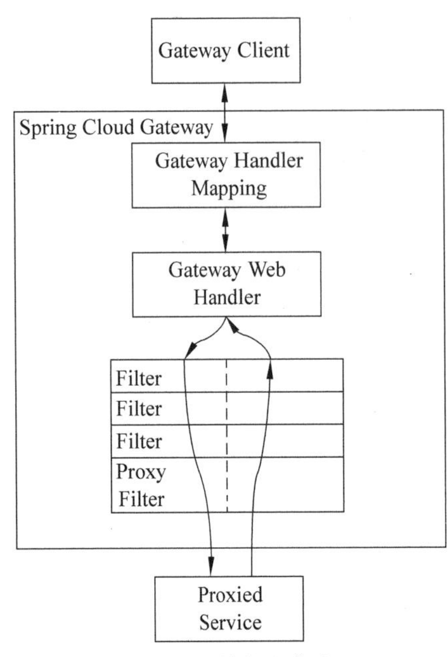

图 5-2 网关的工作流程

(4) 减少客户端与服务器端的耦合：服务可以独立发展，通过网关层进行映射。

网关的工作流程如图 5-2 所示。客户端向 Spring Cloud Gateway 发出请求。如果在 Gateway Handler Mapping 中找到与请求相匹配的路由，则将其发送到 Gateway Web Handler。Handler 再通过指定的过滤器链来将请求发送到实际的服务，以便执行业务逻辑。

Gateway 中的一些基本概念。

1. Route(路由)

路由是网关的基本单元，由 ID、URI、一组 Predicate、一组 Filter 组成，最基本的功能是只要满足 Predicate 中的条件就路由转发到 URI 中。

2. Predicate(断言)

用来匹配来自 HTTP 请求的任何内容，作为路由转发的判断条件，包括 Path、Query、Method、Header 等。

3. Filter(过滤器)

过滤器是路由转发请求时所经过的过滤逻辑，可用于修改请求和响应。

5.2 网关组件快速入门

本节通过实例来讲解网关的基本路由转发功能。

5.2.1 准备微服务项目

准备一个 userservice 项目，复制第 4 章的 userservice 项目，再准备一个 orderservice 项目，复制第 4 章的 orderservice 项目，将端口修改为 8082。下面一步为这两个微服务项目创建统一网关及实现路由转发等功能。

5.2.2 创建网关项目实现简单路由功能

创建 Spring Boot 3.0.2 项目，命名为 gateway，添加网关应用程序入口类，代码如下：

```
<dependency>
    <groupId>org.springframework.cloud</groupId>
```

```
    <artifactId>spring-cloud-starter-gateway</artifactId>
</dependency>
<dependency>
    <groupId>com.alibaba.cloud</groupId>
    <artifactId>spring-cloud-starter-alibaba-nacos-discovery</artifactId>
</dependency>
<dependency>
    <groupId>org.springframework.cloud</groupId>
    <artifactId>spring-cloud-starter-loadbalancer</artifactId>
</dependency>
```

application.yml 配置文件中的代码如下：

```
server:
  port: 8080

spring:
  application:
    name: gateway
  cloud:
    nacos:
      discovery:
        server-addr: localhost:8848
    gateway:
      routes:
        -id: user1_route
          uri: http://localhost:8081/user/{id}
          predicates:
            -Path=/user/{id}

        -id: order_route
          uri: http://localhost:8082/order/{id}
          predicates:
            -Path=/order/{id}
```

这里配置的重点是 routes，表示路由，可以配置多条路由，每条路由用 id、uri 和 predicates 进行描述，其中 id 是路由标识，只要使用不重复的字符串即可，uri 表示转发的目标地址，predicates 称为路由断言，即路由转发需要匹配的条件，predicates 下面又有多种，其中 Path 表示路径匹配，即如果客户端发出的请求路径跟这里描述的路径匹配，则转发到 uri 指定的目标地址。例如，如果客户端发出的请求路径是 http://localhost:8080/user/1，跟 predicates 下的 Path=/user/{id} 匹配，就会将此请求转发到 uri：http://localhost:8081/user/1。

启动 Nacos，启动 userservice 和 orderservice 项目，使用浏览器访问 http://localhost:8080/user/1，结果如图 5-3 所示，显然请求被转发到了 http://localhost:8081/user/1。接

着使用浏览器访问 http://localhost:8080/order/1，结果如图 5-4 所示，显示请求被转发到了 http://localhost:8082/order/1。

图 5-3　访问 http://localhost:8080/user/1

图 5-4　路由转发

5.3　实现路由转发中的负载均衡

如果转发的目标地址是由多个实例组成的微服务集群，则网关还可以通过配置实现负载均衡，网关会先将请求转发到负载均衡器，再由负载均衡器进行负载。业务架构如图 5-5 所示。

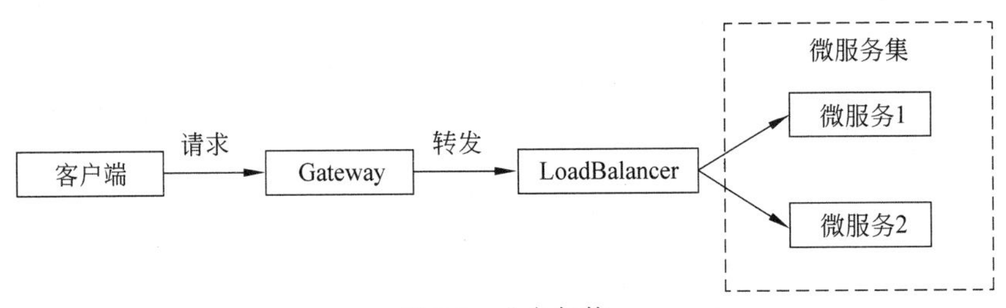

图 5-5　业务架构

下面演示一个负载均衡的实例。

(1) 将第 4 章的 userservice2 复制过来，并把端口修改为 8083。为了区分这两个相同服务名称的微服务，分别在各自的控制器的 findUserById 方法添加代码 System.out.println("userservice:8081")和 System.out.println("userservice:8083")。为了观察控制台的输出日志，两个项目都在 application.yml 文件中添加日志配置，代码如下：

```
logging:
  level:
```

```
com.sike.controller.UserController: DEBUG
```

（2）打开项目网关，修改 application.yml 配置文件，将 uri 由 http 开头的表示形式改为以 lb 开头的表示形式，并且用服务名代替 localhost:8081，其中 lb 表示负载均衡的意思。具体的代码如下：

```
uri: http://localhost:8081/user/{id}
```

修改的代码如下：

```
uri: lb://userservice/user/{id}
```

（3）重启两个 userservice 项目及网关项目，使用浏览器访问 localhost:8080/user/1，观察发现只有其中一个 userservice 项目控制台有输出，再次访问，会发现另外一个也有输出了。继续多次访问，可以发现会交替访问两个微服务项目，这表示以轮询的方式进行了负载均衡。

5.4　过滤器

Spring Cloud Gateway 中的过滤器从接口实现上分为两种，一种是 GatewayFilter，GatewayFilter 又可分为路由过滤器和默认过滤器，前者只针对一个路由进行过滤，后者针对多个路由进行过滤；另一种是 GlobalFilter，称为全局过滤器，针对所有路由进行过滤。如果要配置过滤器，则首先要学习路由断言。

5.4.1　路由断言

路由断言表示路由转发的条件，当条件匹配后才会被转发，可以有多个条件，如果有多个条件，则在多个条件都匹配的情况下才会被转发。常见的条件如表 5-1 所示。

表 5-1　路由断言的条件

匹配方式	说　　明	样　　例
Before	某个时间点之前	Before=2023-06-28T00:00:00+08:00[Asia/Shanghai]
After	某个时间点之后	After=2023-06-28T00:00:00+08:00[Asia/Shanghai]
Between	Before +After	Between=2023-06-28T00:00:00+08:00[Asia/Shanghai], 2023-07-01T00:00:00+08:00[Asia/Shanghai]
Cookie	Cookie 值	Cookie=sike, admin
Header	Header 值	Header=X-Request-Id, \d+
Host	主机名	Host=**.sike.com

续表

匹配方式	说　明	样　例
Method	请求方式	Method=GET
Query	请求参数	Query=aaa，bbb
Path	请求路径	Path=/user/{userId}
RemoteAddr	请求 IP	RemoteAddr=192.168.0.8/24
Weight	权重	Weight=groupName1，9

示例代码如下：

```
predicates:
  -Path=/user/{id}
  -Method=GET
```

这表示以 GET 方式访问 http://localhost:8080/user/{id}才会被转发，如果以 POST 方式访问，则不转发，示例代码如下：

```
predicates:
  -Path=/user/{id}
  -Before=2024-06-28T00:00:00+08:00[Asia/Shanghai]
```

表示 2024 年 6 月 28 日前访问上述地址就会被转发，如果在设定的时间之后访问，则不会被转发。如果将 Before 修改为 After，则相反，示例代码如下：

```
predicates:
  -Path=/user/{id}
  -RemoteAddr=192.168.1.34
```

表示只接受来自 RemoteAddr 中指定的 IP 地址的请求。

5.4.2　路由过滤器

Spring Cloud Gateway 内置了多种路由过滤器，它们都由 GatewayFilter 接口的工厂类来产生。路由过滤器可用于修改进入的 HTTP 请求和返回的 HTTP 响应，例如可以给请求添加一个参数，或添加一个请求头。下面通过案例学习常用路由过滤器的用法。

（1）修改网关项目，对 application.yml 配置文件中的第 1 个路由的配置进行修改，代码如下：

```
routes:
  -id: user1_route
    uri: http://localhost:8081/user/{id}
    predicates:
```

```
        - Path=/user/{id}
      filters:
        - AddRequestParameter=username,admin
```

可见这条路由添加了一个 filters 的配置，表示给这个路由添加一个路由过滤器，其中的关键字 AddRequestParameter 表示添加一个请求参数，键是 username，值是 admin，这相当于原来的请求路径 http://localhost:8080/user/1 变成了 http://localhost:8080/user/1?username=admin。

（2）修改 userservice 项目的控制器的 findUserById 方法，以便接收和处理这个参数，修改后的控制器中的代码如下：

```
@RestController
@RequestMapping("/user")
public class UserController {

    @Autowired
    private UserService userService;

    @GetMapping("/{id}")
    public User findUserById(@PathVariable Integer id, String username){
        System.out.println("userservice 项目中获取的 username:"+username);
        return userService.getById(id);
    }
}
```

（3）重启有关项目，使用浏览器访问 http://localhost:8080/user/1，如果控制台输出的内容为"userservice 项目中获取的 username:admin"，就表示过滤器执行成功。

5.4.3 路由过滤器工厂

Spring Cloud Gateway 包含许多内置的 GatewayFilter 工厂。上述配置中的 AddRequestParameter 就是其中的一种，更多的内置过滤器工厂及其作用如表 5-2 所示。

表 5-2 内置过滤器工厂及其作用

过滤器工厂	作　用	参　数
AddRequestHeader	为原始请求添加 Header	Header 的名称及值
AddRequestParameter	为原始请求添加请求参数	参数名称及值
AddResponseHeader	为原始响应添加 Header	Header 的名称及值
DedupeResponseHeader	剔除响应头中重复的值	需要去重的 Header 名称及去重策略
Hystrix	为路由引入 Hystrix 的断路器保护	HystrixCommand 的名称

续表

过滤器工厂	作　用	参　数
FallbackHeaders	为 fallbackUri 的请求头中添加具体的异常信息	Header 的名称
PrefixPath	为原始请求路径添加前缀	前缀路径
PreserveHostHeader	为请求添加一个 preserveHostHeader=true 的属性,路由过滤器会检查该属性以决定是否要发送原始的 Host	无
RequestRateLimiter	用于对请求限流,限流算法为令牌桶	keyResolver 、rateLimiter、statusCode、denyEmptyKey、emptyKeyStatus
RedirectTo	将原始请求重定向到指定的 URL	HTTP 状态码及重定向的 URL
RemoveHopByHop-HeadersFilter	为原始请求删除 IETF 组织规定的一系列 Header	默认就会启用,可以通过配置指定仅删除哪些 Header
RemoveReguestHeader	为原始请求删除某个 Header	Header 名称
RemoveResponseHeader	为原始响应删除某个 Header	Header 名称
RewritePath	重写原始的请求路径	原始路径正则表达式及重写后路径的正则表达式
RewriteResponseHeader	重写原始响应中的某个 Header	Header 名称,值的正则表达式,重写后的值
SaveSession	在转发请求之前,强制执行 WebSession::save 操作	无
secureHeaders	为原始响应添加一系列起安全作用的响应头	无,支持修改这些安全响应头的值
SetPath	修改原始的请求路径	修改后的路径
SetResponseHeader	修改原始响应中某个 Header 的值	Header 名称,修改后的值
SetStatus	修改原始响应的状态码	HTTP 状态码,可以是数字,也可以是字符串
StripPrefix	用于截断原始请求的路径	使用数字表示要截断的路径的数量
Retry	针对不同的响应进行重试	retries、statuses、methods、series
RequestSize	设置允许接收最大请求包的大小。如果请求包大小超过设置的值,则返回 413 Payload Too Large	请求包大小,单位为字节,默认值为 5MB
ModifyRequestBody	在转发请求之前修改原始请求体内容	修改后的请求体内容
ModifyResponseBody	修改原始响应体的内容	修改后的响应体内容

5.4.4　默认过滤器

上面只针对其中一个路由进行过滤器配置，也可以针对多个(一组)路由统一设置一个过滤器，方法是在配置文件的 routes 的同一级别添加 default-filters 配置项，参考代码如下：

```
gateway:
  routes:
    -id: user1_route
      uri: http://localhost:8081/user/{id}
      predicates:
        -Path=/user/{id}#
    -id: order_route
      uri: http://localhost:8082/order/{id}
      predicates:
        -Path=/order/{id}
  default-filters:
    -AddRequestParameter=username,admin
```

这样上述两个路由都同时适用同一个过滤器，两个路由都会添加请求参数。参考 userservice 项目的 findUserById 方法修改 orderservice 项目的控制器中的 findOrderById 方法，以便接收和处理 username 参数的输出。重启有关项目，访问 localhost:8080/order/1，结果 orderservice 项目的控制台输出：orderservice 项目中获取的 username:admin，这表明 orderservice 项目也被添加了过滤器。

5.4.5　全局过滤器

GatewayFilter 路由过滤器并不能实现业务逻辑的判断与处理，要实现业务逻辑的判断与处理需要用到全局过滤器 GlobalFilter。GlobalFilter 是一个全局的过滤器，作用于所有的路由。GlobalFilter 过滤器不需要配置，在系统初始化时加载，并作用在每个路由上，最终通过 GatewayFilterAdapter 包装成 GatewayFilterChain 可识别的过滤器。下面为 Gateway 项目添加全局过滤器以实现特定的功能。

(1) 在网关项目中创建 GlobalFilter1 类，实现 GlobalFilter 接口，代码如下：

```
@Order(0)
@Component
public class GlobalFilter1 implements GlobalFilter {
    @Override
    public Mono<Void> filter(ServerWebExchange exchange, GatewayFilterChain
chain) {
        MultiValueMap<String, String>queryParams =
exchange.getRequest().getQueryParams();
        String username =queryParams.getFirst("username");
```

```
        System.out.println("全局过滤器中的 username:"+username);
        if("admin".equals(username)){
            System.out.println("用户名正确,可以转发");
            return chain.filter(exchange);
        }
        System.out.println("用户名错误,拒绝转发");
        exchange.getResponse().setStatusCode(HttpStatus.UNAUTHORIZED);
        return exchange.getResponse().setComplete();
    }
}
```

这段代码的意思是获取请求参数 username，判断它的值是不是等于 admin，如果是，则放行，否则拦截，并返回 401 未授权状态码。注解@Order 的作用是如果有多个过滤器，则通过@Order 注解中的数字来决定优先级，数字越小优先级越高。注解@Component 的作用是项目启动时会把 GlobalFilter1 对象放入 Spring 容器中，这样它所定义的全局过滤器就会生效并监听请求。

（2）在 application.yml 文件中注释掉之前的有关路由过滤器的配置。

（3）运行测试。使用浏览器访问 http://localhost:8080/user/1，结果如图 5-6 所示，提示 401 未授权错误，并且控制台输出：

```
全局过滤器中的 username:null。
用户名错误,拒绝转发。
```

这是因为被全局过滤器拦截，检查请求参数中并没有 username=admin，所以被拦截。

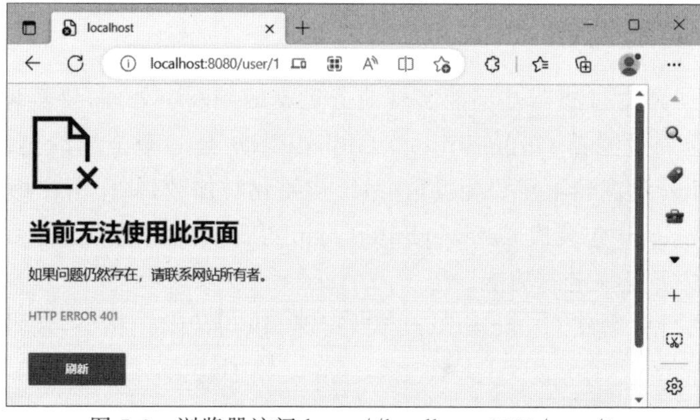

图 5-6 浏览器访问 http://localhost:8080/user/1

在浏览器网址栏添加请求参数?username=admin，即完整的请求路径变为 http://localhost:8080/user/1?username=admin，再次访问，结果如图 5-7 所示，可以正常访问了，并且网址栏输出：

```
全局过滤器中的 username:admin。
用户名正确,可以转发。
```

显然这是因为全局过滤器放行了。

图 5-7　浏览器再次访问

如果把 username=admin 中的 admin 改为其他值，则一样会被拦截，每个过滤器都必须指定 Order 值，其中路由过滤器和默认过滤器的 Order 值由 Spring 指定，默认按声明顺序从 1 开始递增，而对于全局过滤器，则需要通过@Order 注解手动显式指定 Order 的值。Order 值越小优先级越高。如果多个过滤器的优先级相同，则按默认过滤器＞路由过滤器＞全局过滤器的顺序执行。

5.5　网关的 Cors 跨域配置

一般情况下浏览器会禁止请求的发起者发送跨域的 AJAX 请求，这称为跨域问题。由于现在流行前后端分离技术，前端和后端分属不同的域，因此必须解决跨域问题，这样前端项目才能顺利通过 AJAX 请求到后端数据。后端在使用网关做统一的网关入口的情况下，就必须使用网关来解决跨域问题。下面案例演示一个 Web 应用跨域访问网关项目的情况。

（1）使用 IDEA 创建一个 JavaEE 项目，命名为 cors，导入 jQuery，创建 index.html 页面，index.html 文件中的代码如下：

```
<!DOCTYPE html>
<html lang="en">
<head>
    <meta charset="UTF-8">
    <title>Title</title>
  <script src="js/jquery-3.1.0.min.js"></script>
  <script>
    $(document).ready(function (){
      $("#btn1").click(function () {
        var id =$("#userId").val();
        if (id!="") {
          $.ajax({
            url:"http://localhost:8080/user/"+id,
            success:function(user){
              alert(JSON.stringify(user));
            }
          })
        }
      });
```

```
    });
  </script>
</head>
<body>
<input type="text" id="userId"/>
<input type="button" id="btn1" value="查询用户信息">
</body>
</html>
```

（2）在 IDEA 中修改 Tomcat 服务器的配置，将端口修改为 8090。这样前端项目的端口为 8090 端口，而 AJAX 请求的目标服务器的端口是 8080 端口，所以将会产生跨域问题。把网关项目的全局过滤器的注解注释掉，使全局过滤器暂时失效，然后重启网关项目和 cors 项目，使用 Firefox 浏览器访问 http://localhost:8090/cors/，然后输入 1，再单击“查询用户信息”按钮，查看控制台，结果如图 5-8 所示，显然跨域请求被禁止了。

图 5-8　查看控制台

（3）在网关项目中配置允许跨域访问。在 application.yml 文件中的网关节点下添加配置代码：

```
globalcors: #全局的跨域处理
  add-to-simple-url-handler-mapping: true #解决 options 请求被拦截问题
  corsConfigurations:
    '[/**]':
      allowedOrigins: #允许哪些网站的跨域请求
        - "http://localhost:8090"
      allowedMethods: #允许的跨域 AJAX 的请求方式
        - "GET"
        - "POST"
        - "DELETE"
        - "PUT"
        - "OPTIONS"
      allowedHeaders: "*" #允许在请求中携带的头信息
      allowCredentials: true #是否允许携带 Cookie
      maxAge: 360000 #这次跨域检测的有效期
```

然后重新启动，再次使用浏览器访问 http://localhost:8090/cors/，然后输入 1，单击

"查询用户信息"按钮,结果如图 5-9 所示,请求被允许正常通过。

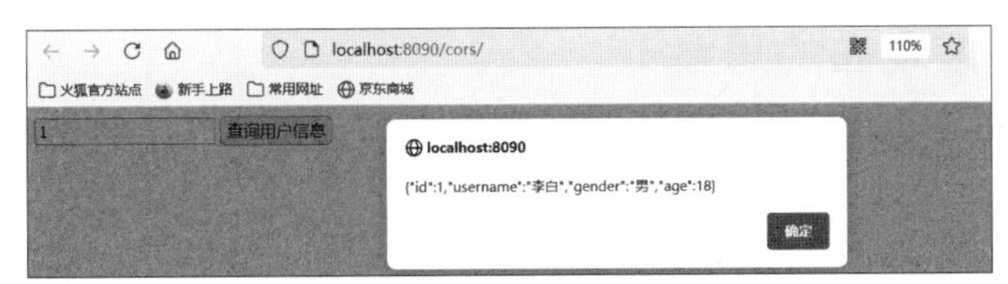

图 5-9　单击查询用户信息按钮

网关中解决跨域问题还可以使用配置类的方式,将 application.yml 文件中有关跨域的配置注释掉,然后创建 CorsConfig 类,跨域配置类中的代码如下:

```
import org.springframework.context.annotation.Bean;
import org.springframework.context.annotation.Configuration;
import org.springframework.web.cors.CorsConfiguration;

import org.springframework.web.cors.reactive.CorsWebFilter;
import
org.springframework.web.cors.reactive.urlBasedCorsConfigurationSource;

@Configuration
public class CorsConfig {
    @Bean
    public CorsWebFilter CorsWebFilter(){
        UrlBasedCorsConfigurationSource source =new
UrlBasedCorsConfigurationSource();
        CorsConfiguration corsConfiguration=new CorsConfiguration();
        corsConfiguration.addAllowedHeader(" * ");
        corsConfiguration.addAllowedMethod(" * ");
        corsConfiguration.addAllowedOriginPattern(" * ");
        corsConfiguration.setAllowCredentials(true);
        source.registerCorsConfiguration("/**",corsConfiguration);
        return new CorsWebFilter(source);
    }
}
```

重新启动项目进行测试,结果应该相同。

5.6　灰度发布

所谓灰度发布,就是新旧版本之间平滑过渡的一种发布方式,在旧版本系统运行状态下,在一台新的服务器上部署新版本,将部分流量切换到新版本系统所在的服务器中,如果新版本问题不大,则逐渐加大新版本所在服务器流量的占比,最终全部替换掉旧版本。灰度发布可以保证整体系统的稳定,在初始灰度时就可以发现问题、解决问题,以保证系统的整体稳定性。

5.6.1 灰度发布的思路

这里使用网关实现灰度发布，设计思路是假设有新旧两个版本的微服务，新版本与旧版本的微服务名称相同，配置两条路由分别对应新旧版本，使它们的 predicates 下的路径相同，但权重不同，开始时旧版本权重远大于新版本，这样相同路径的请求，根据权重比例，大部分将流向旧版本所在的服务器，只有少数流到新版本，通过日志等方式监控新版本，如果确认新代码问题不大，则可以慢慢加大新版本的权重，最终全部切换到新版本，如果新版本有问题，则可全部切换回旧版本，新版本修改后再重新使用。

5.6.2 通过 Gateway 实现灰度发布

可以利用网关的路由断言中的权重实现灰度发布。这里假设 userservice 项目是旧版本的系统，userservice2 是新版本的系统。

(1) 修改网关项目的 application.yml 文件中的路由相关的配置，代码如下：

```
    gateway:
      routes:
#灰度发布配置
        -id: user1_route
          uri: http://localhost:8081/user/{id}
          predicates:
            -Path=/user/{id}
            -Weight=userGroup,9
        -id: user2_route
          uri: http://localhost:8083/user/{id}
          predicates:
            -Path=/user/{id}
            -Weight=userGroup,1
```

这两个路由的路径相同，此外每个路由的路由断言 predicates 下都添加了权重 Weight 的配置，其中一个路由的 Weight 配置是“Weight=userGroup,9”，表示组名为 userGroup，权重为 9；另一个路由的 Weight 配置是“Weight=userGroup,1”，表示组名为 userGroup，权重为 1，这两个配置的组名相同，表示它们是同一组，然后这一组的权重合计为 10，这样第 1 个路由权重为 9 就代表分配 9/10=90%的流量，第 2 个路由则分配 1/10=10%的流量。

(2) 修改 userservice 项目的控制器中的 findUserById 方法，代码如下：

```
@GetMapping("/{id}")
public User findUserById(@PathVariable Integer id){
    System.out.println("userservice:8081");
    return userService.getById(id);
}
```

(3) 修改 userservice2 项目中的控制器中的 findUserById 方法,代码如下:

```
@GetMapping("/{id}")
public User findUserById(@PathVariable Integer id){
    System.out.println("userservice:8083");
    return userService.getById(id);
}
```

(4) 启动 Nacos、网关、userservice 和 userservice2 项目,使用浏览器访问 http://localhost:8080/user/1,共访问 10 次,观察 userservice 和 userservice2 的控制台,发现 userservice 中大概有 9 次输出,userservice2 中大概只有一次输出。

(5) 调整 Weight 权重的值就可以切换流量的比例,最终实现灰度发布,读者可自行尝试。

第6章 Sentinel 流量控制和熔断降级

本章主要内容：

- 雪崩问题
- Sentinel 简介
- 流量控制
- 服务降级
- 线程隔离
- 熔断
- 授权规则
- Sentinel 异常处理

Sentinel 是一个基于 Java 开发的流量控制组件，它可以帮助开发者更好地控制服务的流量，更好地保护服务免受恶意攻击。Sentinel 从流量控制、流量路由、熔断降级、系统自适应过载保护、热点流量防护等多个维度保护服务的稳定性。本章重点学习 Sentinel 的流量控制、线程隔离、熔断降级等功能。

6.1 雪崩问题

在微服务中，服务间的调用关系错综复杂，一个微服务往往依赖于多个其他微服务，如果某个服务，因为流量异常或者其他原因导致响应异常，则同样也会影响到调用该服务的其他服务，从而引起了一系列连锁反应，最终导致整个系统迅速崩溃，这就是雪崩问题。

解决雪崩问题的常见方式如下。

（1）超时处理：设定超时时间，如果请求超过一定的时间没有响应就返回错误信息，不会无休止地等待。

（2）舱壁模式：限定每个服务能使用的线程数，避免耗尽整个 Tomcat 资源，因此也叫线程隔离。

（3）熔断降级：由断路器统计服务执行的异常比例，如果超出阈值，则会熔断服务，拦截访问该服务的一切请求。

(4) 流量控制：限制服务访问的 QPS,避免服务因流量的突增而出现故障。

Sentinel 提供了上述舱壁模式、熔断降级和流量控制的解决方案。

6.2 Sentinel 简介

Sentinel 的主要功能包括流量控制、熔断降级、系统负载保护、服务容错保护、服务限流、服务熔断、服务降级、服务热点参数限流等。还可以通过邮件、短信、微信等方式发送报警信息,以便及时发现服务的异常情况,从而及时采取措施。

6.2.1 Sentinel 基本概念

1. 资源

资源是 Sentinel 的关键概念。它可以是 Java 应用程序中的任何内容,例如,由应用程序提供的服务,或由应用程序调用的其他应用提供的服务,甚至可以是一段代码。在接下来的文档中,一般会用资源来描述代码块。

只要是通过 Sentinel API 定义的代码,就是资源,这些资源能够被 Sentinel 保护起来。在大部分情况下,可以使用方法、URL,甚至服务名称作为资源名来标示资源。

2. 规则

围绕资源的实时状态设定的规则,可以包括流量控制规则、熔断降级规则及系统保护规则,所有规则可以动态地实时进行调整。

6.2.2 Sentinel 安装与启动

从 Sentinel 官网下载,这里下载的版本为 1.8.6,打开命令行窗口,进入下载下来的 JAR 包所在的目录,输入的命令如下:

```
java -jar sentinel-dashboard-1.8.6.jar
```

通过以上命令便可启动 Sentinel,默认端口是 8080,使用浏览器访问 http://localhost:8080 即可看到 Sentinel 的控制台。如果 8080 端口已经被占用,则可以用命令更换其他端口进行启动,其命令如下:

```
java -Dserver.port=8090 -jar sentinel-dashboard-1.8.6.jar
```

如果计算机安装了 JDK 1.8 以上的较高版本,则可能会导致启动失败,这时可用命令进行启动,启动命令如下:

```
java -Dserver.port=8090 -Dcsp.sentinel.dashboard.server=localhost:8090 -
Dproject.name=sentinel-dashboard --add-opens java.base/java.lang=ALL-
UNNAMED --add-opens java.base/sun.net.util=ALL-UNNAMED -jar sentinel-
dashboard-1.8.6.jar
```

启动成功后，使用浏览器访问 http://localhost:8090，此时会出现如图 6-1 所示界面，输入默认的用户名 sentinel 和默认的密码 sentinel 便可进入 Sentinel 的控制台。

图 6-1　浏览器访问 http://localhost:8090

6.2.3　依赖和配置

微服务项目要使用 Sentinel，首先需要引入依赖，代码如下：

```
<!--sentinel-->
<dependency>
    <groupId>com.alibaba.cloud</groupId>
    <artifactId>spring-cloud-starter-alibaba-sentinel</artifactId>
</dependency>
```

在 application.yml 文件中添加如下配置。

```
spring:
  cloud:
    sentinel:
      transport:
        dashboard: localhost:8090
```

然后使用浏览器访问微服务的任意一个 URL，这样就可在 Sentinel 的控制台中看到这个项目及其 URL 的链路信息，在 Sentinel 中这个 URL 称为资源，然后就可以为这个资源添加各种规则，以便进行限流或降级等操作。Sentinel 默认为懒加载，如果想打开控制台时立即看到监控的项目，则可以在上述 sentinel 节点下添加 eager：true。

这里将第 5 章的 orderservice 项目复制过来，引入上述依赖和配置，然后启动 Nacos，再启动项目，此外将第 5 章的 userservice 项目也复制过来并启动。使用浏览器访问 http://localhost:8082/order/1，然后查看 Sentinel 控制台，如图 6-2 所示。

单击簇点链路，结果如图 6-3 所示，其中资源名/order/{id}正是微服务中的一条访问路径(URI)。注意，每个资源都要先用浏览器访问一次 Sentinel 才能监控到。

图 6-2　查看 Sentinel 控制台

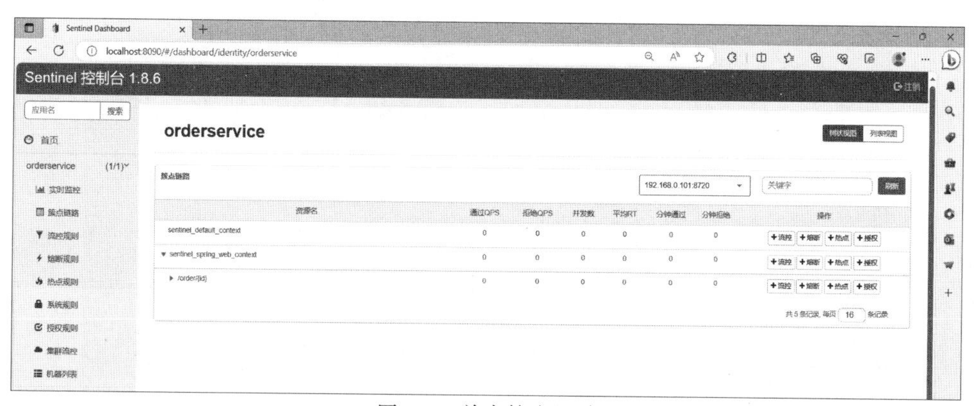

图 6-3　单击簇点链路

6.3　流量控制

本节介绍各种限流的规则、模式与效果。

6.3.1　基本案例

单击控制台中的簇点链路，再单击资源/order/{orderId}后面的流控按钮，弹出的表单如图 6-4 所示。

其中 QPS 表示每秒的请求数，单机阈值表示 QPS 达到这个数将触发限流，超出的请求将会被拒绝。这里将单机阈值设为 5，然后单击“新增”按钮。

接下来要进行测试，需要下载 JMeter 测试工具，打开 JMeter，新建测试计划，添加线程组，将名称设置为“基本限流规则”，设置线程属性，如图 6-5 所示。

图 6-4 弹出的表单

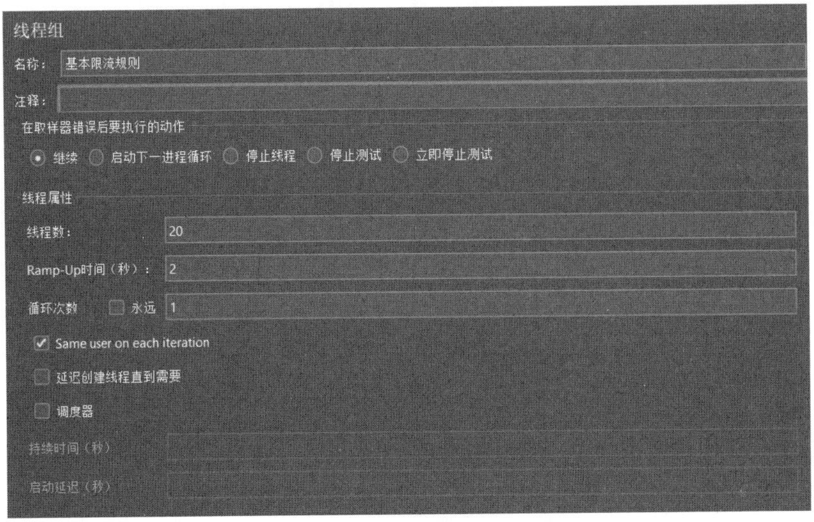

图 6-5 设置线程属性

表示 2s 内发出 20 个线程，即模拟 2s 内 20 个用户访问，这个意味着 QPS 是 10。右击线程名称，选择“添加”→“取样器”→“HTTP 请求”，然后填写有关 Web 服务器和 HTTP 请求的路径等属性值，如图 6-6 所示。

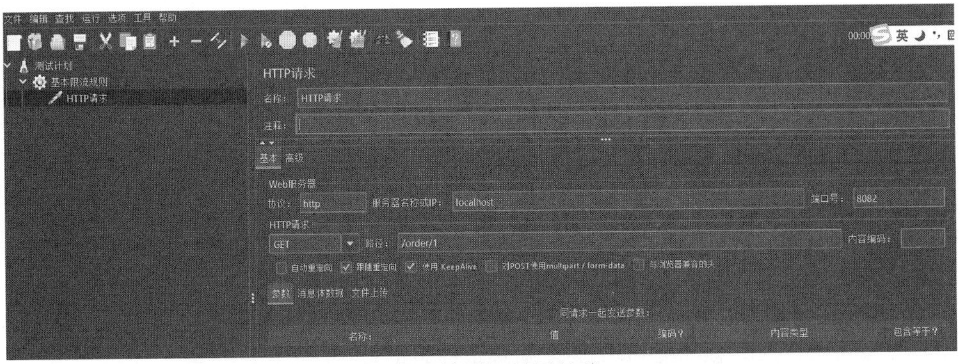

图 6-6 填写相关属性值

然后右击“HTTP请求”，选择“添加”→“监听器”→“查看结果树”。右击“基本限流规则”，单击“启动”按钮，然后单击“查看结果树”，结果如图6-7所示。

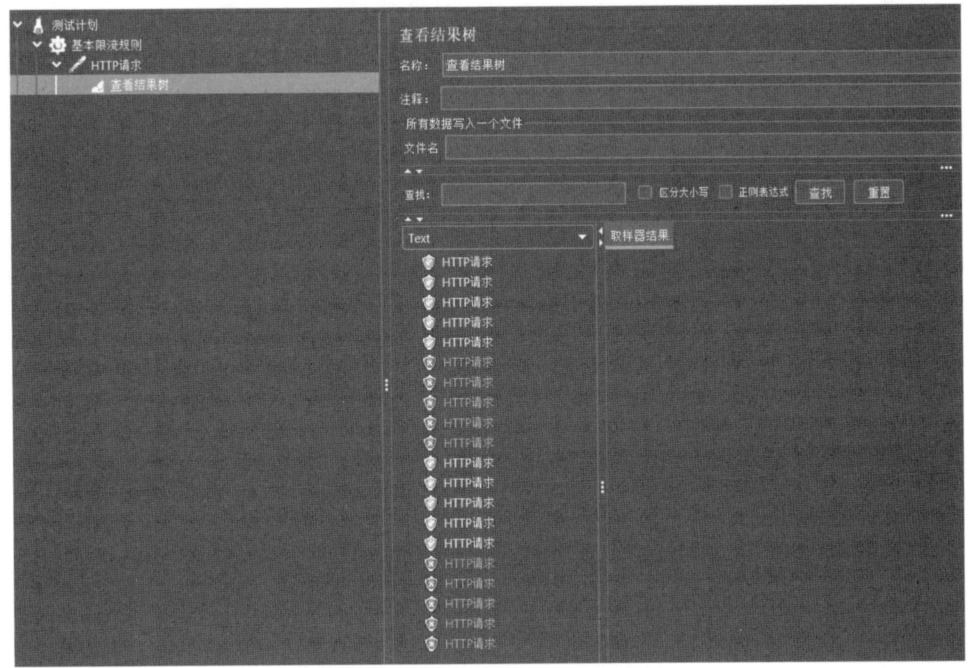

图6-7　单击“查看结果树”

可以发现，前面5个请求是白色字绿色图标，表示请求顺利通过，接下来的5个请求是红色字红色图标，表示请求被拒绝，这是因为实际的QPS是10，Sentinel限流是5个QPS，触发了限流，所以多出来的请求被拒绝了，后面同样原因导致出现5个绿色图标和5个红色图标。

6.3.2　流控模式

在添加限流规则时，选择“高级选项”选项卡，可以选择3种流控模式，见表6-1。

表6-1　流控模式及说明

流控模式	说　　明
直接	统计当前资源的请求，当触发阈值时对当前资源直接限流，也是默认的模式
关联	统计与当前资源相关的另一个资源，当触发阈值时，对当前资源限流
链路	统计从指定链路访问本资源的请求，当触发阈值时，对指定链路限流

6.3.3　流控模式之关联

上面案例默认使用的流控模式是“直接”。如果对资源A的访问量达到阈值，对资源A

本身进行限流，则流控模式是“直接”，但如果不对资源 A 本身而是对资源 B 进行限流，则流控模式就是“关联”。关联通常用在两个有竞争关系的资源中，为了确保其中一个优先级更高的资源可以正常访问，不得不对另一个资源进行限流。

【示例 6-1】 在 orderservice 微服务中，新增两个(URI)资源，一个是订单付款功能，另一个是订单查询功能，假设两个资源有竞争关系，但付款功能优先级更高，当付款功能 QPS 达到 5 时，需要对订单查询功能进行限流。

(1) 在 orderservice 的控制器中添加两个新方法，分别模拟付款和查询，代码如下：

```
@GetMapping("/pay")
public String payOrder(){
    return "订单付款成功!";
}

@GetMapping("/search")
public String searchOrder(){
    return "订单查询完成!";
}
```

(2) 启动 Nacos、Sentinel、orderservice 和 userservice，使用浏览器分别访问 http://localhost:8082/order/pay 和 http://localhost:8082/order/search，然后查看 Sentinel 控制台，单击簇点链路，发现这两个资源已经被监控到了，然后单击资源名/order/search 右侧的流控按钮，注意对谁限流就单击谁右侧的流控按钮，在弹出的表单中填写的单机阈值为 5，单击高级选项，然后填写关联资源为/order/pay，如图 6-8 所示，单击“新增”按钮结束此操作。

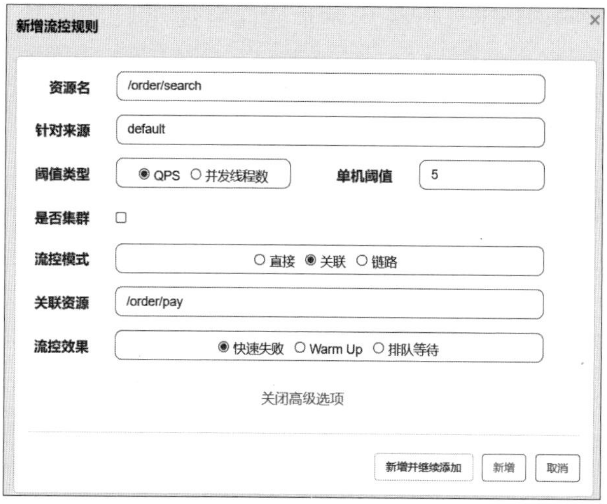

新增流控规则

资源名	/order/search
针对来源	default
阈值类型	◉ QPS ○ 并发线程数　单机阈值 5
是否集群	☐
流控模式	○ 直接 ◉ 关联 ○ 链路
关联资源	/order/pay
流控效果	◉ 快速失败 ○ Warm Up ○ 排队等待

关闭高级选项

新增并继续添加　新增　取消

图 6-8　填写关联资源为/order/pay

(3) 打开 JMeter 新增线程组并命名为“流控模式之关联”，线程属性为 60s，600 个线程，QPS 为 10，如图 6-9 所示，选择“添加”→“取样器”→“HTTP 请求”，填写内容如图 6-10 所示。

图 6-9 打开 JMeter 新增线程组

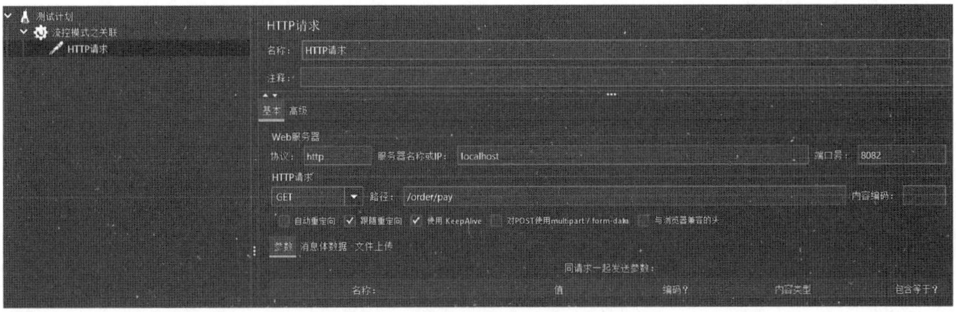

图 6-10 添加 HTTP 请求

右击“HTTP 请求”，选择“添加”→“监听器”→“查看结果树”。

确保 Nacos、orderservice 项目启动中，右击流控模式之关联，单击“启动”按钮，单击“查看结果树”，结果如图 6-11 所示，可见对/order/pay 的访问一直是畅通的，接下来，使用浏览器访问 localhost:8082/order/search，结果如图 6-12 所示，表明这个资源被限流了。

6.3.4 流控模式之链路

对同一个资源的访问，只针对特定链路进来的请求进行限流。假设有个资源 A，既可以经过 B 访问 A，又可以经过 C 访问 A，只对 C 到 A 的链路进行限流，对 B 到 A 的链路不限流。同样适用两个资源有竞争关系的情形，为确定关键业务而对其他业务限流。

【示例 6-2】 在 orderservice 微服务中，付款业务/order/pay 和订单查询业务/order/search 都要调用业务层的查询商品 findGoods 方法（也可以定义为一个资源），这时对

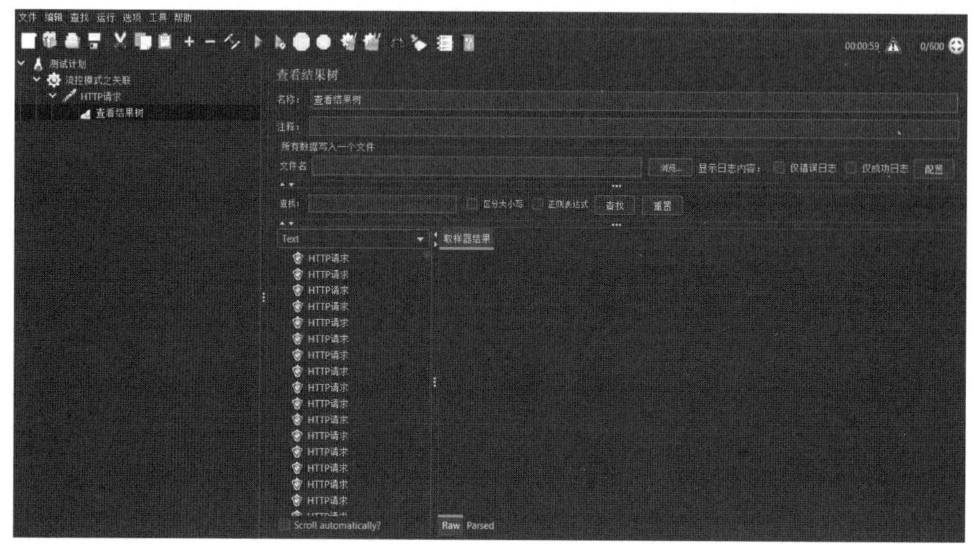

图 6-11　单击“查看结果树”

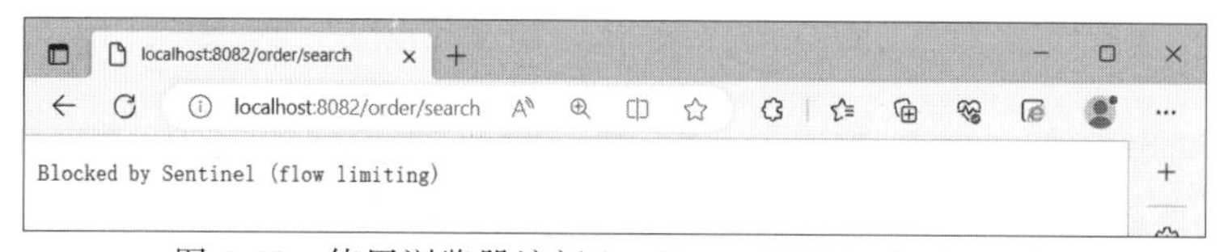

图 6-12　使用浏览器访问 localhost:8082/order/search

findGoods 来讲就存在两条链路：/order/pay→findGoods 及/order/search→findGoods。这里对订单查询业务那条链路进行限流以确保更为关键的付款业务链路的正常运行。

（1）在业务层 OrderService 接口及实现类中添加一个 findGoods 方法，模拟查询商品操作，由于业务层的方法默认不会被 Sentinel 监控到而视为资源，因此需要在 findGoods 方法上面添加@SentinelResource("findGoods")注解，这样 Sentinel 将监控到它并标记为资源，资源名为注解中的字符串 findGoods，代码如下：

```
@SentinelResource("findGoods")
public void findGoods(){
    System.out.println("查询商品成功!");
}
```

（2）向 OrdersController 控制器中的有关方法添加调用语句的代码如下：

```
@GetMapping("/pay")
public String payOrder(){
    ordersService.findGoods();
    return "订单付款成功!";
}
```

```
@GetMapping("/search")
public String searchOrder(){
    ordersService.findGoods();
    return "订单查询完成!";
}
```

（3）对 application.yml 文件进行配置，关闭对 SpringMVC 的资源聚合，因为 Sentinel 会给进入 SpringMVC 的所有请求默认设置同一个 root 资源，导致链路模式失效，参考代码如下：

```
spring:
  cloud:
    sentinel:
      web-context-unify: false #关闭 context 整合
```

（4）使用浏览器访问 http://localhost:8082/order/pay 和 http://localhost:8082/order/search，打开 Sentinel 控制台，单击"簇点链路"，结果如图 6-13 所示，可以发现访问 findGoods 资源存在两条链路。

图 6-13　单击"簇点链路"

（5）任选其中一个 findGoods，单击其右侧的"流控"按钮，填写表单，如图 6-14 所示，表示只针对从/order/search 进入 findGoods 的资源进行限流，将 QPS 设置为 2。

（6）JMeter 测试计划，添加线程组，如图 6-15 所示，添加两个 HTTP，分别如图 6-16 和图 6-17 所示。启动测试，第 1 个 HTTP 的结果如图 6-18 所示，第 2 个 HTTP 的结果如图 6-19 所示。显然/order/pay 的请求不受影响，/order/search 的请求被限流了，每秒只能通过两个请求，另两个失败了。

图 6-14　填写表单

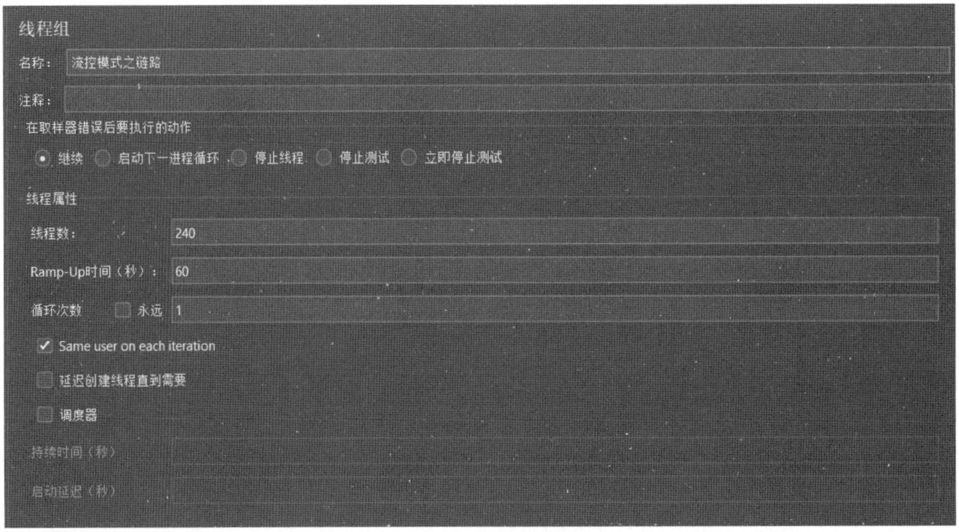

图 6-15　添加线程组

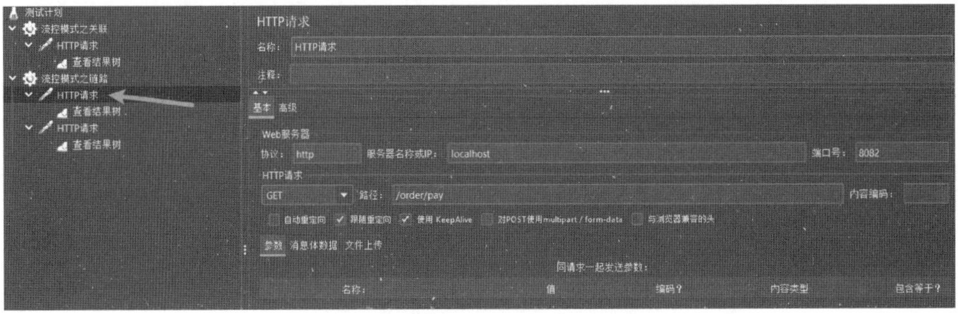

图 6-16　添加第 1 个 HTTP 请求

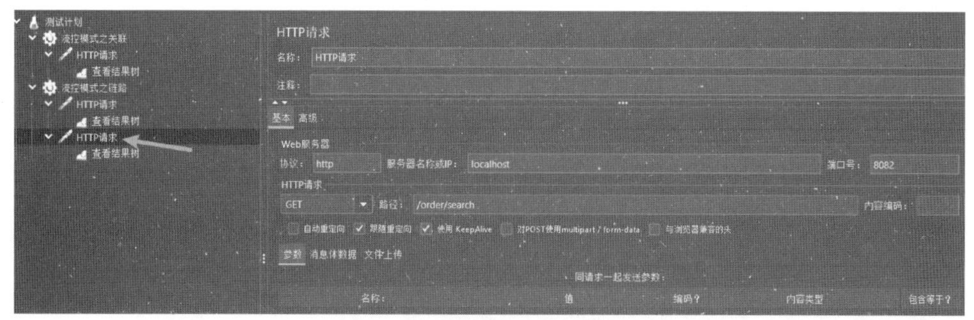

图 6-17　添加第 2 个 HTTP 请求

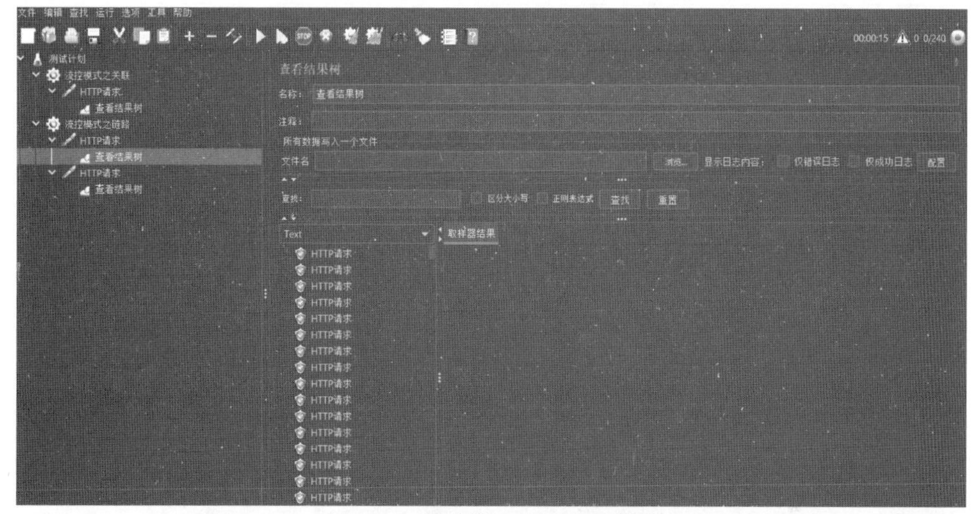

图 6-18　测试第 1 个 HTTP 请求

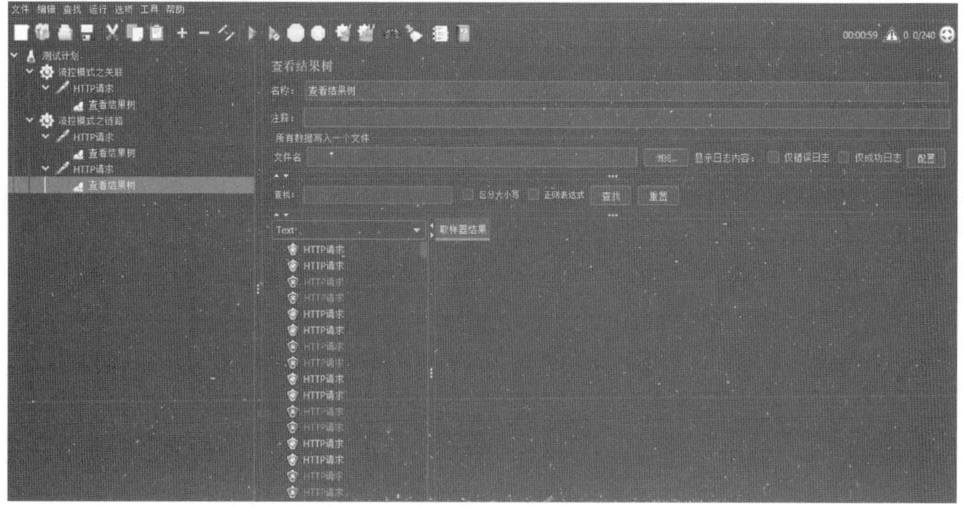

图 6-19　测试第 2 个 HTTP 请求

6.3.5 流控效果

流控效果是指请求达到流控阈值时应该采取的措施，包括 3 种，如表 6-2 所示。

表 6-2 流控效果及其说明

流控效果	说明
快速失败	达到阈值后，新的请求会被立即拒绝并抛出 FlowException 异常，这是默认的处理方式
Warm Up	预热模式，对超出阈值的请求同样是拒绝并抛出异常，但这种模式阈值会动态变化，从一个较小值逐渐增加到最大阈值
排队等待	让所有的请求按照先后次序排队执行，两个请求的间隔不能小于指定时长

之前的案例默认的流控效果就是快速失败，下面来介绍其余两种。

6.3.6 流控效果之 Warm Up

为了避免服务刚启动时 QPS 立即拉满，冲击过大而造成宕机，需要对 QPS 进行慢慢拉升，Sentinel 提供了 Warm Up 流控效果，可以使 QPS 在一段设定的时间内从初始值，通常为最大 QPS 的 1 / coldFactor(coldFactor 默认值为 3)，慢慢增长到最大 QPS。

【示例 6-3】 对/order/{id}进行限流，将阈值设置为 10，流控效果为 Warm Up，预热时长设置为 5s。

(1) 启动 orderservice、userservice，使用浏览器访问 http://localhost:8082/order/1，Sentinel 控制台簇点链路将监控到资源/order/{id}，单击资源右侧的“流控”按钮，填写表单，如图 6-20 所示，然后单击“新增”按钮。

图 6-20 填写表单

(2) JMeter 测试计划。线程组如图 6-21 所示，HTTP 请求如图 6-22 所示。

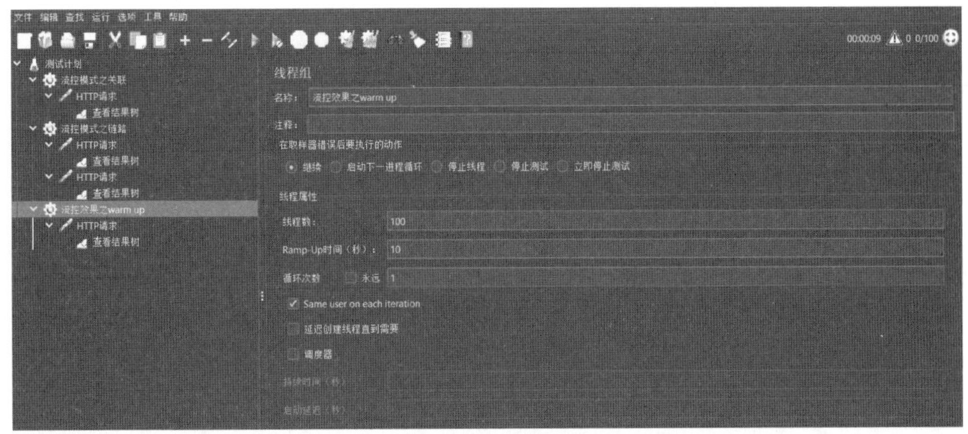

图 6-21　线程组

图 6-22　HTTP 请求

启动后，单击“查看结果树”，初始状态如图 6-23 所示，中间状态如图 6-24 所示，结果状态如图 6-25 所示。

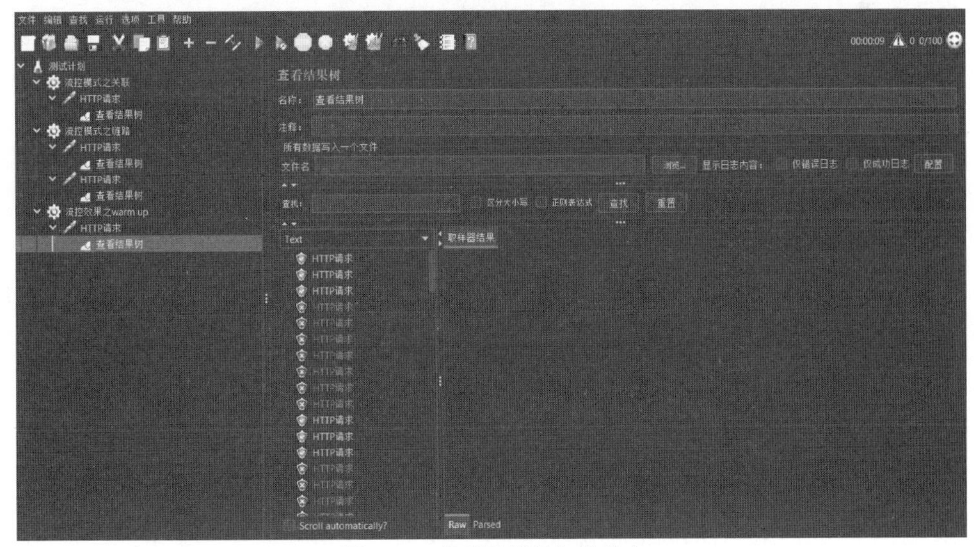

图 6-23　查看结果树初始状态

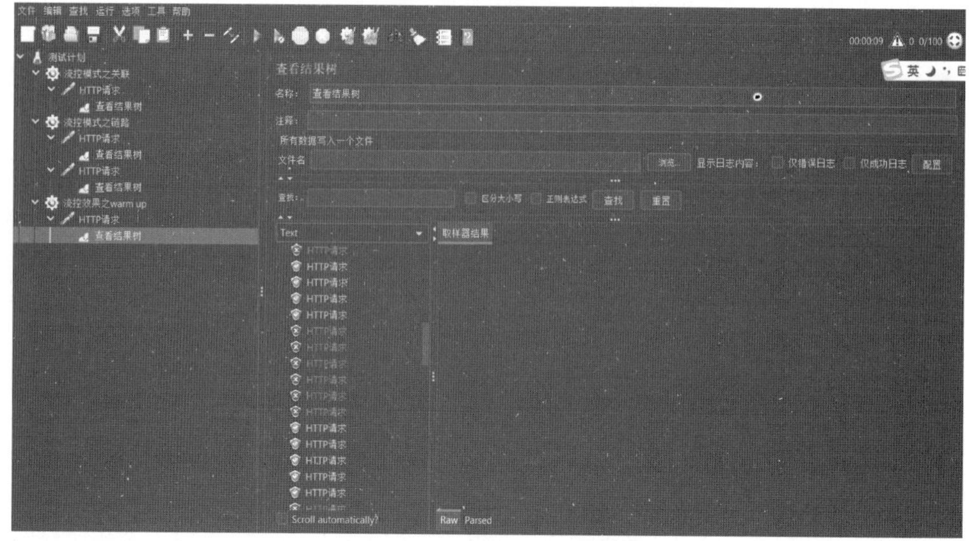

图 6-24　查看结果树中间状态

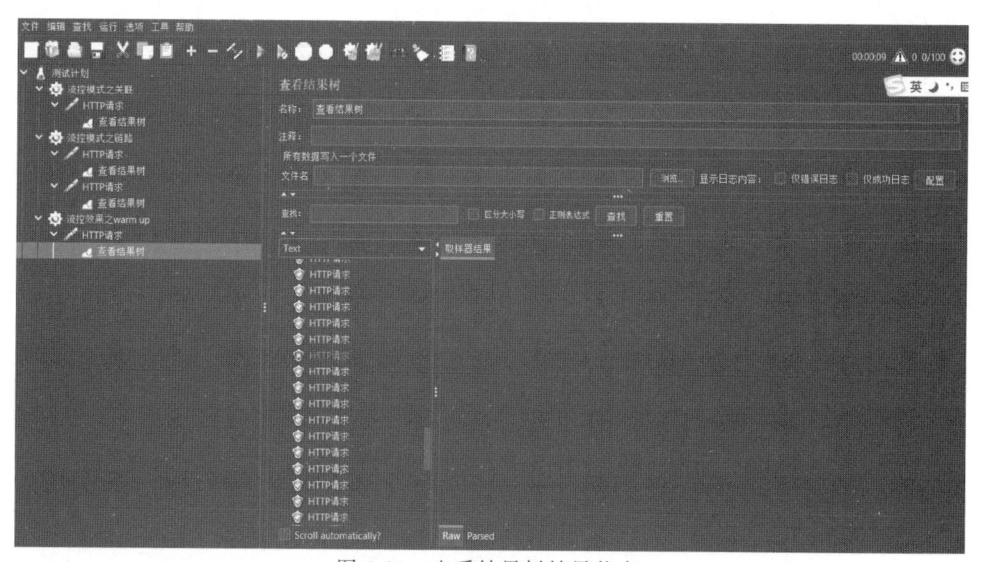

图 6-25　查看结果树结果状态

可见允许通过的 QPS 从初始的 3 个慢慢拉升，最后变为 10 个，此外还可单击 Sentinel 控制台的“实时监控”，以便查看 QPS 的实时变动情况。

6.3.7　流控效果之排队等待

当请求数超过最大 QPS(阈值)时，流控效果为快速失败和 Warm Up 会立即拒绝新的请求并抛出异常，而流控效果为排队等待不会立即拒绝新的请求，而是让所有的请求都进入队列，再按照阈值允许的时间间隔依次执行，这样起到一个流量削峰的作用，但如果新来的请求预期的等待时间超出最大时长，则会被拒绝。

例如，如果将 QPS 设置为 5，则平均间隔 200ms 执行一个请求，如果某一时刻进来的请求数为 10 个，则多出来的 5 个不会立即被拒绝，而是所有 10 个请求都间隔 200ms 进行排队，最后一个请求预计要等待 200×10=2000ms(2s)才能执行，假设将超时时间设置为 5s，则最后一个请求不会超时，所有这 10 个请求最后都能得到执行。如果某一时刻进来的请求数为 26 个，则第 26 个请求预计排队时长为 200×26=5200ms，即 5.2s，超过了设定的超时时间(5s)，这个请求会被拒绝。

【示例 6-4】 对资源/order/{id}设置限流，将最大 QPS 设置为 10，设置流控效果为排队等待，超时时长为 5s。

(1) 在 Sentinel 控制台中单击“新建流控规则”按钮，删除资源/order/{id}的原有的流控规则，然后在簇点链路中为资源/order/{id}新建一个流控规则，如图 6-26 所示。

新增流控规则
资源名 /order/{id}
针对来源 default
阈值类型 ◉QPS ○并发线程数 单机阈值 10
是否集群 ☐
流控模式 ◉直接 ○关联 ○链路
流控效果 ○快速失败 ○Warm Up ◉排队等待
超时时间 5000
关闭高级选项
新增并继续添加 新增 取消

图 6-26　新建一个流控规则

(2) JMeter 测试计划，添加线程组，如图 6-27 所示，添加 HTTP 请求，如图 6-28 所示。

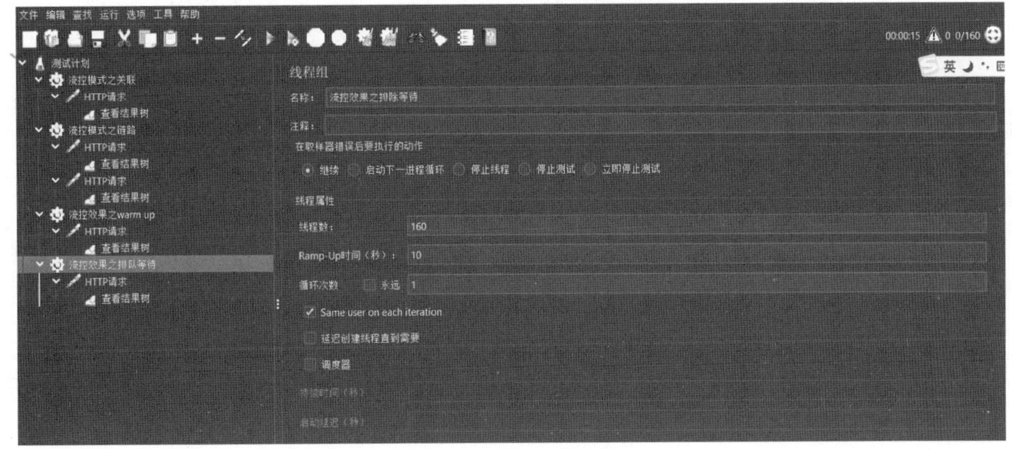

图 6-27　添加线程组

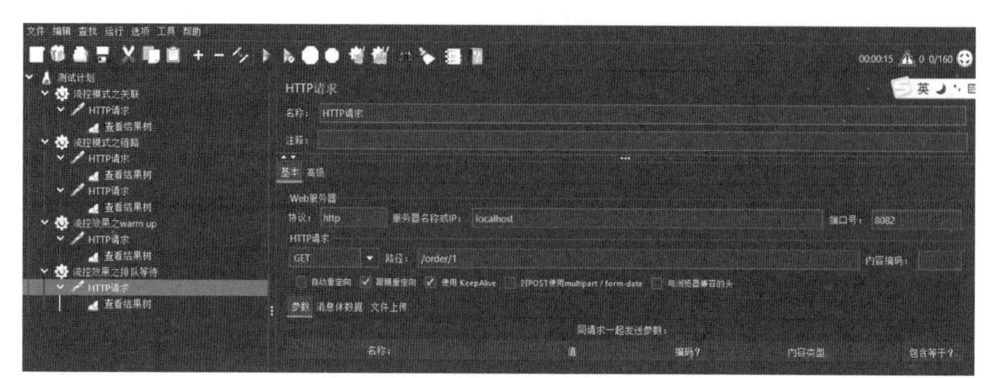

图 6-28　添加 HTTP 请求

启动测试,发现虽然 QPS=160/10=16 超过了阈值 10,但大部分请求通过了,因为请求都进入队列排队依次执行,只有少部分请求因预计排队时长超过设定的 5s 时长而被拒绝。

6.3.8 热点参数限流

Sentinel 提供了热点参数限流的策略,是在普通的限流基础上对同一个受保护的资源根据请求中的参数分别处理,这种策略只对包含热点参数的资源调用生效。

Sentinel 热点数据限流原理：它首先会根据请求的参数来判断哪些是热点参数,再通过热点参数限流,然后通过热点参数限流规则,对 QPS 超过阈值的请求进行阻塞或者拒绝。

此前的限流针对访问某个资源的所有请求,判断是否超过 QPS 阈值,不考虑请求中携带的参数值,而热点参数限流是分组统计访问某个资源参数值相同的请求,判断是否超过 QPS 阈值,不同参数值的请求可能限流情况不一样。例如,在商城系统中,对一些热门的商品可以将 QPS 设置得高一些,普通商品将 QPS 设置得低一些。

【示例 6-5】 在 orderservice 中,对资源/order/{id}设置热点参数限流,将 id 为 1 的热卖商品的 QPS 设置为 5,将 id 为 2 的热卖商品的 QPS 设置为 10,将其他普通商品的 QPS 设置为 3。

(1) 由于热点参数限流对默认的 SpringMVC 资源无效,所以要用@SentinelResource 注解标记资源。在 orderservice 的 findOrderById 方法中添加注解,该方法在完整代码如下：

```
@SentinelResource("hotsale")
@GetMapping("/{id}")
public Orders findOrderById(@PathVariable Integer id, String username) {
    Orders orders=ordersService.getById(id);
    int userid=orders.getUserid();//获取用户编号
    //使用 OpenFeign 远程调用客户信息微服务
    User user =UserFeignService.findUserById(userid);
```

```
        orders.setUser(user);
        return orders;
    }
```

(2) 启动项目 orderservice 和 userservice 项目，使用浏览器访问 http://localhost:8082/order/1，访问 Sentinel 控制台，单击"簇点链路"，结果如图 6-29 所示，列表中出现了标记好的资源名 hotsale。

图 6-29　单击"簇点链路"

(3) 添加热点规则。单击图中左侧的"热点规则"按钮，在出现的界面中单击右上角的"新增热点规则"按钮，在弹出的表单中填写数据，并添加两个参数例外项，如图 6-30 所示，

新增热点规则

资源名　hotsale

限流模式　QPS 模式

参数索引　0

单机阈值　3　　统计窗口时长　1　秒

是否集群

参数例外项

参数类型　int

参数值　例外项参数值　　限流阈值　限流阈值　　+添加

参数值	参数类型	限流阈值	操作
1	int	5	删除
2	int	10	删除

关闭高级选项

图 6-30　添加两个参数例外项

注意资源名不能写/order/{id}，而要写使用注解@SentinelResource（hotsale）中标记的资源名 hotsale。

如果参数索引为 0，则表示请求该资源的第 1 个参数，因为一个请求可能携带多个不同的参数。例如大家熟悉的 GET 请求 xxx?username=admin&password=123，其中参数 username 的索引为 0。

（4）JMeter 测试。添加线程组，如图 6-31 所示，显然 QPS 为 300/50=6 个，添加 3 个 HTTP 请求，分别访问资源/order/1、order/2、order/3。

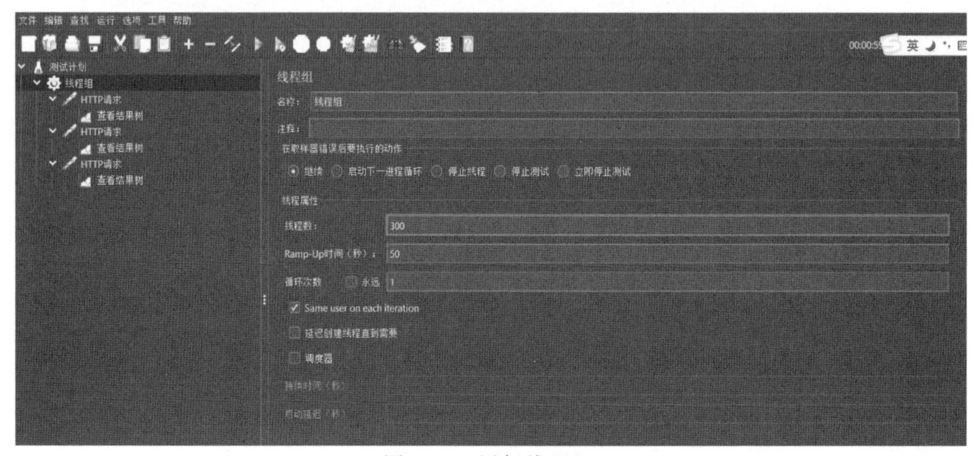

图 6-31 添加线程组

启动测试，结果第 1 个 HTTP 请求的查看结果树如图 6-32 所示，显然每秒通过 5 个请求，还有一个请求被拒绝。第 2 个 HTTP 请求全部通过，第 3 个 HTTP 请求的查看结果树如图 6-33 所示，显然每秒只通过 3 个请求，另 3 个请求被拒绝。

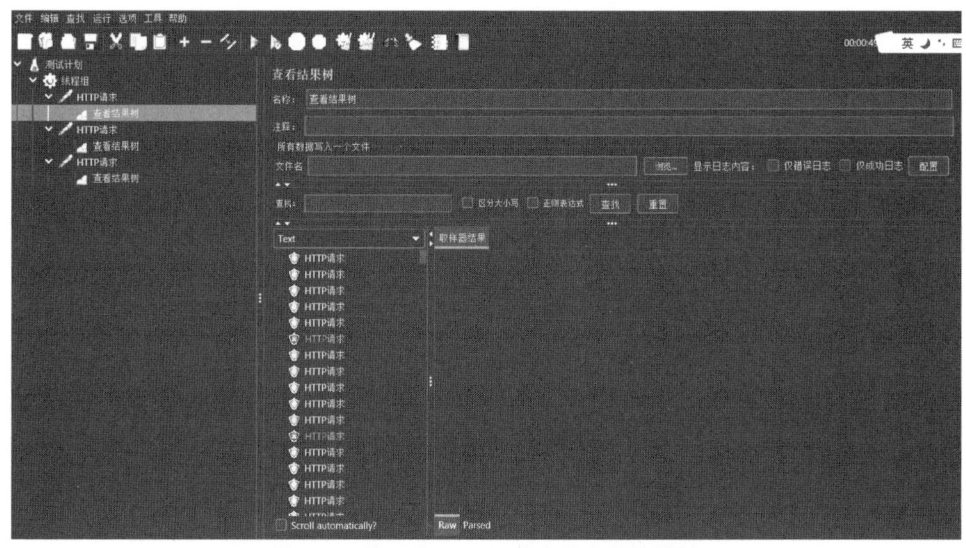

图 6-32 第 1 个 HTTP 请求的查看结果树

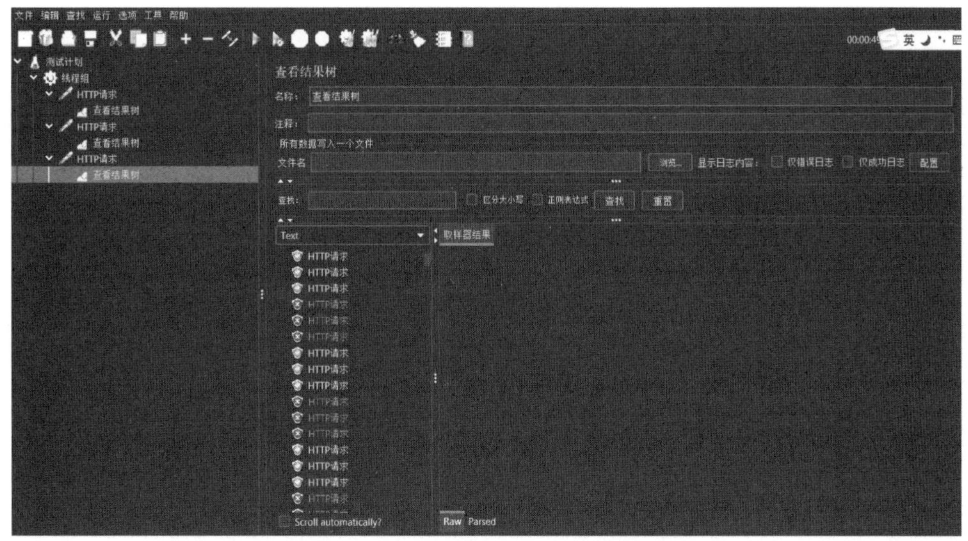

图 6-33 第 3 个 HTTP 请求的查看结果树

这样,在不同的参数下,同一个资源的访问的限流情况不一样,这就是热点参数规则。

6.4 服务降级

当整个系统处于流量高峰期时,服务器压力急增,根据当前业务情况及流量,对一些服务和页面进行有策略的降级与停止服务,所有的调用直接返回降级数据(如 null),以此缓解服务器资源的压力,以保证核心业务的正常运行,同时也保持了客户和大部分客户得到正确的对应。例如当“双 11”进行促销秒杀活动时,可以适当关闭短信通知服务或评论服务,确保整个下单服务可用。服务降级常用策略有部分服务暂停、全部服务暂停、随机拒绝服务、部分服务延迟。

熔断和降级有异同,相同点主要有以下两点:

(1) 为了保证集群大部分服务的可用性和可靠性,防止崩溃,牺牲小我。

(2) 用户最终都会体验到某个功能不可用。

不同点主要有以下两点:

(1) 熔断是被调用方故障,触发的是系统主动规则。

(2) 降级是基于全局的考虑,通知一些正常服务,释放资源。

降级的具体用法见 6.5.1 节中的编写失败后的降级逻辑和 6.6 节熔断降级。

6.5 线程隔离

上述限流措施很大程度地避免了因高并发而引起的服务故障,但服务还会因为其他原因而出现故障,为了避免故障蔓延,从而导致雪崩问题,还需要使用线程隔离(舱壁模式)和熔断降级手段。线程隔离、熔断降级都是在服务器端发生故障的现实情形下对客户端(调用方)的保护。

线程隔离是指调用者在调用服务提供者时,为每个调用分配独立线程池,当服务提供者出现故障时,线程阻塞,请求得不到释放,但最多消耗掉这个线程池内的全部资源,不能扩大到更大范围,避免了资源耗尽。

线程隔离又分为线程池隔离和信号量隔离,它们的主要区别如下。

线程池隔离的优点、缺点和使用场景如下。

(1) 优点:支持主动超时和异步调用。

(2) 缺点:线程额外开销大。

(3) 使用场景:低扇出。

信号量隔离的优点、缺点和使用场景如下。

(1) 优点:基于计数器模式、轻量级、无额外开销。

(2) 缺点:不支持主动超时和异步调用。

(3) 使用场景:高频调用、高扇出。

Sentinel 默认的方式是信号量隔离。

6.5.1 线程隔离基础准备

线程隔离和熔断降级都需要先做如下基础准备工作。

(1) 配置开启 Feign 对 Sentinel 的支持。

(2) 给 FeignClient 编写失败后的降级逻辑。

【示例 6-6】 为 orderservice 项目做线程隔离的基础准备工作。

(1) 开启 Feign 的 Sentinel 功能。在 application.yml 文件中添加配置代码,代码如下:

```
feign:
  sentinel:
    enabled: true #开启 Feign 对 Sentinel 的支持
```

(2) 给 FeignClient 编写失败后的降级逻辑。创建类 UserFeignFallbackFactory 以实现 FallbackFactory 接口,该接口可以对远程调用异常进行处理。

在 com.sike.feign 包下创建类,代码如下:

```
@Slf4j
public class UserFeignFallbackFactory implements
FallbackFactory<UserFeignService>{
    @Override
    public UserFeignService create(Throwable cause) {
        return new UserFeignService() {
            @Override
```

```
            public User findUserById(Integer id) {
                log.error("客户信息查询异常,原因: ",cause);
                return new User();
            }
        };
    }
}
```

在包 com.sike.config 下创建配置类 UserFeignConfig，代码如下：

```
@Configuration
public class UserFeignConfig {
    @Bean
    public UserFeignFallbackFactory userFeignFallbackFactory(){
        return new UserFeignFallbackFactory();
    }
}
```

在 UserFeignService 接口中应用 UserFeignFallbackFactory，代码如下：

```
@Component
@FeignClient(value ="userservice",fallbackFactory =
UserFeignFallbackFactory.class)
public interface UserFeignService {

    @GetMapping("/user/{id}")
    public User findUserById(@PathVariable Integer id);
}
```

这样，一旦服务提供者发生异常，调用失败，会将一个空的 User 对象返回给调用者。

(3) 重启 orderservice 项目，使用浏览器访问 http://localhost:8082/order/1，进入 Sentinel 控制台，单击簇点链路，此时会出现的 GET:http://userservice/user/{id}资源名，这个就是 Feign 整合 Sentinel 的结果。

6.5.2 线程隔离实践

在资源 GET:http://userservice/user/{id}的右侧单击"流控"按钮，填写表单，如图 6-34 所示，其中的重点是阈值类型必须选择"并发线程数"，并发线程数就是用来设置该资源能使用的 Tomcat 线程数的最大值，通过限制线程数量实现线程隔离(舱壁模式)。

JMeter 测试计划。添加线程组，如图 6-35 所示，表示瞬时发出 10 个请求，有较大概率并发线程数超过 2，而超出的请求会执行之前定义的失败降级逻辑。添加 HTTP 请求，如图 6-36 所示。

启动测试，单击"查看结果树"，表面上所有请求都未被拒绝，单击前面的两个请求，观察

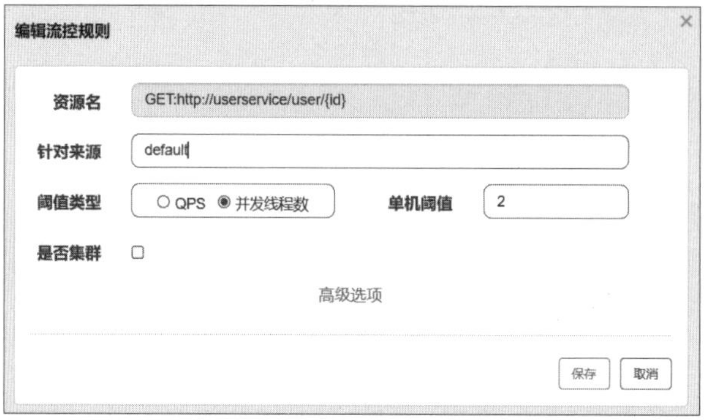

编辑流控规则

资源名 GET:http://userservice/user/{id}

针对来源 default

阈值类型 ○ QPS ◉ 并发线程数 单机阈值 2

是否集群 ☐

高级选项

保存 取消

图 6-34 填写表单

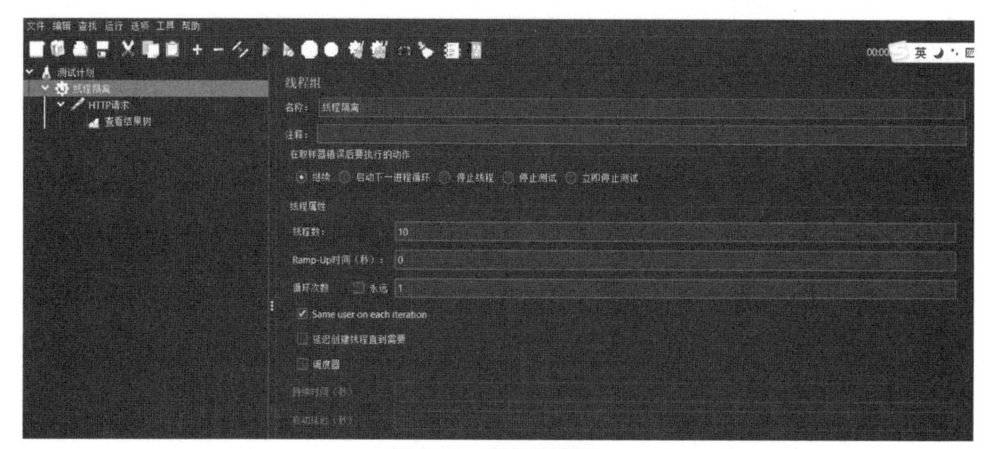

图 6-35 添加线程组

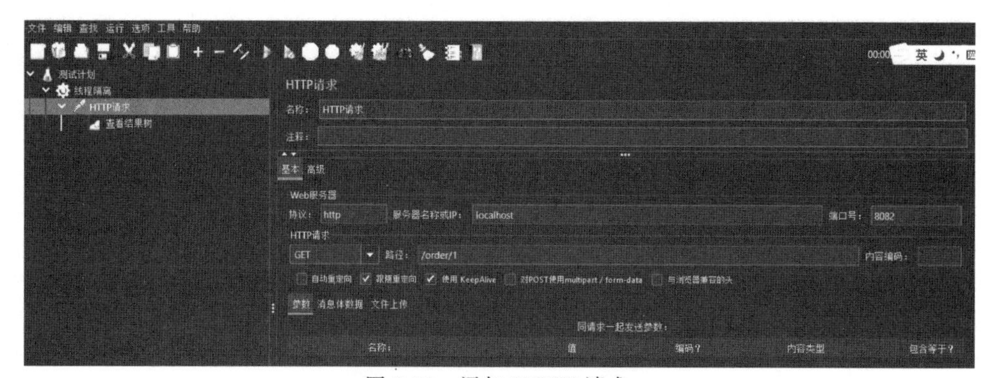

图 6-36 添加 HTTP 请求

响应数据，有 User 对象返回，如图 6-37 所示，单击第 3 个开始的 HTTP 请求，发现返回的 User 是 null 的，如图 6-38 所示，即第 3 个 HTTP 开始 Feign 调用其实是失败（降级）了，这是因为并发线程数超过了两个，所以触发限流，最多两个线程耗尽，其他请求立即返回失败后的降级逻辑，避免了阻塞和雪崩问题的发生。

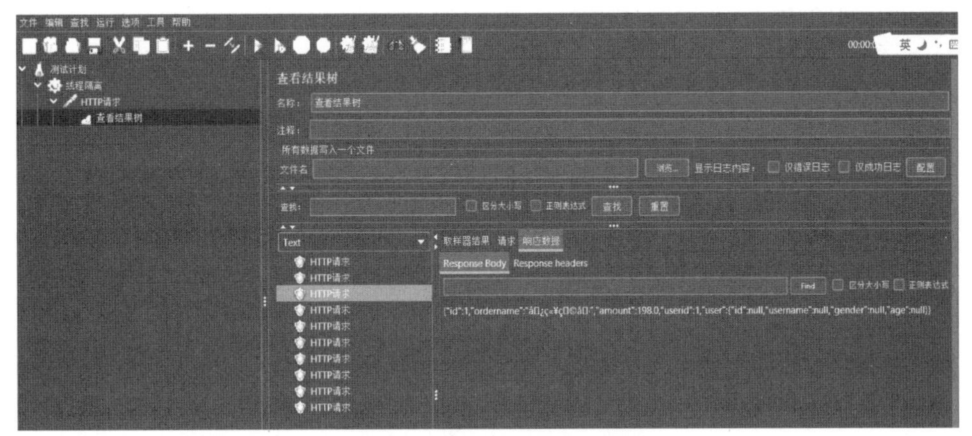

图 6-37　单击前两个 HTTP 请求

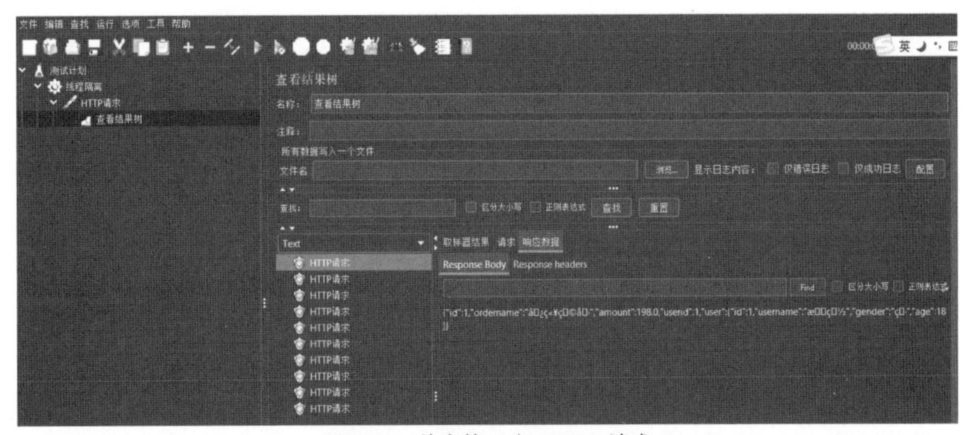

图 6-38　单击第 3 个 HTTP 请求

6.6　熔断

断路器一开始处于关闭状态，放行所有请求，统计服务调用的异常比例、慢请求比例，如果超出阈值，则会熔断该服务，断路器进入打开状态，拦截访问该服务的一切请求，熔断时间结束后，断路器进入半开状态，尝试放行一次请求，如果请求成功，则关闭断路器，服务恢复，将断路器切换到关闭状态，如果失败，则再次熔断该服务，断路器又进入打开状态，如此反复，如图 6-39 所示。

熔断策略有 3 种：慢调用比例、异常比例和异常数，下面逐一进行说明。

【示例 6-7】 针对 orderservice 中的 UserFeignService 的用户查询接口设置了熔断规则，其中，最小请求数量为 5，统计时间为 1s，慢调用的响应时间(RT)阈值为 50ms，失败阈值比例为 0.4，熔断时长为 5s。

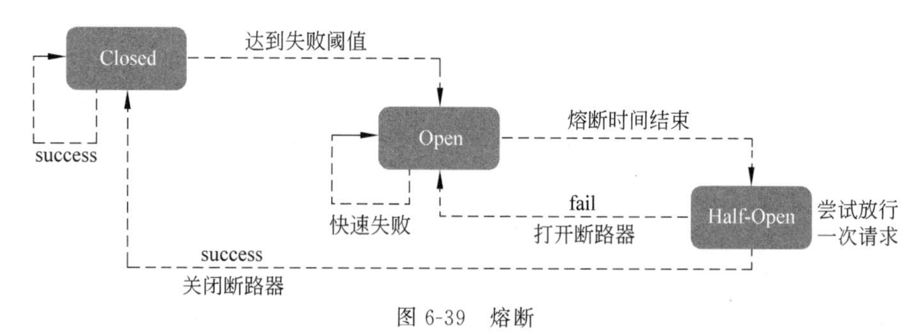

图 6-39 熔断

首先，模拟服务提供者项目 userservice 的慢调用。在 UserController 的 findUserById 方法中，当 id 为 1 时，添加 60ms 的线程休眠时间，代码如下：

```
@GetMapping("/{id}")
public User findUserById(@PathVariable Integer id){
    if(id==1){
        try {
            Thread.sleep(60);
        } catch (InterruptedException e) {
            throw new RuntimeException(e);
        }
    }
    return userService.getById(id);
}
```

如果查询 id 为 1 的客户信息，则会延迟 60ms，其他 id 不受影响。

（1）设置熔断规则。在 Sentinel 控制的簇点链路的资源 GET：http://userservice/user/{id}的右侧单击“熔断”按钮，在弹出的表单中填写数据，如图 6-40 所示，最后单击“新增”按钮。

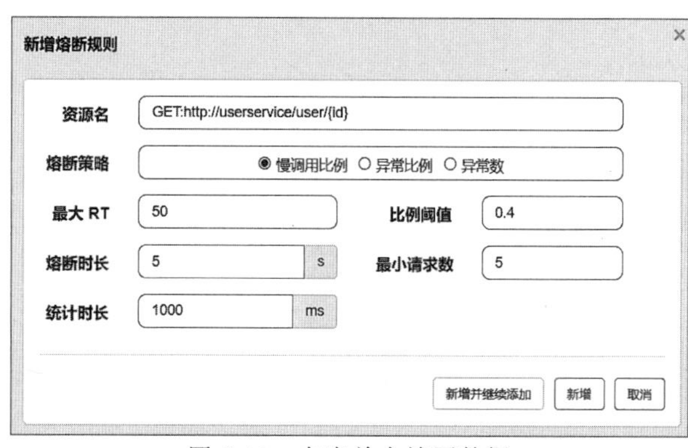

图 6-40 在表单中填写数据

（2）JMeter 测试，添加线程组，如图 6-41 所示，每秒发送 5 个请求。添加 HTTP 请求，如图 6-42 所示。

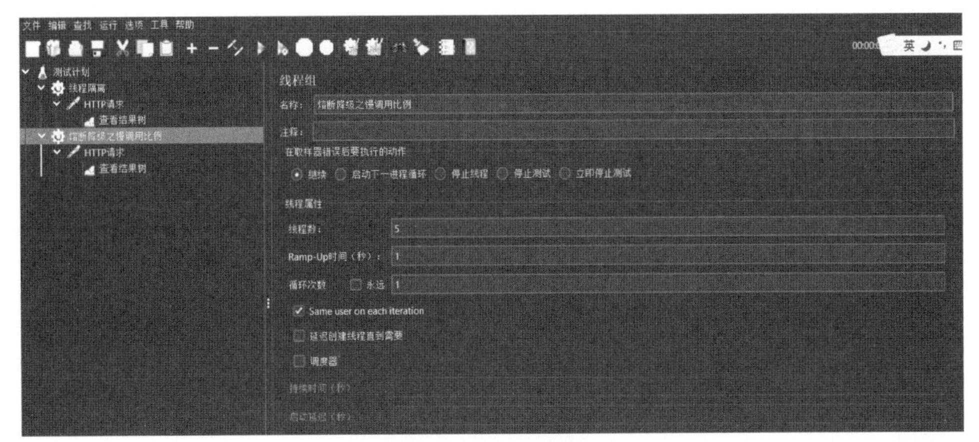

图 6-41　添加线程组

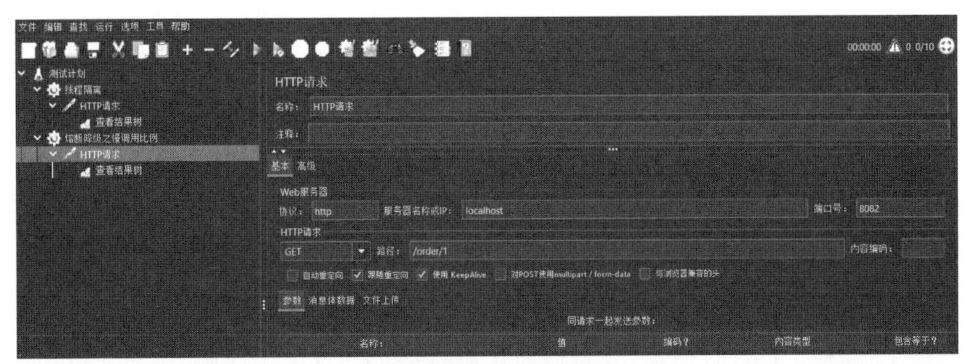

图 6-42　添加 HTTP 请求

启动测试，单击“查看结果树”，如图 6-43 所示。

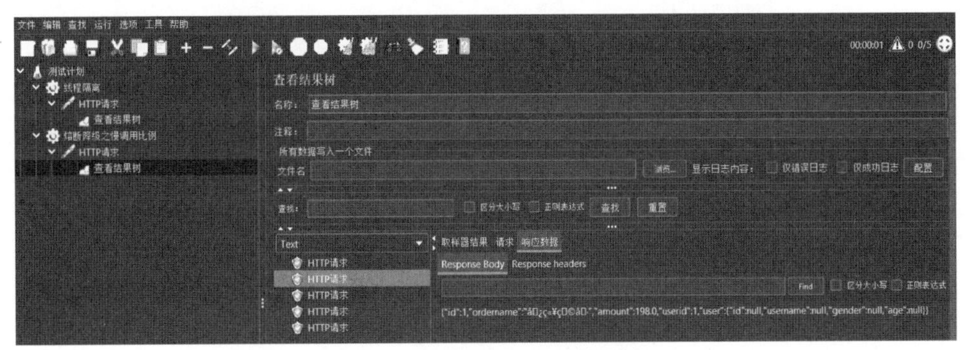

图 6-43　启动测试，查看结果树

分析结果显示，除了第 1 个 HTTP 请求能够成功返回 User 对象外，其他的 HTTP 请求都返回了 null。这意味着第 2 个请求触发了熔断降级规则，导致断路器开启并断开了对服务的请求，因此，无法找到 User 对象，只能执行降级逻辑，返回 null 的 User 对象。在接下来的 5s 内，对 http://localhost:8082/order/2 的访问也返回了 null 的 User 对象，表明断路器中断了整个调用链路，从而成功地避免了雪崩问题的发生。当然，在 5s 的熔断时长结束后，系统将恢复正常，能够再次返回数据异常比例与异常数。

这种策略在指定时间内，如果调用次数超过指定请求数，并且出现异常的比例达到设定的比例阈值（或超过指定异常数），就触发熔断。

【示例 6-8】 在 1s 内，如果请求数超过 5 次，并且异常比例不低于 0.4，则触发熔断，熔断时长为 5s。

(1) 在 userservice 服务中，针对异常请求设置了如下代码。在 UserController 的 findUserById 方法中，当 id 等于 2 时，抛出了异常。接着，项目被重启以验证异常处理机制。

```
@GetMapping("/{id}")
public User findUserById(@PathVariable Integer id){
    if(id==1){
        try {
            Thread.sleep(60);
        } catch (InterruptedException e) {
            throw new RuntimeException(e);
        }
    }else if(id==2){
        throw new RuntimeException("测试用异常");
    }
    return userService.getById(id);
}
```

(2) 修改熔断逻辑，将图中的“慢调用比例”修改为“异常比例”并重新填写数据，如图 6-44 所示。

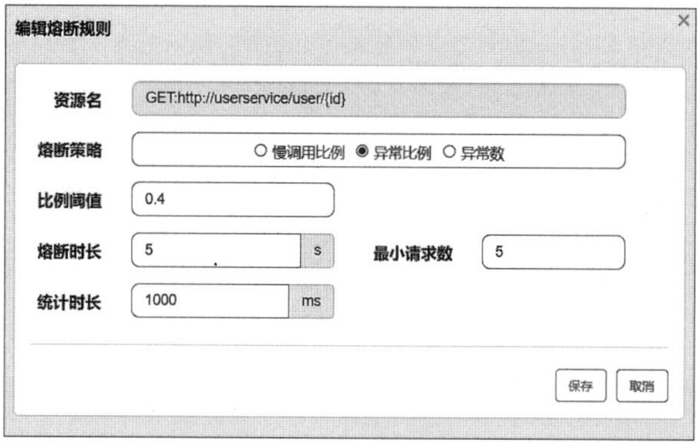

图 6-44 重新填写数据

(3) JMeter 测试，添加线程组，每秒 5 个线程。添加 HTTP 请求，访问 http://localhost:8082/order/2。启动测试，查看结果树情况，所有 HTTP 请求都返回 null 的 User

对象了，执行降级逻辑，5s 内访问 http://localhost:8082/order/3，返回的 User 对象也是 null，证明熔断了。

异常数的情况跟上述异常比例类似，如果用异常数，将熔断规则修改为如图 6-45 所示，则测试结果相同。

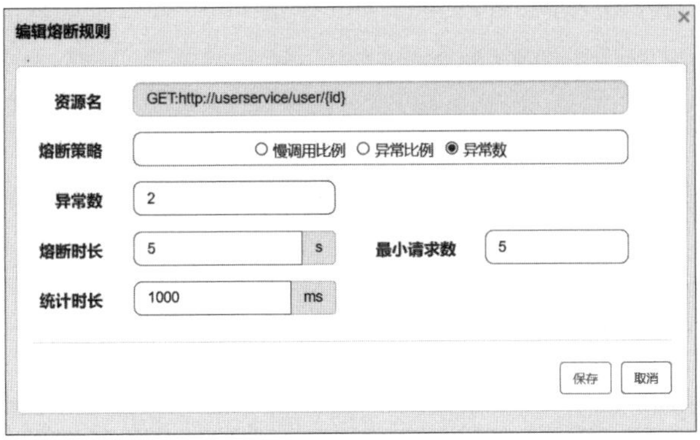

图 6-45　修改熔断规则

6.7　授权规则

当需要根据调用来源来判断该次请求是否允许放行时，就要用到 Sentinel 的授权规则功能。对应的操作就是在 Sentinel 控制台中，在资源名右侧单击“授权”按钮，此时会弹出如图 6-46 所示的表单，在流控应用中填写请求来源名单，可以有多个。

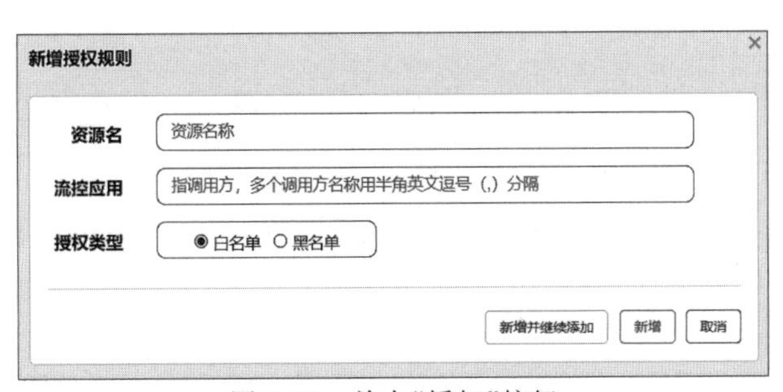

图 6-46　单击“授权”按钮

授权类型，表示名单中的来源是允许还是拒绝。

白名单：只有请求来源位于名单内时允许通过。

黑名单：请求来源位于名单内时不允许通过，其余的请求允许通过。

这个难点是如何获取与区分请求来源，下面通过示例说明。

【示例 6-9】　当访问资源/order/{id}时，只有从网关过来的请求才能访问，而从浏览器直接访问则会被拒绝。

思路：如何区分请求是从网关过来的还是浏览器直接过来的？网关过来的请求可以通

过网关的过滤器添加一个请求参数，如请求头名称为 origin，值为 sike，当然这个请求参数要保密，确保从浏览器过来的请求不知道这个请求参数，然后在服务提供者中编码获取这个请求参数的值，根据这个参数值就可区分是否是从网关过来的请求。当然也可以用请求头，效果相同。

（1）打开网关项目，添加请求参数。将第 5 章的 Gateway 项目复制过来，添加过滤器，最终 application.yml 文件中的代码如下：

```
server:
  port: 8080

spring:
  application:
    name: gateway
  cloud:
    nacos:
      discovery:
        server-addr: localhost:8848
    gateway:
      routes:
        - id: user1_route
          uri: http://localhost:8081/user/{id}
          predicates:
            - Path=/user/{id}
        - id: order_route
          uri: http://localhost:8082/order/{id}
          predicates:
            - Path=/order/{id}
      default-filters:
        - AddRequestParameter=origin,sike_gateway
```

其中添加了一个过滤器添加请求参数 origin，值为 sike_gateway。

（2）为资源 order/{id}添加一个授权规则，放行请求来源为 sike_gateway 的请求。在 Sentinel 控制台中添加授权规则，如图 6-47 所示，其中流控应用填写 sike_gateway，授权类型为白名单。

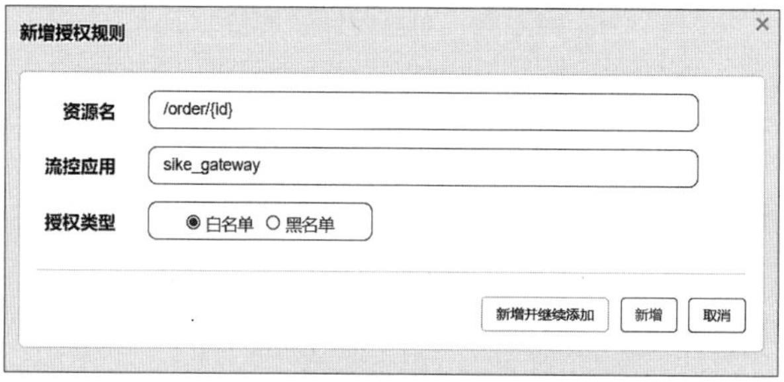

新增授权规则

资源名	/order/{id}
流控应用	sike_gateway
授权类型	◉白名单 ○黑名单

新增并继续添加 新增 取消

图 6-47　在控制台中添加授权规则

(3) orderservice 项目通过实现 RequestOriginParser 接口获取请求来源。创建 com.sike.origin 包,包下创建 MyOriginParser 类,实现 RequestOriginParser 接口,代码如下:

```
@Component
public class MyOriginParser  implements RequestOriginParser {
    @Override
    public String parseOrigin(HttpServletRequest httpServletRequest) {
        String origin=httpServletRequest.getParameter("origin");
        if (StringUtils.isEmpty(origin)) {
            origin ="none";
        }
        return origin;
    }
}
```

这段代码用于获取请求参数名为 origin 的值,如果值为空,则返回 none。这样请求来源的值就只可能是 sike_gateway 或者 none。结合 Sentinel 授权规则,如果请求来源的值是 sike_gateway,则这个值正好属于流控应用的白名单,Sentinel 将放行,如果是 none,不属于白单,则拒绝访问。

(4) 测试,使用浏览器直接访问,被拒绝了,如图 6-48 所示。

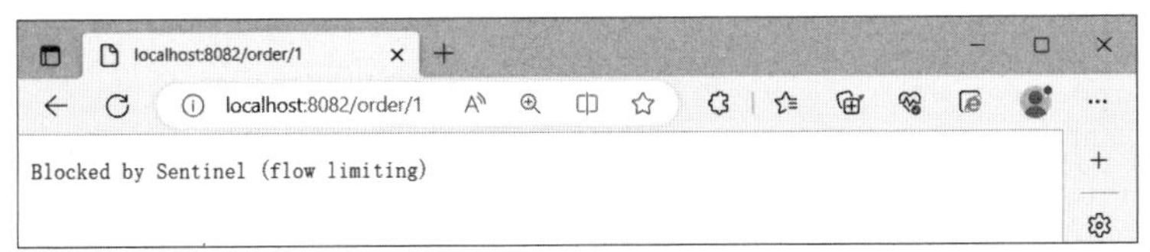

图 6-48　直接访问浏览器

改用网关访问,通过了,如图 6-49 所示。

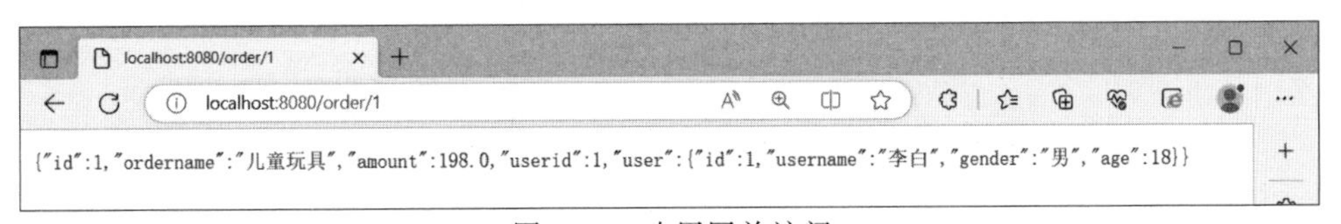

图 6-49　改用网关访问

6.8　Sentinel 异常处理

无论是限流、熔断,还是授权拦截,Sentinel 都会抛出异常,并且默认返回的异常结果都显示为 flow limiting(限流)。这样无法区分具体是哪种情况导致的异常。为了解决这个问题,可以自定义异常,实现 BlockExceptionHandler 接口,在接口的 handle 方法中判断具体的异常类型,输出不同的结果。

BlockExceptionHandler 接口的 handle 方法统一捕捉类型为 BlockException 的异常，包含各种因限流、熔断、授权拦截导致的异常，具体包含的子类如表 6-3 所示。

表 6-3 BlockException 异常子类及描述

BlockException 异常子类	描　述
FlowException	限流异常
ParamFlowException	热点参数限流的异常
DegradeException	熔断降级异常
AuthorityException	授权规则异常
SystemBlockException	系统规则异常

【示例 6-10】 统一处理本章各种原因产生的异常结果。

（1）在 orderservice 中添加一个异常处理类，代码如下：

```
@Component
public class SentinelExceptionHandler implements BlockExceptionHandler {
    @Override
    public void handle(HttpServletRequest request, HttpServletResponse
response, BlockException e) throws Exception {
        String msg ="未知异常";
        int status =429;

        if (e instanceof FlowException) {
            msg ="系统繁忙,请稍后再试(限流异常)";
        } else if (e instanceof ParamFlowException) {
            msg ="系统繁忙,请稍后再试(热点参数限流异常)";
        } else if (e instanceof DegradeException) {
            msg ="系统开小差,请稍后重试(熔断降级)";
        } else if (e instanceof AuthorityException) {
            msg ="权限不足";
            status =401;
        }

        response.setContentType("application/json;charset=utf-8");
        response.setStatus(status);
        response.getWriter().println("{\"msg\": " +msg +", \"status\": " +status +"}");
    }
}
```

这里的输出将取代默认的异常结果输出。

（2）分别测试上述限流及授权的情形，结果分别如图 6-50 和图 6-51 所示。

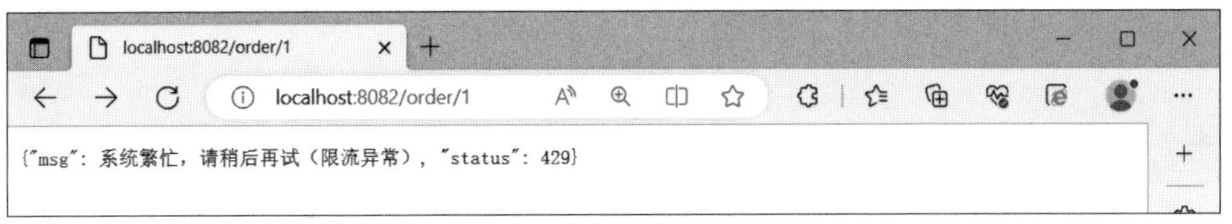

图 6-50　测试限流及授权的情形(1)

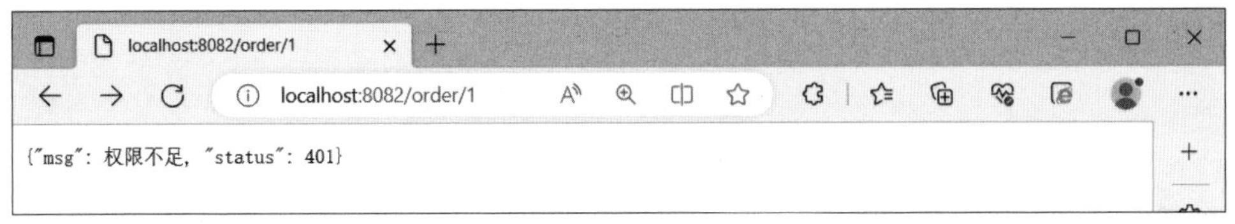

图 6-51　测试限流及授权的情形(2)

第 7 章

远端调用组件 Dubbo

本章主要内容：

- Dubbo 组件简介
- Dubbo 远端调用实践
- Sentinel 对 Dubbo 服务的限流与熔断

Dubbo 和 OpenFeign 都是远程调用组件，但 Dubbo 采用 RPC 方式，而 OpenFeign 采用 REST 方式，本章将讲解这两种方式的区别及 Dubbo 的具体用法。

7.1 Dubbo 组件简介

Spring Cloud Alibaba Dubbo 项目的目标是将 Dubbo 融入 Spring Cloud Alibaba 生态中，使微服务之间的调用同时具备 RESTful 和 Dubbo 调用的能力。

7.1.1 使用 Dubbo 进行远端调用的流程

Dubbo 远端调用业务的两方分别是服务提供者和服务调用者，一般需要注册到 ZooKeeper 注册中心。它们之间的调用流程如图 7-1 所示。

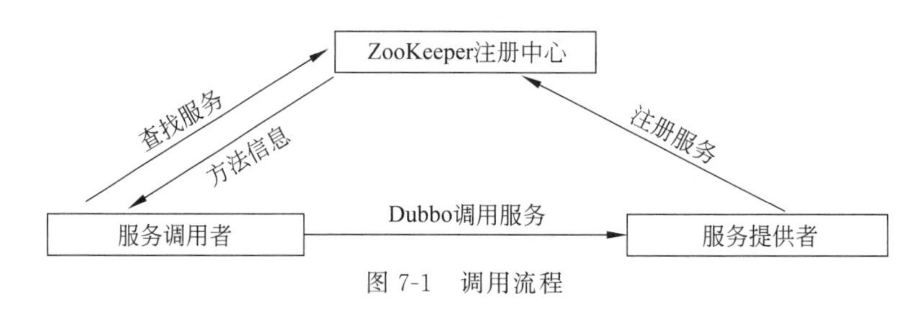

图 7-1 调用流程

7.1.2 Dubbo 和 REST 调用方式的差别

Dubbo 采用 RPC 方式进行远程调用，RPC 方式与 REST 调用方式的区别如下。

进程间通信方式(Remote Procedure Call Protocol,RPC)允许像调用本地服务一样调用远程服务,通信协议大多采用二进制方式,性能高,节省带宽。相对 HTTP 协议,使用 RPC,在同等硬件条件下,带宽使用率仅为前者的 20%,性能却提升一个数量级,但是这种协议最大的问题在于无法穿透防火墙。

RPC 框架的目标就是让远程服务调用更简单、透明,由 RPC 框架负责屏蔽底层的序列化、传输方式和通信的细节,在使用时只需了解谁在什么位置提供了什么样的远程服务接口,并不需要关心底层通信细节和调用过程。

REST 使用 HTTP 作为应用层协议,优势在于能够穿透防火墙,使用方便,与语言无关,基本上使用各种开发语言实现的系统都可以接受 RESTful 的请求,但性能和带宽占用上有劣势。

RPC 框架一般带有丰富的服务治理等功能,更适合企业内部接口调用。REST 更适合多平台之间相互调用。

7.1.3 ZooKeeper 的下载安装与启动

Dubbo 服务一般注册在 ZooKeeper 中,所以要先安装并启动好 ZooKeeper。首先在官网下载 ZooKeeper 3.8.3 版本,下载后解压,然后打开刚刚解压的 ZooKeeper 安装目录,在该目录下创建一个空的 data 目录(与 bin 是同一级目录),然后打开 conf 目录,复制一份 zoo_sample.cfg,重命名为 zoo.cfg,修改里面的 dataDir 的值,设置为刚才创建的 data 目录的全路径,例如 dataDir=C:\\software\\apache-zookeeper-3.8.3-bin\\apache-zookeeper-3.8.3-bin\\data。

注意: *必须用双斜杠,然后双击 bin 下的 zkServer.cmd 文件即可启动 ZooKeeper,启动后 ZooKeeper 的端口号为 2181。*

7.2 Dubbo 远端调用实践

本节创建一个服务提供者和一个服务调用者微服务项目,两者之间使用 Dubbo 进行远端调用,调用时就像调用本地服务一样简单。

7.2.1 创建服务提供者

先来创建服务提供者项目,供服务调用者调用。

(1) 创建 Spring Boot 3.0.2 项目,命名为 DubboProvider,再添加 Dubbo、ZooKeeper 有关的依赖,其中 ZooKeeper 用来注册 Dubbo 服务。Spring Boot 集成 Dubbo 和 ZooKeeper 的代码如下:

```
<dependency>
  <groupId>org.apache.dubbo</groupId>
```

```
    <artifactId>dubbo-spring-boot-starter</artifactId>
    <version>3.2.2</version>
</dependency>
<dependency>
    <groupId>org.apache.dubbo</groupId>
    <artifactId>dubbo-registry-zookeeper</artifactId>
    <version>3.2.2</version>
</dependency>
<dependency>
    <artifactId>zookeeper</artifactId>
    <groupId>org.apache.zookeeper</groupId>
    <version>3.8.3</version>
</dependency>
<dependency>
    <groupId>org.springframework.boot</groupId>
    <artifactId>spring-boot-starter-web</artifactId>
</dependency>
```

（2）application.yml 配置文件中的代码如下：

```
server:
  port: 8082

spring:
  application:
    name: DubboProvider

dubbo:
  protocol:
    name: dubbo
    port: 23650
  scan:
    base-packages: com.sike.dubbo
  registry:
    address: zookeeper://127.0.0.1:2181
```

其中，Dubbo 有关的配置分别是指定 Dubbo 的协议名称、工作端口号、扫描包的名称、Dubbo 方法的注册中心路径。

（3）创建 Dubbo 对外服务的接口和实现类。创建接口 MyDubboService 及实现类 MyDubboServiceImpl，实现类 MyDubboServiceImpl 的代码如下：

```
@DubboService
public class MyDubboServiceImpl implements MyDubboService {
    @Override
    public String getInfoFromDubbo() {
```

```
        return "First Info from Dubbo";
    }
}
```

其中，注解@DubboService 表明该方法将以 Dubbo 的方式提供服务，该服务将注册到 ZooKeeper 上。

（4）在启动类中添加@EnableDubbo 注解，启用 Dubbo。

（5）先启动 ZooKeeper，再启动项目，启动完成后，MyDubboService 服务便被注册到了 ZooKeeper 注册中心里面了。

7.2.2　创建服务调用者

创建好服务提供者项目后，接下来创建服务调用者项目。

（1）创建项目并命名为 DubboConsumer，导入跟 DubboProvider 项目相同的依赖，但 application.yml 配置稍有不同，具体的配置信息的代码如下：

```
server:
  port: 8081

spring:
  application:
    name: DubboConsumer

dubbo:
  application:
    qos-enable: false #不开启 Dubbo 运维服务
  scan:
    base-packages: com.sike.dubbo
  cloud:
    subscribed-services: DubboProvider
  registry:
    address: zookeeper://127.0.0.1:2181
```

其中，subscribed-services: DubboProvider 表示要调用哪个微服务项目中的 Dubbo 方法，其他配置信息的作用跟服务提供者相同。

（2）创建接口 MyDubboService，代码与服务提供者相同，这里暂时不需实现类。

（3）创建控制器 DubboController，完成调用的业务逻辑。首先要使用@DubboReference 注解注入要调用的接口，再在控制器方法中使用，代码如下：

```
@RestController
public class DubboController {
    @DubboReference
    private MyDubboService myDubboService;
```

```
    @GetMapping("/getInfo")
    public String getInfo(){
        return myDubboService.getInfoFromDubbo();
    }
}
```

(4) 启动项目,使用浏览器访问 http://localhost:8081/getInfo,结果如图 7-2 所示。

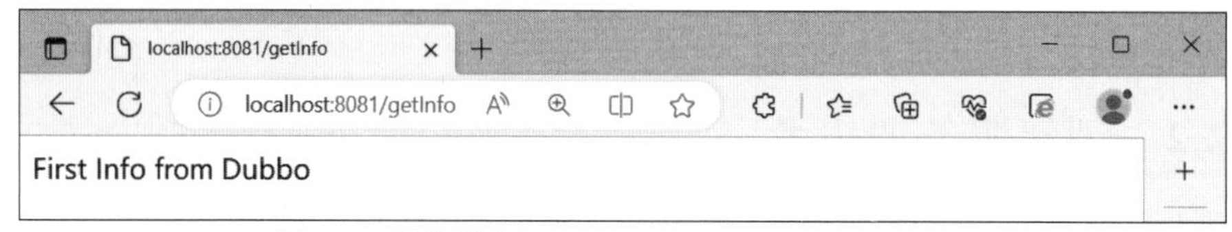

图 7-2 浏览器访问 http://localhost:8081/getInfo

可见,服务调用者项目成功地获取了服务提供者返回的数据,远端调用成功。

7.2.3 Dubbo 中的负载均衡

如果服务提供者有两个或以上的实例,则 Dubbo 默认采用随机的方式使服务消费者的负载均衡。复制 DubboProvider 项目,命名为 DubboProvider2 并修改配置,需将 Dubbo 端口号修改为 23651。同时,在 MyDubboServiceImpl 中修改输出内容,以便测试时确定 Dubbo 实际调用的是哪个微服务(实际业务中多个实例功能相同)。修改后的方法如下:

```
public class MyDubboServiceImpl implements MyDubboService {
    @Override
    public String getInfoFromDubbo() {
        return "Second Info from Dubbo";
    }
}
```

启动 DubboProvider2 项目,使用浏览器访问 http://localhost:8081/getInfo,浏览器将随机地出现如图 7-2 和图 7-3 所示的界面。

图 7-3 浏览器访问 http://localhost:8081/getInfo

7.2.4 Dubbo 负载均衡策略

通过在服务提供者项目的 Dubbo 方法的实现类上的@DubboService 注解中添加

loadbalance 参数及值的方式可以更改 Dubbo 的负载均衡策略，常见的负载均衡值如下，每个值代表一种负载均衡策略。

（1）random，随机。随机访问集群中的节点，访问概率和权重有关，所以还可以再配置一个 weight 的参数及值，表示权重，默认。

（2）roundrobin，轮询。访问频率和权重有关，集群中每个项目部署的服务器的性能可能是不同的，性能好的服务器权重应该高一些，实际配置时还需要再配置一个 weight 的参数及值，如果各个项目的权重相同，则是真正意义上的轮询。

（3）leastactive，活跃数相同的随机，不同的活跃数高的放前面。

（4）consistenthash，一致性 Hash。相同参数请求总是发到一个提供者。

【示例 7-1】 将 Dubbo 的负载均衡策略修改为轮询。

修改服务提供者项目 DubboProvider 及 DubboProvider2 的 MyDubboServiceImpl 类，代码如下：

```
@DubboService(loadbalance ="roundrobin",weight =1)
public class MyDubboServiceImpl implements MyDubboService {
    @Override
    public String getInfoFromDubbo() {
        return "Second Info from Dubbo";
    }
}
```

注意：@DubboService 注解中添加了参数 loadbalance = "roundrobin"，表示将负载均衡方式更改为轮询，weight = 1 表示权重，两个项目的权重相同，访问频率均等。

重新启动服务提供者项目 DubboProvider 及 DubboProvider2，使用浏览器访问 http://localhost:8081/getInfo，浏览器会有规律地交替轮流显示图 7-2 和图 7-3 所示的界面。

7.3 Sentinel 对 Dubbo 服务的限流与熔断降级

7.3.1 在服务提供者端实现限流

在服务提供者项目 DubboProvider 中引入 Sentinel 组件，具体操作如下。

（1）在 DubboProvider 项目中导入 Sentinel、Sentinel 与 Dubbo 的适配器依赖，代码如下：

```
<dependency>
  <groupId>com.alibaba.csp</groupId>
  <artifactId>sentinel-apache-dubbo-adapter</artifactId>
  <version>1.8.6</version>
```

```
</dependency>

<dependency>
    <groupId>com.alibaba.cloud</groupId>
    <artifactId>spring-cloud-starter-alibaba-sentinel</artifactId>
</dependency>
```

(2) 在 applcation.yml 文件的 spring.cloud 节点下添加 Sentinel 的配置，指明 Sentinel 控制台的地址：

```
sentinel:
  transport:
    dashboard: localhost:8090
```

(3) 在 MyDubboServiceImpl 方法上面添加@SentinelResource 注解，标记资源，代码如下：

```
@DubboService
public class MyDubboServiceImpl implements MyDubboService {
    @SentinelResource("dubboInfo")
    @Override
    public String getInfoFromDubbo() {
        return "First Info from Dubbo";
    }
}
```

这里不再做负载均衡。

(4) 重启 DubboProvider 项目(DubboProvider2 项目关闭)，DubboConsumer 项目保持启动状态，以 8090 端口启动 Sentinel(启动命令见第 6 章)，使用浏览器访问 http://localhost:8081/getInfo，使用浏览器打开 Sentinel 控制面板，登录后单击“簇点链路”，可以观察到 Dubbo 对外提供服务的方法与标记的资源名，如图 7-4 所示。

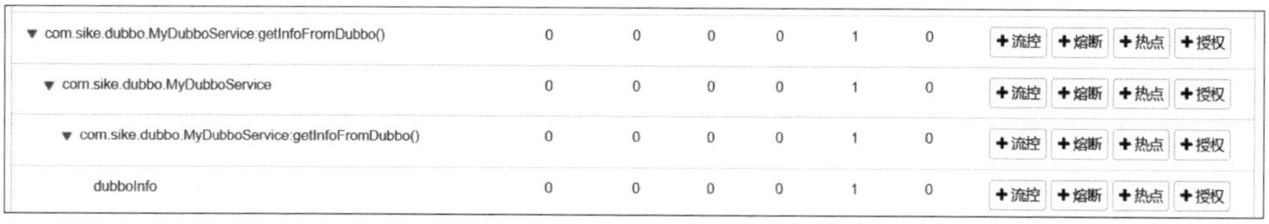

▼ com.sike.dubbo.MyDubboService:getInfoFromDubbo()	0	0	0	0	1	0	+流控 +熔断 +热点 +授权
▼ com.sike.dubbo.MyDubboService	0	0	0	0	1	0	+流控 +熔断 +热点 +授权
▼ com.sike.dubbo.MyDubboService:getInfoFromDubbo()	0	0	0	0	1	0	+流控 +熔断 +热点 +授权
dubboInfo	0	0	0	0	1	0	+流控 +熔断 +热点 +授权

图 7-4 单击“簇点链路”

(5) 添加限流规则。在如图 7-5 所示的资源名 dubboInfo 的右侧单击“流控”按钮，在弹出的表单中填写内容，如图 7-5 所示，然后单击“新增”按钮。

(6) 测试限流效果。使用浏览器访问 localhost:8081/getInfo，1s 内快速刷新两次，第 1

图 7-5　在表单中填写内容

次能正常访问，从第 2 次开始就报错了。观察 DubboProvider 项目控制台，发现抛出的异常信息为 com.alibaba.csp.sentinel.slots.block.flow.FlowException，显然触发了限流。

7.3.2　在服务提供者端实现熔断

【示例 7-2】 在服务提供者 DubboProvider 中实现熔断效果。

(1) 在 Sentinel 控制台中删除限流规则，在资源名 dubboInfo 的右侧按钮中单击“熔断”按钮，在弹出的表单中填写内容，如图 7-6 所示，即 3s 内发出 5 个请求，若有 40%的请求为慢调用，则触发熔断。

图 7-6　在表单中填写内容

(2) 对 MyDubboServiceImpl 类的 getInfoFromDubbo 方法进行修改，添加休眠方法，使其休眠 60ms。修改后的代码如下：

```
@DubboService
public class MyDubboServiceImpl implements MyDubboService {
    @SentinelResource("dubboInfo")
    @Override
    public String getInfoFromDubbo() {
        try {
```

```
            Thread.sleep(60);
        } catch (InterruptedException e) {
            throw new RuntimeException(e);
        }
        return "First Info from Dubbo";
    }
}
```

（3）测试熔断效果。使用浏览器访问 localhost:8081/getInfo，3s 内快速刷新 5 次，前面能正常访问，后面就无法访问了，5s 后又能访问，观察 DubboProvider 项目控制台，发现抛出的异常信息为 Caused by：com.alibaba.csp.sentinel.slots.block.degrade.DegradeException，显然触发了熔断。

7.3.3 在服务提供者端实现服务降级逻辑

在上面触发了限流和熔断的案例中，系统只是抛出了异常，并没有对异常进行处理，对用户不友好，可以在服务提供者项目中引入服务降级功能。

【示例 7-3】 在上述 DubboProvider 项目的熔断发生时，返回“系统繁忙，当前功能受限”的提示代替抛出异常。

（1）在 MyDubboServiceImpl 类的 getInfoFromDubbo 方法中添加降级功能。通过在@SentinelResource注解中添加 fallback 参数及其值，指明了降级调用的方法为 degradeHandler。修改后的代码如下：

```
@DubboService
public class MyDubboServiceImpl implements MyDubboService {
    @SentinelResource(value ="dubboInfo",fallback="degradeHandler")
    @Override
    public String getInfoFromDubbo() {
        try {
            Thread.sleep(60);
        } catch (InterruptedException e) {
            throw new RuntimeException(e);
        }
        return "First Info from Dubbo";
    }

    public String degradeHandler(){
        return "系统繁忙,当前功能受限";
    }
}
```

这样一旦触发熔断，将不再直接抛出异常，而是由指定的方法实现降级逻辑。

(2) 测试效果。重启 DubboProvider 项目,Sentinel 中的熔断规则同上一个案例。使用浏览器访问 http://localhost:8081/getInfo,3s 内快速刷新 5 次,前面能正常访问,后面的访问结果如图 7-7 所示,5s 后又能访问。证明降级逻辑起作用了。

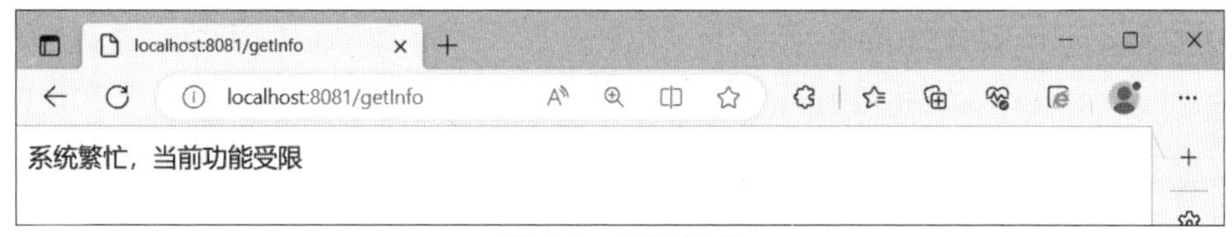

图 7-7　访问结果

上面是针对熔断的降级,如果需要限流,则实现原理相同。

7.3.4　在服务调用者端实现降级逻辑

上面是在服务提供者中实现降级逻辑,也可以在服务调用者中实现降级业务逻辑。

【示例 7-4】　为服务调用者项目 DubboConsumer 添加降级业务逻辑。

(1) 在 DubboConsumer 项目中导入 Sentinel、Sentinel 与 Dubbo 的适配器依赖,以及在 application.yml 文件的 spring.cloud 节点下添加 Sentinel 的配置,这些配置与 DubboProvider 项目完全相同。

(2) 添加降级处理业务类。在 com.sike.dubbo 包下创建一个类 MyMockDubboService,实现 MyDubboService 接口,代码如下:

```
public class MyMockDubboService implements MyDubboService{
    @Override
    public String getInfoFromDubbo() {
        return "目标系统不可用";
    }
}
```

这个类将设置为降级业务处理类。

(3) 指定降级业务处理类。在控制器的@DubboReference 注解上添加 mock 属性,并把值设置为上一步创建的类 MyMockDubboService 的完整路径,代码如下:

```
@RestController
public class DubboController {
    @DubboReference(mock ="com.sike.dubbo.MyMockDubboService")
    private MyDubboService myDubboService;

    @GetMapping("/getInfo")
    public String getInfo(){
```

```
        return myDubboService.getInfoFromDubbo();
    }
}
```

（4）测试。先将服务提供者项目 DubboProvide 停掉，然后使用浏览器访问 http://localhost:8081/getInfo，结果如图 7-8 所示。

图 7-8　浏览器访问 http://localhost:8081/getInfo

第8章 RocketMQ消息中间件

本章主要内容:

- RocketMQ 简介
- RocketMQ 安装与启动
- 普通消息发送与消费
- 顺序消息
- 延时消息
- 批量消息
- 过滤消息
- 事务消息

RocketMQ 是一种开源的分布式系统,是一种快速、可靠、可伸缩的消息队列系统,旨在解决分布式系统中的异步通信和数据传输问题。

8.1 RocketMQ 简介

RocketMQ 是阿里巴巴公司借鉴 Kafka 改造和优化而来的,使用 Java 语言编写,支持了淘宝天猫历年的“双十一”活动,其稳定性和可靠性经受住了考验。

RocketMQ 的应用场景主要包括以下几种。

1. 应用解耦

可以用 RocketMQ 解耦各个微服务,例如订单系统将订单发到 RocketMQ 中,然后库存系统对其消费,订单系统与库存系统不用直接交互。

2. 流量削峰

如果系统有瞬时巨量请求,则很可能导致系统崩溃,在这种情况下可以将消息发送到 RocketMQ 中进行缓存,然后分散处理。

3. 数据分发

可以将信息发送到 RocketMQ 中,由下游系统选择性地消费。

RocketMQ 的技术架构如图 8-1 所示。整个架构中有 4 个角色：Name Server 集群、Broker 主从集群、Producer 集群、Consumer 集群，其中 Producer 负责生产消息，Broker 负责存储转发消息，Consumer 负责消费消息，Name Server 为注册中心。

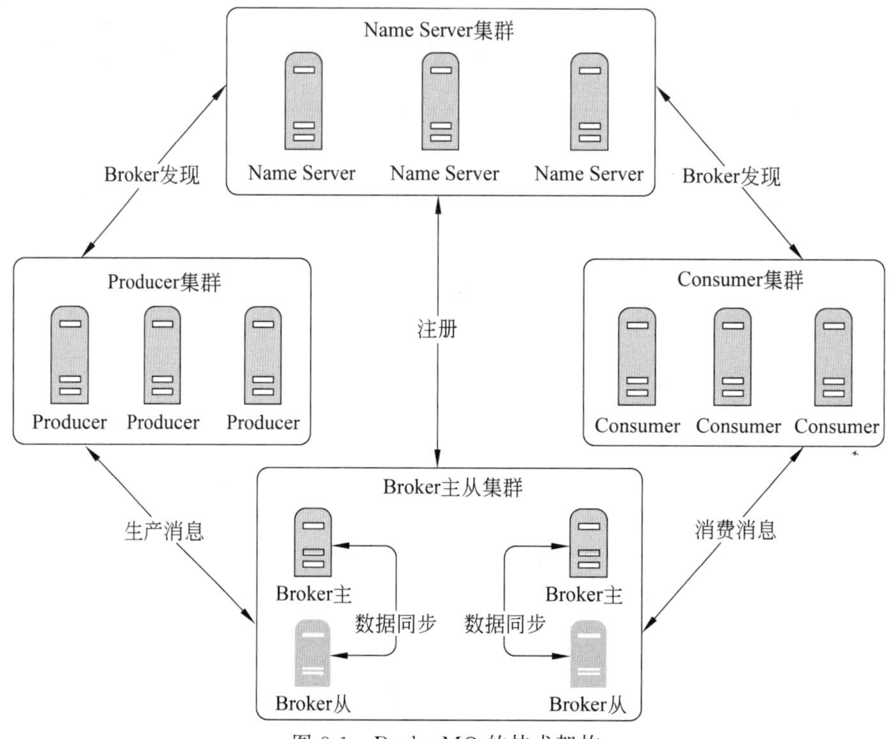

图 8-1 RocketMQ 的技术架构

生产者(Producer)：Producer 负责将消息发送到 RocketMQ 的 Broker，它将消息封装成消息对象并指定消息的主题(Topic)。生产者可以根据需要选择同步发送或异步发送消息。在消息生产者中，可以定义如下传输行为。

(1) 发送方式：生产者可通过 API 设置消息发送的方式，RocketMQ 支持同步传输和异步传输。

(2) 批量发送：生产者可通过 API 设置消息批量传输的方式。例如，批量发送的消息条数或消息大小。

(3) 事务行为 RocketMQ 支持事务消息，对于事务消息需要生产者配合事务检查等行为，以便保障事务的最终一致性。

消费者(Consumer)是 RocketMQ 中用来接收并处理消息的运行实体。从 RocketMQ 服务器端获取消息，并将消息转化成业务可理解的信息，供业务逻辑处理。

在消息消费端，可以定义如下传输行为。

(1) 消费者身份：消费者必须关联一个指定的消费者分组，以获取分组内统一定义的行为配置和消费状态。

(2) 消费者类型：RocketMQ 面向不同的开发场景提供了多样的消费者类型，包括 PushConsumer 类型、SimpleConsumer 类型、PullConsumer 类型。

Consumer 从 RocketMQ 的 Broker 订阅消息，并对消息进行消费处理。消费者可以按照订阅的主题(Topic)和标签(Tag)来过滤需要的消息。

消息代理(Broker)：RocketMQ 的核心组件，负责存储和转发消息。Broker 接收生产者发送的消息，并将其存储在内部的存储引擎中，等待消费者订阅并消费。Broker 还负责处理消费者的消费进度和消息的复制和同步。

命名服务器(Name Server)：RocketMQ 集群的管理节点，它负责管理和维护整个 RocketMQ 集群的元数据信息。Producer 和 Consumer 通过 Name Server 来发现 Broker 的位置和状态信息。

主题(Topic)：RocketMQ 中消息传输和存储的顶层容器，是消息的逻辑分类，用于标识同一类业务逻辑的消息。Producer 将消息发送到特定的主题，Consumer 可以订阅并消费特定的主题。一个主题可以有多个消息队列，每个消息队列在一个 Broker 上。

消息队列(Message Queue)：RocketMQ 中消息的存储和传输单位，是 RocketMQ 中消息存储和传输的实际容器，RocketMQ 的每个主题可以被分为多个消息队列，每个消息队列在一个 Broker 上，可以并行地处理消息。

生产者组(Producer Group)：一类生产者的集合，由于这类生产者通常发送一类消息并且发送逻辑一致，所以将这些生产者分组在一起，生产者通过生产者组的名字来标识自己是一个群体。

消费者组(Consumer Group)：一组具有相同消费逻辑的 Consumer 实例的集合。在一个消费者组中，每个消息队列只能由一个 Consumer 实例进行消费，但一个 Consumer 组可以有多个 Consumer 实例，从而实现负载均衡和高可用性。

8.2 RocketMQ 安装与启动

下载、安装与启动步骤如下。

(1) 从官网下载 RocketMQ，注意下载二进制包。解压后的目录如图 8-2 所示。

Windows (C:) › software › rocketmq-all-4.9.4-bin-release › rocketmq-all-4.9.4-bin-release

名称	修改日期	类型	大小
benchmark	2022/6/21 10:56	文件夹	
bin	2022/6/20 16:15	文件夹	
conf	2022/6/20 16:15	文件夹	
lib	2022/6/21 10:56	文件夹	
LICENSE	2022/6/20 16:15	文件	17 KB
NOTICE	2022/6/20 16:15	文件	2 KB
README.md	2022/6/20 16:15	Markdown File	11 KB

图 8-2　解压后的目录

(2) 配置环境变量。配置 ROCKETMQ_HOME，值为图 8-2 所示解压的目录，再配置 Path，新建的值为%ROCKETMQ_HOME%\bin。

(3) 修改内存配置。默认的 RocketMQ 启动需要消耗较大的内存，很可能导致启动失败，需要手动进行调整，减少所需内存。用记事本打开 bin 目录下的文件 runserver.cmd，将-server -Xms2g -Xmx2g -Xmn1g 修改为-server -Xms256m -Xmx256m -Xmn128m。用记事本打开 bin 目录下的 runbroker.cmd，修改-server -Xms2g -Xmx2g 为-server -Xms256m -Xmx256m，再将 MaxDirectMemorySize=15g 修改为 MaxDirectMemorySize=512m。

(4) 启动 nameserver。打开命令行窗口，输入命令 mqnamesrv.cmd，结果如图 8-3 所示，表示 nameserver 启动成功，默认地址是本机的 9876 端口。

图 8-3 输入命令 mqnamesrv.cmd

(5) 启动 Broker。启动命令为 start mqbroker.cmd -n 127.0.0.1:9876 autoCreateTopicEnabl-e=true，其中 127.0.0.1:9876 是 nameserver 的地址，autoCreateTopicEnable=true 表示允许 Broker 自动创建消息的主题(topic)，执行命令后，结果出现消息 boot success. Serialize-Type=JSON and name server is 127.0.0.1:9876，表示 Broker 启动成功。

(6) RocketMQ 控制台的下载与安装启动。从合适的来源获取 RocketMQ Dashboard 的安装包(例如，从 RocketMQ 的官方 GitHub 仓库下载)。下载后，解压缩并使用 IDEA 打开其中的 RocketMQ Console 项目。在必要时，可以修改项目中的 application.yml 文件，更改端口号，在默认情况下是 8080，然后启动，使用浏览器访问 http://localhost:8080 即可看到控制台界面，如图 8-4 所示。这个起辅助作用，不是非要不可的。

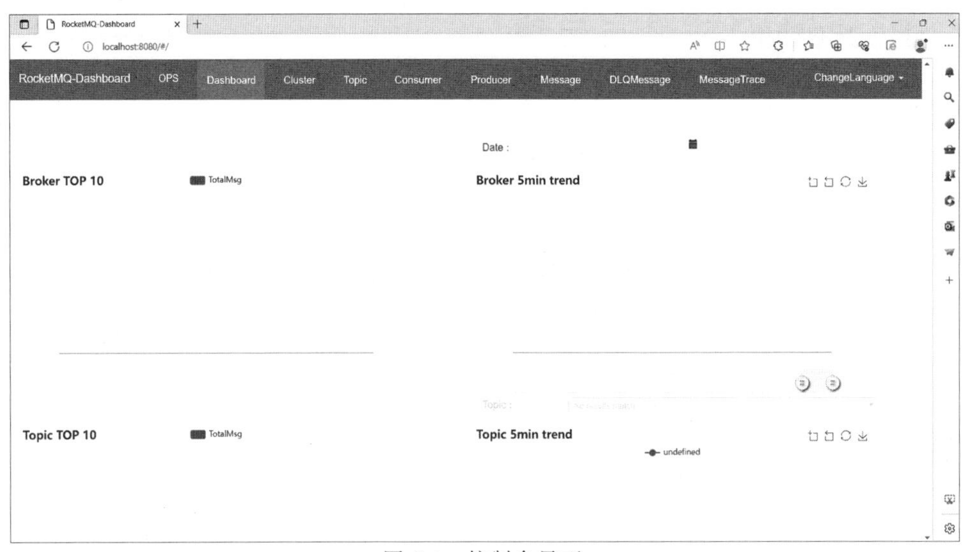

图 8-4 控制台界面

8.3 普通消息发送

消息生产者分别通过 3 种方式发送消息。

(1) 同步发送：等待消息返回后再继续进行下面的操作。

(2) 异步发送：不等待消息返回直接进入后续流程。Broker 将结果返回后调用 callback 函数，并使用 CountDownLatch 计数。

(3) 单向发送：只负责发送，不管消息是否发送成功。

下面编写代码来分别实现 3 种发送方式。

8.3.1 发送同步消息

发送同步消息的关键步骤如下。

(1) 创建 Spring Boot 3.0.2 项目 mqexample，在 pom.xml 文件中添加依赖，代码如下：

```
<dependency>
    <groupId>org.apache.rocketmq</groupId>
    <artifactId>rocketmq-client</artifactId>
    <version>4.9.4</version>
</dependency>
```

(2) 同步发送消息的代码如下：

```
public class SyncProducer {
    public static void main(String[] args) throws Exception {
        //初始化一个 producer 并设置 Producer group name
        DefaultMQProducer producer = new
DefaultMQProducer("ProducerGroup1");
        //设置 NameServer 地址
        producer.setNamesrvAddr("localhost:9876");
        //启动 producer
        producer.start();
        //创建多条消息,然后发送
        for (int i = 0; i < 10; i++) {
            //创建一条消息,并指定 topic、tag、body 等信息,tag 可以理解成标签,对消息进
            //行再归类,RocketMQ 可以在消费端对 tag 进行过滤
            Message msg = new Message("TopicTest" /* Topic 主题名称 */,
                    "TagA" /* Tag 标签名称 */,
                    ("Sync Message Example " +
i).getBytes(RemotingHelper.DEFAULT_CHARSET) /* Message body */
            );
            //利用 producer 进行发送,并同步等待发送结果
            SendResult sendResult = producer.send(msg);
            System.out.printf("第"+i +"个同步消息发送成功:%s%n", sendResult);
```

```
        }
        //一旦 producer 不再使用,关闭 producer
        producer.shutdown();
    }
}
```

8.3.2 发送异步消息

发送异步消息的代码如下：

```
public class AsyncProducer {
    public static void main(String[] args) throws Exception {
        //初始化一个 producer 并设置 Producer group name
        DefaultMQProducer producer =new DefaultMQProducer("ProducerGroup2");
        //设置 NameServer 地址
        producer.setNamesrvAddr("localhost:9876");
        //启动 producer
        producer.start();
        producer.setRetryTimesWhenSendAsyncFailed(0);
        int messageCount =10;
        final CountDownLatch countDownLatch =new CountDownLatch(messageCount);
        for (int i =0; i <messageCount; i++) {
            try {
                final int index =i;
                //创建一条消息,并指定 topic、tag、body 等信息,tag 可以理解成标签
                //对消息进行再归类,RocketMQ 可以在消费端对 tag 进行过滤
                Message msg =new Message("TopicTest2",
                        "TagB",
                        "Async Message
Example! ".getBytes(RemotingHelper.DEFAULT_CHARSET));
                //异步发送消息, 发送结果通过 callback 返回客户端
                producer.send(msg, new SendCallback() {
                    @Override
                    public void onSuccess(SendResult sendResult) {
                        System.out.printf("%d 异步消息发送成功%s%n", index,
sendResult);
                        countDownLatch.countDown();
                    }
                    @Override
                    public void onException(Throwable e) {
                        System.out.printf("%d 异步消息失败%s%n", index, e);
                        e.printStackTrace();
                        countDownLatch.countDown();
                    }
                });
```

```
            } catch (Exception e) {
                e.printStackTrace();
                countDownLatch.countDown();
            }
        }
        //异步发送,如果要求可靠传输,则必须等回调接口返回明确结果后才能结束逻辑,否则
        //立即关闭 Producer,可能导致部分消息尚未传输成功
        countDownLatch.await(5, TimeUnit.SECONDS);
        //一旦 producer 不再使用,关闭 producer
        producer.shutdown();
    }

}
```

8.3.3 发送单向消息

发送单向消息的代码如下：

```
public class OnewayProducer {
    public static void main(String[] args) throws Exception {
        //初始化一个 producer 并设置 Producer group name
        DefaultMQProducer producer =new DefaultMQProducer("ProducerGroup3");
        //设置 NameServer 地址
        producer.setNamesrvAddr("localhost:9876");
        //启动 producer
        producer.start();
        for (int i =0; i <10; i++) {
            //创建一条消息,并指定 topic、tag、body 等信息,tag 可以理解成标签,对消息进
            //行再归类,RocketMQ 可以在消费端对 tag 进行过滤
            Message msg =new Message("TopicTest3" /* Topic */,
                    "TagC" /* Tag */,
                    ("Oneway Message Example! " +
i).getBytes(RemotingHelper.DEFAULT_CHARSET) /* Message body */
            );
            //在 oneway 方式发送消息时没有请求应答处理,如果出现消息发送失败,则会因为
            //没有重试而导致数据丢失。若数据不可丢,则建议选用可靠同步或可靠异步发送方式
            producer.sendOneway(msg);
            System.out.printf("%d 单向消息发送完成 %n" , i);
        }
        //一旦 producer 不再使用,关闭 producer
        producer.shutdown();
    }
}
```

8.4 消费消息

RocketMQ 有以下两种消费模式。

(1) 集群消费模式：任意一条消息只需被消费组内的任意一个消费者处理。

(2) 广播消费模式：每条消息推送给消费组所有的消费者，保证消息至少被每个消费者消费一次。

集群消费模式适用于每条消息只需被处理一次的场景。广播消费模式适用于每条消息需要被消费组的每个消费者处理的场景。

消费者消费消息分以下两种。

(1) 拉模式(Pull)：消费者主动到 Broker 上拉取消息。

(2) 推模式(Push)：消费者等待 Broker 把消息推送过来。

8.4.1 Push 消费

【示例 8-1】 以 Push 方式及广播消费模式消费消息。

(1) 创建第 1 个消费者。在 mqexample 项目中新建一个 ConsumerPush1 类，代码如下：

```
public class ConsumerPush1 {
    public static void main(String[] args) throws InterruptedException,
MQClientException {
        //初始化 consumer,并设置 consumer group name
        DefaultMQPushConsumer consumer =new
DefaultMQPushConsumer("ConsumerGroup1");

        //设置 NameServer 地址
        consumer.setNamesrvAddr("localhost:9876");
        //订阅一个或多个 topic,并指定 tag 过滤条件,这里指定 * 表示接收所有 tag 的消息
        consumer.subscribe("TopicTest", "* ");
        //设置消费模式
        consumer.setMessageModel(MessageModel.BROADCASTING);

        //注册回调接口来处理从 Broker 中收到的消息
        consumer.registerMessageListener(new MessageListenerConcurrently() {
            @Override
            public ConsumeConcurrentlyStatus
consumeMessage(List<MessageExt>msgs, ConsumeConcurrentlyContext context) {
                System.out.printf("%s Receive New Messages: %s %n",
Thread.currentThread().getName(), msgs);
                //返回消息消费状态,ConsumeConcurrentlyStatus.CONSUME_SUCCESS 为
                //消费成功
```

```
                return ConsumeConcurrentlyStatus.CONSUME_SUCCESS;
            }
        });
        //启动 Consumer
        consumer.start();
        System.out.printf("Consumer1 Started.%n");
    }
}
```

（2）创建第 2 个消费者。创建 ConsumerPush2 类，代码如下：

```
public class ConsumerPush2 {
    public static void main(String[] args) throws InterruptedException,
MQClientException {
        //初始化 consumer，并设置 consumer group name
        DefaultMQPushConsumer consumer =new
DefaultMQPushConsumer("ConsumerGroup1");

        //设置 NameServer 地址
        consumer.setNamesrvAddr("localhost:9876");
        //订阅一个或多个 topic，并指定 tag 过滤条件，这里指定 * 表示接收所有 tag 的消息
        consumer.subscribe("TopicTest", "*");
        //设置消费模式
        consumer.setMessageModel(MessageModel.BROADCASTING);
        //注册回调接口来处理从 Broker 中收到的消息
        consumer.registerMessageListener(new MessageListenerConcurrently() {
            @Override
            public ConsumeConcurrentlyStatus
consumeMessage(List<MessageExt>msgs, ConsumeConcurrentlyContext context) {
                System.out.printf("%s Receive New Messages: %s %n",
Thread.currentThread().getName(), msgs);
                //返回消息消费状态，ConsumeConcurrentlyStatus.CONSUME_SUCCESS 为
                //消费成功
                return ConsumeConcurrentlyStatus.CONSUME_SUCCESS;
            }
        });
        //启动 Consumer
        consumer.start();
        System.out.printf("Consumer2 Started.%n");
    }
}
```

（3）测试。运行这两个类，再运行任意一个发送消息的类，如 SyncProducer，结果 SyncProducer 的控制台显示 10 条消息发送出去，ConsumerPush1 和 ConsumerPush2 的控制台分别显示接收到了 10 条消息，说明这是广播消息模式，Push 方式。

(4) 修改为集群模式。将上述 consumer.setMessageModel(MessageModel.BROADCASTING);修改为 consumer.setMessageModel(MessageModel.CLUSTERING);再次测试,发现两个消费者轮流消费消息,大约各消费 5 条消息,说明每条消息只能被消费一次。

8.4.2 Pull 消费

【示例 8-2】 以 Pull 方式消费消息。

(1) 随机获取一个 queue,代码如下:

```
public class LitePullConsumerSubscribe {
    public static void main(String[] args) throws MQClientException {
        DefaultLitePullConsumer litePullConsumer =new
DefaultLitePullConsumer("SimpleLitePullConsumer");
        litePullConsumer.setNamesrvAddr("127.0.0.1:9876");
        litePullConsumer.subscribe("TopicTest","");
        litePullConsumer.start();
        while (true) {
            List<MessageExt>poll =litePullConsumer.poll();
            System.out.printf("消息拉取成功 %s%n" , poll);
        }
    }
}
```

(2) 指定获取一个 queue,代码如下:

```
public class PullLiteConsumerAssign {
    public static void main(String[] args) throws Exception {
        DefaultLitePullConsumer litePullConsumer =new
DefaultLitePullConsumer("SimpleLitePullConsumer");
        litePullConsumer.setNamesrvAddr("127.0.0.1:9876");
        litePullConsumer.start();
        Collection<MessageQueue>messageQueues =
litePullConsumer.fetchMessageQueues("TopicTest");
        List<MessageQueue>list =new ArrayList<>(messageQueues);
        litePullConsumer.assign(list);
        litePullConsumer.seek(list.get(0), 10);
        try {
            while (true) {
                List<MessageExt>messageExts =litePullConsumer.poll();
                System.out.printf("%s %n", messageExts);
            }
        } finally {
```

```
            litePullConsumer.shutdown();
        }
    }
}
```

8.5 顺序消息

顺序消息是一种对消息发送和消费顺序有严格要求的消息。对于一个指定的 Topic，消息严格按照先进先出(FIFO)的原则进行消息发布和消费，即先发布的消息先消费，后发布的消息后消费。

RocketMQ 采用局部顺序一致性的机制，实现了单个队列中消息的有序性，使用 FIFO 顺序提供有序消息，如果要保证消息有序，就必须把一组消息存放在同一个队列中，然后由 Consumer 逐一进行消费。

RocketMQ 可以严格地保证消息有序，可以分为分区有序或者全局有序。

(1) 全局有序：当为全局顺序时使用一个 queue。

(2) 分区有序：当为局部顺序时多个 queue 并行消费。

在默认情况下，消息发送会采取 Round Robin 轮询方式把消息发送到不同的 queue，而在消费消息时从多个 queue 上拉取消息，这种情况发送和消费是不能保证顺序的，但是如果控制发送的顺序消息只依次发送到同一个 queue 中，在消费时只从这个 queue 上依次拉取，就保证了顺序。如果发送和消费参与的 queue 只有一个，则是全局有序；如果多个 queue 参与，则为分区有序，即相对每个 queue，消息都是有序的。

8.5.1 全局有序

如果要实现全局有序消息，则需要将所有消息都发送到同一个队列，然后消费者端也订阅同一个队列，这样就能实现顺序消费消息功能。下面通过一个示例说明如何实现全局顺序消息。

(1) 消息生产者 OrderMQProducer1 的代码如下：

```
public class OrderMQProducer1 {
    public static void main(String[] args) throws Exception {
        //创建 DefaultMQProducer 类并设定生产者名称
        DefaultMQProducer mqProducer =new DefaultMQProducer("OrderProducer");
        //设置 NameServer 地址,如果是集群,则使用分号分隔开
        mqProducer.setNamesrvAddr("127.0.0.1:9876");
        //启动消息生产者
        mqProducer.start();

        for (int i =0; i <5; i++) {
```

```
            //创建消息,并指定 Topic(主题)、Tag(标签)和消息内容
            Message message =new Message("GLOBAL_ORDER_TOPIC", "", ("全局有序消
息" +i).getBytes(RemotingHelper.DEFAULT_CHARSET));

            //实现 MessageQueueSelector,重写 select 方法,保证消息都进入同一个队列
            //send 方法的第 1 个参数: 需要发送的消息 Message
            //send 方法的第 2 个参数: 消息队列选择器 MessageQueueSelector
            //send 方法的第 3 个参数: 消息将要进入的队列下标,这里我们指定将消息都发送
            //到下标为 1 的队列
            SendResult sendResult =mqProducer.send(message, new
MessageQueueSelector() {
                @Override
                //select 方法的第 1 个参数: 指该 Topic 下所有的队列集合
                //第 2 个参数: 发送的消息
                //第 3 个参数: 消息将要进入的队列下标,它与 send 方法的第 3 个参数相同
                public MessageQueue select(List<MessageQueue>mqs, Message msg,
Object arg) {
                    return mqs.get((Integer) arg);
                }
            }, 1);

            System.out.println("sendResult =" +sendResult);
        }

        //如果不再发送消息,则关闭 Producer 实例
        mqProducer.shutdown();
    }

}
```

（2）消息消费者 OrderMQConsumer1 的代码如下：

```
public class OrderMQConsumer1 {
    public static void main(String[] args) throws MQClientException {

        //创建 DefaultMQPushConsumer 类并设定消费者名称
        DefaultMQPushConsumer mqPushConsumer =new
DefaultMQPushConsumer("OrderConsumer");

        //设置 NameServer 地址,如果是集群,则使用分号分隔开
        mqPushConsumer.setNamesrvAddr("127.0.0.1:9876");

        //设置 Consumer 第 1 次启动是从队列头部开始消费还是从队列尾部开始消费
        //如果不是第 1 次启动,则按照上次消费的位置继续消费
```

```
mqPushConsumer. setConsumeFromWhere (ConsumeFromWhere. CONSUME _ FROM _ FIRST _
OFFSET);

        //订阅一个或者多个 Topic,以及 Tag 来过滤需要消费的消息,如果订阅该主题下的所
        //有 tag,则使用 *
        mqPushConsumer.subscribe("GLOBAL_ORDER_TOPIC", "*");

        /**
         * 与普通消费一样需要注册消息监听器,但是传入的不再是
MessageListenerConcurrently
         * 而是需要传入 MessageListenerOrderly 的实现子类,并重写 consumeMessage
方法
         */
        //顺序消费同一个队列的消息
        mqPushConsumer.registerMessageListener(new MessageListenerOrderly() {

            @Override
            public ConsumeOrderlyStatus consumeMessage(List<MessageExt>msgs,
ConsumeOrderlyContext context) {
                context.setAutoCommit(false);
                for (MessageExt msg : msgs) {
                    System.out.println("消费线程=" +
Thread.currentThread().getName() +
                            ", queueId=" +msg.getQueueId() +", 消息内容:" +
new String(msg.getBody()));
                }

                //标记该消息已经被成功消费
                return ConsumeOrderlyStatus.SUCCESS;
            }
        });

        //启动消费者实例
        mqPushConsumer.start();
    }
}
```

(3) 测试。分别启动生产者和消费者,消费者控制台输出的内容如下。

消费线程=ConsumeMessageThread_1,queueId=1, 消息内容:全局有序消息 0。

消费线程=ConsumeMessageThread_1,queueId=1, 消息内容:全局有序消息 1。

消费线程=ConsumeMessageThread_1,queueId=1, 消息内容:全局有序消息 2。

消费线程=ConsumeMessageThread_1,queueId=1, 消息内容:全局有序消息 3。

消费线程=ConsumeMessageThread_1,queueId=1, 消息内容:全局有序消息 4。

由输出内容可见,消息是全局有序的。

8.5.2 局部有序

如果有多条不同类型的消息要发送，使同一类消息发送到同一个队列中，则至少可以保证同一类型的消息是有序的，这就是局部有序。顺序消息生产者通过 MessageQueueSelector 将同一类型的消息有序地发送到同一个队列中。

【示例 8-3】 发送与接收局部有序消息。

（1）实现消息生产者的代码如下：

```
public class OrderMQProducer2 {
    public static void main(String[] args) throws MQClientException,
MQBrokerException, RemotingException, InterruptedException {
        DefaultMQProducer producer =new DefaultMQProducer("OrderProducer");
        producer.setNamesrvAddr("127.0.0.1:9876");
        producer.start();
        for (int j =0; j <3; j++) {
            for (int i =0; i <5; i++) {
                Message message =new Message("OrderTopic", "TagA",
                        ("order_" +j +"_step_" +
i).getBytes(StandardCharsets.UTF_8));
                SendResult sendResult =producer.send(message, new
MessageQueueSelector() {
                    @Override
                    public MessageQueue select(List<MessageQueue>list, Message
message, Object o) {
                        Integer id = (Integer) o;
                        int index =id %list.size();
                        return list.get(index);
                    }
                }, j,30000);
                System.out.printf("%s%n", sendResult);
            }
        }
        producer.shutdown();
    }
}
```

这段程序表示凡是 j 值相同的消息（视为同一类消息）都放入同一个队列中，这样就可以做到局部有序。实战中，可以将 id 相同的消息（例如订单号相同的多条消息）放入同一个队列。

（2）顺序消息消费者通过 MessageListenerOrderly 消费者每次读取消息都只从一个 queue 中获取，通过加锁的方式实现，代码如下：

```
public class OrderMQConsumer2 {
```

```
    public static void main(String[] args) throws MQClientException {
        DefaultMQPushConsumer consumer =new
DefaultMQPushConsumer("OrderConsumer");
        consumer.setNamesrvAddr("127.0.0.1:9876");
        consumer.subscribe("OrderTopic","*");
        consumer.registerMessageListener(new MessageListenerOrderly() {
            @Override
            public ConsumeOrderlyStatus consumeMessage(List<MessageExt> list,
ConsumeOrderlyContext consumeOrderlyContext) {
                list.forEach(n->{
                    System.out.println("QueueId:"+n.getQueueId() +"收到消息内容
"+new String(n.getBody()));
                });
                return ConsumeOrderlyStatus.SUCCESS;
            }
        });
        consumer.start();
        System.out.printf("OrderConsumer Started.%n");
    }
}
```

(3) 测试。接收的消息结果如下。

QueueId:0 收到消息内容 order_0_step_0
QueueId:1 收到消息内容 order_1_step_0
QueueId:0 收到消息内容 order_0_step_1
QueueId:0 收到消息内容 order_0_step_2
QueueId:0 收到消息内容 order_0_step_3
QueueId:0 收到消息内容 order_0_step_4
QueueId:1 收到消息内容 order_1_step_1
QueueId:1 收到消息内容 order_1_step_2
QueueId:1 收到消息内容 order_1_step_3
QueueId:1 收到消息内容 order_1_step_4
QueueId:2 收到消息内容 order_2_step_0
QueueId:2 收到消息内容 order_2_step_1
QueueId:2 收到消息内容 order_2_step_2
QueueId:2 收到消息内容 order_2_step_3
QueueId:2 收到消息内容 order_2_step_4

分析上述结果,可以发现任何一组 j 值相同的消息都是有序的。

8.6 延迟消息

延迟消息发送是指消息发送到 RocketMQ 后，并不期望马上投递这条消息，而是延迟一定时间后才投递到 Consumer 进行消费。在分布式定时调度触发、任务超时处理等场景中需要实现精准、可靠的延时事件触发。使用 RocketMQ 的延时消息可以简化定时调度任务的开发逻辑，实现高性能、可扩展、高可靠的定时触发能力。

(1) 实现延时消息生产者的代码如下：

```
public class ScheduledMessageProducer {
    public static void main(String[] args) throws MQClientException,
MQBrokerException, RemotingException, InterruptedException {
        DefaultMQProducer producer = new DefaultMQProducer("ScheduleProducer");
        producer.setNamesrvAddr("127.0.0.1:9876");
        producer.start();
        for (int i = 0; i < 2; i++) {
            Message msg = new Message("ScheduleTopic",   //主题
                    "TagA",  //设置消息 Tag,用于消费端根据指定 Tag 过滤消息
                    "ScheduleProducer
Example".getBytes(StandardCharsets.UTF_8)              //消息体
            );
            //1 到 18 分别对应 messageDelayLevel=1s、5s、10s、30s、1min、2min、3min、
            //4min、5min、6min、7min、8min、9min、10min、20min、30min、1h、2h
            msg.setDelayTimeLevel(3);
            producer.send(msg, 30000);
            System.out.printf(i + ".发送消息成功:%s%n", LocalTime.now());
        }
        producer.shutdown();
    }
}
```

(2) 实现延时消息消费者的代码如下：

```
public class ScheduleMessageConsumer {
    public static void main(String[] args) throws MQClientException {
        DefaultMQPushConsumer pushConsumer = new
DefaultMQPushConsumer("ScheduleConsumer");
        pushConsumer.setNamesrvAddr("127.0.0.1:9876");
        pushConsumer.subscribe("ScheduleTopic", "*");
        pushConsumer.setMessageListener(new MessageListenerConcurrently() {
            @Override
            public ConsumeConcurrentlyStatus
consumeMessage(List<MessageExt> list, ConsumeConcurrentlyContext
consumeConcurrentlyContext) {
```

```
                list.forEach( n->{
                    System.out.printf("接收时间:%s %n", LocalTime.now());
                });
                return ConsumeConcurrentlyStatus.CONSUME_SUCCESS;
            }
        });
        pushConsumer.start();
        System.out.printf("Schedule Consumer Started.%n");
    }

}
```

(3) 测试。发送消息的控制台内容如下。

0.发送消息成功：22:34:32.124159700

1.发送消息成功：22:34:32.127156700

消费消息的控制台内容如下。

接收时间：22:34:42.131171

接收时间：22:34:42.131171

这表明它们之间相隔了10s时间。

8.7 批量消息

批量消息是指将多条消息合并成一个批量消息，一次发送出去。这样的好处是可以减少网络IO，提升吞吐量，但批量消息的使用有以下限制：

(1) 消息大小不能超过4MB。

(2) 相同的Topic。

(3) 相同的waitStoreMsgOK。

(4) 不能是延迟消息、事务消息等。

8.7.1 批量发送消息

实现批量发送消息的示例代码如下：

```
public class SimpleBatchProducer {
    public static void main(String[] args) throws MQClientException,
MQBrokerException, RemotingException, InterruptedException {
        DefaultMQProducer producer =new DefaultMQProducer("BatchProducer");
        producer.setNamesrvAddr("127.0.0.1:9876");
        producer.start();
        ArrayList<Message> list =new ArrayList<>();
```

```
        list.add(new Message("BatchTopic","TagA", "BatchProducer Example 1".
getBytes(StandardCharsets.UTF_8)));
        list.add(new Message("BatchTopic","TagA", "BatchProducer Example 2".
getBytes(StandardCharsets.UTF_8)));
        list.add(new Message("BatchTopic","TagA", "BatchProducer Example 3".
getBytes(StandardCharsets.UTF_8)));
        SendResult send =producer.send(list);
        System.out.printf(".发送消息成功:%s%n", send);
        producer.shutdown();
    }

}
```

8.7.2 分批批量发送消息

实现分批批量发送消息的示例代码如下：

```
public class SplitBatchProducer {
    public static void main(String[] args) throws MQClientException,
MQBrokerException, RemotingException, InterruptedException {
        DefaultMQProducer producer =new
DefaultMQProducer("SplitBatchProducer");
        producer.setNamesrvAddr("127.0.0.1:9876");
        producer.start();
        ArrayList<Message>list =new ArrayList<>();
        for (int i =0; i <10000; i++) {
            list.add(new Message("BatchTopic2","TagA",
("SplitBatchProducer"+i).getBytes(StandardCharsets.UTF_8)));
        }

        ListSplitter splitter =new ListSplitter(list);
        while (splitter.hasNext()) {
            List<Message>listItem =splitter.next();
            SendResult sendResult =producer.send(listItem,30000);
            System.out.printf(".发送消息成功:%s%n", sendResult);
        }
        producer.shutdown();
    }

}
```

ListSplitter 类的作用是对 List 集合进行分批，可参考随书资源。

上述两个类启动后，分别将 ConsumerPush1 类的主题改为 BatchTopic 和 BatchTopic2 对消息进行消费。

8.8 过滤消息

可以使用 Tag 来过滤消息，也可以使用 SQL 表达式来过滤消息。

8.8.1 Tag 过滤

Tag 是 RocketMQ 中特有的消息属性，在大多数情况下，可以使用 Message 的 Tag 属性来简单快速地过滤信息。RocketMQ 的最佳实践中就建议使用 RocketMQ 时一个应用可以用一个 Topic，而应用中的不同业务就用 Tag 来区分。

【示例 8-4】 Tag 过滤消息发送与接收。

（1）创建过滤消息生产者，代码如下：

```
public class TagFilterProducer {
    public static void main(String[] args) throws MQClientException,
MQBrokerException, RemotingException, InterruptedException {
        DefaultMQProducer producer =new DefaultMQProducer("SyncProducer");
        producer.setNamesrvAddr("127.0.0.1:9876");
        producer.start();
        String[] tags =new String[] {"TagA","TagB","TagC"};
        //这 3 个标签将赋于 3 个不同的消息
        for (int i =0; i <10; i++) {
            Message msg =new Message("FilterTopic",   //主题
                    tags[i %tags.length],
                    //设置消息 Tag,用于消费端根据指定 Tag 过滤消息
                    ("TagFilterProducer_Example_"+tags[i %
tags.length]).getBytes(StandardCharsets.UTF_8)      //消息体
            );
            SendResult send =producer.send(msg);
            System.out.printf(i +".发送消息成功:%s%n", send);
        }
        producer.shutdown();
    }
}
```

生产者发送的消息的 Tag 值有 TagA、TagB 和 TagC 共 3 种。

（2）实现过滤消息消费者的代码如下：

```
public class TagFilterConsumer {
    public static void main(String[] args) throws MQClientException {
        DefaultMQPushConsumer pushConsumer =new
DefaultMQPushConsumer("SimplePushConsumer");
        pushConsumer.setNamesrvAddr("127.0.0.1:9876");
```

```
        pushConsumer.subscribe("FilterTopic","TagA || TagC");
        pushConsumer.setMessageListener(new MessageListenerConcurrently() {
            @Override
            public ConsumeConcurrentlyStatus consumeMessage(List<MessageExt>
list, ConsumeConcurrentlyContext consumeConcurrentlyContext) {
                list.forEach( n->{
                    System.out.printf("收到消息: %s%n" , new
String(n.getBody()));
                });
                return ConsumeConcurrentlyStatus.CONSUME_SUCCESS;
            }
        });
        pushConsumer.start();
        System.out.printf("过滤消息消费者启动。%n");
    }
}
```

这个消费者通过过滤 Tag 只接收 Tag 值为 TagA 和 TagC 的消息。

(3) 测试。消费者控制台的结果如下,可见并没有 TagB 的消息,通过过滤 Tag,只消费了部分满足条件的消息。

过滤消息消费者启动。

收到消息：TagFilterProducer_Example_TagC

收到消息：TagFilterProducer_Example_TagA

收到消息：TagFilterProducer_Example_TagA

收到消息：TagFilterProducer_Example_TagC

收到消息：TagFilterProducer_Example_TagA

收到消息：TagFilterProducer_Example_TagC

收到消息：TagFilterProducer_Example_TagA

8.8.2 SQL 方式过滤

Tag 方式有一个很大的限制,也就是一条消息只能有一个 Tag,这不能满足较复杂的应用场景,这时可以使用 SQL 表达式来对消息进行过滤,其做法是在消息生产者端,通过 Message 的 setUserProperty(key,value)方法为消息设置一对键-值对,然后在消息的消费者端,使用 SQL 表达式对这个键-值对进行过滤,从而过滤消息。

RocketMQ 过滤的基本语法如下:

(1) 数值比较,例如>、>=、<、<=、BETWEEN、=。

(2) 字符比较,例如=、<>、IN。

(3) IS NULL,IS NOT NULL。

(4) 逻辑符号 AND、OR、NOT。

(5) 常量支持类型为数值,例如 123、3.1415;字符,例如'abc',必须用单引号包裹起来。

（6）NULL，特殊的常量。

（7）布尔值，TRUE 或 FALSE。

【示例 8-5】 SQL 过滤消息发送与接收。

（1）SQL 过滤消息生产者，代码如下：

```
public class SqlFilterProducer {
    public static void main(String[] args) throws MQClientException,
MQBrokerException, RemotingException, InterruptedException {
        DefaultMQProducer producer =new DefaultMQProducer("SqlProducer");
        producer.setNamesrvAddr("127.0.0.1:9876");
        producer.start();
        String[] tags =new String[] {"TagA","TagB","TagC"};
        for (int i =0; i <10; i++) {
            Message msg =new Message("FilterTopic2",   //主题
                    tags[i %tags.length],
                    //设置消息 Tag,用于消费端根据指定 Tag 过滤消息
                    ("TagFilterProducer_Example_"+tags[i %tags.length] +
"_i_" +i).getBytes(StandardCharsets.UTF_8)              //消息体
            );
            msg.putUserProperty("sike", String.valueOf(i));
            SendResult send =producer.send(msg);
            System.out.printf(i +".发送消息成功:%s%n", send);
        }
        producer.shutdown();
    }
}
```

这段代码为每条消息添加了键-值对，键的名字为 sike，值是动态的。

（2）SQL 过滤消息消费者，代码如下：

```
public class SqlFilterConsumer {
    public static void main(String[] args) throws MQClientException {
        DefaultMQPushConsumer pushConsumer =new
DefaultMQPushConsumer("SqlPushConsumer");
        pushConsumer.setNamesrvAddr("127.0.0.1:9876");
        pushConsumer.subscribe("FilterTopic2", MessageSelector.bySql("(TAGS is
not null And TAGS IN ('TagA','TagB'))"
                +"and (sike is not null and sike between 0 and 3)"));
        pushConsumer.setMessageListener(new MessageListenerConcurrently() {
            @Override
            public ConsumeConcurrentlyStatus consumeMessage(List<MessageExt>
list, ConsumeConcurrentlyContext consumeConcurrentlyContext) {
                list.forEach( n->{
                    System.out.printf("收到消息: %s%n" , new String(n.getBody()));
                });
```

```
                return ConsumeConcurrentlyStatus.CONSUME_SUCCESS;
            }
        });
        pushConsumer.start();
        System.out.printf("Sql 过滤消息消费者启动。%n");
    }
}
```

这段代码表示只接收 sike 值为 0～3 的消息。注意只有推模式的消费者可以使用 SQL 过滤，拉模式无法使用。

如果启动消费者后报不识别 SQL92，则需要在 conf/broker.conf 下添加一行内容：enablePropertyFilter = true，并重启 broker，重启命令（bin 目录下）为 start mqbroker.cmd -n 127.0.0.1:9876 autoCreateTopicEnable=true -c ../conf/broker.conf。

（3）测试。消费者的控制台输出的内容如下。

SQL 过滤消息消费者启动。

收到消息：TagFilterProducer_Example_TagA_i_0

收到消息：TagFilterProducer_Example_TagB_i_1

收到消息：TagFilterProducer_Example_TagA_i_3

8.9 事务消息

事务消息的详细交互流程如图 8-5 所示。

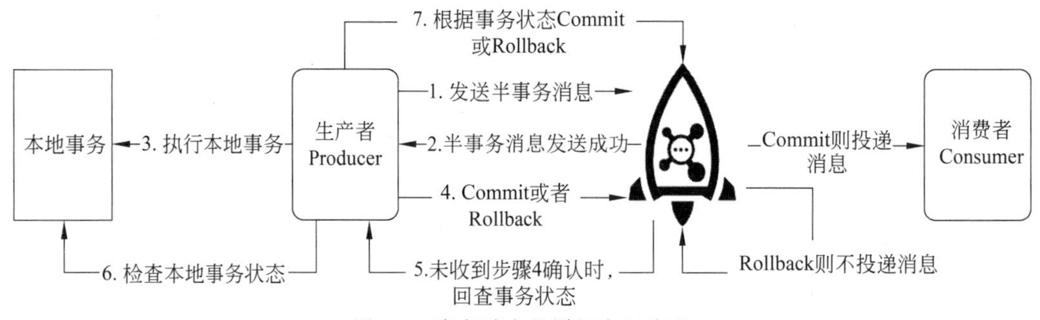

图 8-5 事务消息的详细交互流程

事务消息发送步骤如下。

（1）Producer 向 Broker 端发送半事务消息。

（2）Broker 发送 ACK 确认，表示半事务消息发送成功。

（3）Producer 执行本地事务。

（4）本地事务执行完毕，根据事务的状态，Producer 向 Broker 发送二次确认消息，确认该半事务消息的 Commit 或 Rollback 状态。Broker 收到二次确认消息之后：如果是

Commit 状态，则直接将消息发送到 Consumer 端执行消费逻辑；如果是 Rollback 状态，则会直接将其标记为失败，不会发送给 Consumer。

(5) 针对超时情况，Broker 主动向 Producer 发起消息回查。

(6) Producer 处理回查消息，返回对应的本地事务执行结果。

(7) Broker 针对消息回查的结果，执行步骤(4)的操作。

【示例 8-6】 事务消息发送与接收。

(1) 实现事务消息生产者，代码如下：

```
public class TransactionProducer {
    public static void main(String[] args) throws MQClientException,
InterruptedException {
        TransactionMQProducer producer =new
TransactionMQProducer("TransProducer");
        producer.setNamesrvAddr("127.0.0.1:9876");
        //使用 executorService 异步提交事务状态,从而提高系统的性能和可靠性
          ExecutorService executorService = new ThreadPoolExecutor (2, 5, 100,
TimeUnit.SECONDS, new ArrayBlockingQueue<Runnable>(2000), new ThreadFactory() {
            @Override
            public Thread newThread(Runnable rn) {
                Thread thread =new Thread(rn);
                thread.setName("client-transaction-msg-check-thread");
                return thread;
            }
        });
        producer.setExecutorService(executorService);

        //本地事务监听器
        TransactionListener transactionListener =new
TransactionListenerImpl();
        producer.setTransactionListener(transactionListener);

        producer.start();//启动消息生产者同时半事务发送 1.开启事务
        try {
            Message message =new Message("TransactionTopic", null,
                    ("张三向李四转 1000 块钱").getBytes(StandardCharsets.UTF_8));
            TransactionSendResult result =
producer.sendMessageInTransaction(message, null);
            System.out.printf("%s%n", result.getSendStatus());
            //半事务消息是否发送成功
        } catch (Exception e) {
            e.printStackTrace();
        }
```

```
        Thread.sleep(10000);//等待 Broker 端回调
        producer.shutdown();
    }
}
//本地事务监听器
public class TransactionListenerImpl implements TransactionListener {

    @Override
    /**
     * 在提交完事务消息后执行
     * 返回 COMMIT_MESSAGE 状态的消息会立即被消费者消费
     * 返回 ROLLBACK_MESSAGE 状态的消息会被丢弃
     * 返回 UNKNOWN 状态的消息会由 Broker 过一段时间再来回查事务的状态
     */
     public LocalTransactionState executeLocalTransaction (Message message,
Object o) {
        switch (0) {
            case 0:
                //情况一:本地事务成功,提交事务,允许消费者消费该消息
                return LocalTransactionState.COMMIT_MESSAGE;
            case 1:
                //情况二:本地事务失败,回滚事务,消息将被丢弃,不允许消费
                return LocalTransactionState.ROLLBACK_MESSAGE;
            default:
                //情况三:业务复杂,中间过程或者依赖其他操作的返回结果,发起事务回查
                //(checkLocalTransaction 方法)
                //暂时无法判断状态,等待固定时间以后 Broker 端根据回查规则向生产者进
                //行消息回查
                return LocalTransactionState.UNKNOW;
        }

    }

    //事务回查,默认值为 60s 检查一次
    @Override
    public LocalTransactionState checkLocalTransaction(MessageExt
messageExt) {
        //打印每次回查时间
        SimpleDateFormat sdf =new SimpleDateFormat("yyyy-MM-dd HH:mm:ss");
        System.out.println(sdf.format(new Date()));
        //一端代码疯狂操作
        switch (0) {
            case 0:
                //情况一:本地事务成功
                return LocalTransactionState.COMMIT_MESSAGE;
            case 1:
```

```
                //情况二:本地事务失败
                return LocalTransactionState.ROLLBACK_MESSAGE;
            default:
                //情况三:业务复杂,中间过程或者依赖其他操作的返回结果,发起事务回查
                //(checkLocalTransaction 方法)
                return LocalTransactionState.UNKNOW;
        }
    }
}
```

(2)实现事务消息消费者的代码如下:

```
public class TransactionConsumer {
    public static void main(String[] args) throws MQClientException {
        DefaultMQPushConsumer consumer =new
DefaultMQPushConsumer("TransactionConsumer");
        consumer.setNamesrvAddr("127.0.0.1:9876");
        consumer.subscribe("TransactionTopic","* ");
        consumer.registerMessageListener(new MessageListenerConcurrently() {
            @Override
            public ConsumeConcurrentlyStatus
consumeMessage(List<MessageExt>msgs, ConsumeConcurrentlyContext context) {
                try{
                    //开启事务
                    for (MessageExt msg : msgs) {
                        //执行本地事务
                        System.out.println("执行本地事务");
                        //执行本地事务成功
                        System.out.println("本地事务 commit,事务 id 号:
"+msg.getTransactionId());
                    }
                }catch (Exception e){
                    e.printStackTrace();
                    System.out.println("本地事务失败,重试消费");
                    return ConsumeConcurrentlyStatus.RECONSUME_LATER;
                }
                return ConsumeConcurrentlyStatus.CONSUME_SUCCESS;
            }
        });
        //启动消费者
        consumer.start();
    }
}
```

第 9 章 Spring Cloud Stream 整合消息中间件

本章主要内容：

- Spring Cloud Stream 基础
- Spring Cloud Stream 整合 RocketMQ
- Spring Cloud Stream 整合 RabbitMQ

Spring Cloud Stream 是 Spring 社区提供的一个统一的消息驱动框架，其目的是以一个统一的编程模型来对接所有的 MQ 消息中间件产品。

9.1 Spring Cloud Stream 基础

Spring Cloud Stream 是构建消息驱动的微服务应用程序的框架。Spring Cloud Stream 可以屏蔽底层消息中间件的差异，降低切换维护成本，统一消息的编程模型（声明和绑定频道），解决微服务系统中的一些问题。

Spring Cloud Stream 是一套几乎通用的消息中间件编程框架，例如从 RocketMQ 切换到 Kafka，业务代码几乎不需要改动，只需更换 pom 依赖及修改配置文件就行了。

Spring Cloud Stream 的原理如图 9-1 所示。

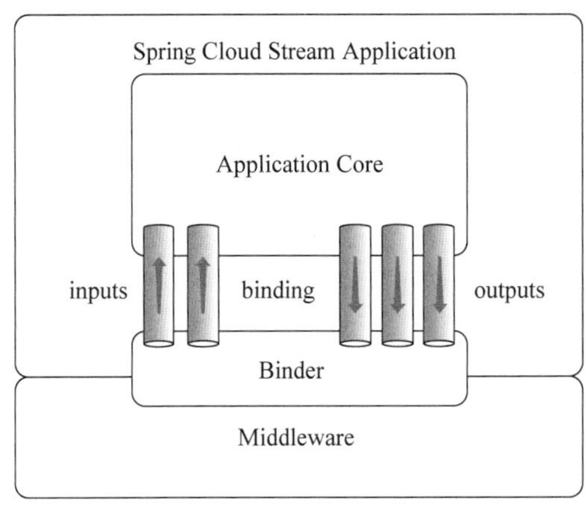

图 9-1 Spring Cloud Stream 的原理

消息中间件上面有一个 binder，应用程序通过绑定这个 binder 与其建立联系，发送消息时应用程序通过 output 通道将消息传递给 binder，binder 再把消息传递给消息中间件。接收消息时消息中间件将消息传递给 binder，binder 再把消息通过 input 通道传递给应用程序。

9.2 Spring Cloud Stream 整合 RocketMQ

首先安装好 RocketMQ 并启动好 nameserver 和 broker，然后按以下步骤实现 Spring Cloud Stream 对 RocketMQ 的整合，包括消息的发送和消费。

9.2.1 消息发送

在消息发送的流程中，首先需要创建一个项目，用于发送消息。这个项目通常被称为消息生产者，它的主要作用是向消息中间件发送消息，并确保消息能够被正确地接收和处理。为了实现消息的发送，需要进行一系列配置和编码工作。

(1) 创建项目，添加依赖。这里创建一个名为 RocketmqSender 的 Spring Boot 3.0.2 项目，用于发送消息。pom.xml 文件的依赖配置如下：

```
<dependency>
    <groupId>com.alibaba.cloud</groupId>
    <artifactId>spring-cloud-starter-stream-rocketmq</artifactId>
    <version>2022.0.0.0</version>
</dependency>
<dependency>
    <groupId>org.springframework.boot</groupId>
    <artifactId>spring-boot-starter-web</artifactId>
</dependency>
    <dependency>
    <groupId>com.alibaba</groupId>
    <artifactId>fastjson</artifactId>
    <version>2.0.32</version>
</dependency>
<dependency>
    <groupId>org.projectlombok</groupId>
    <artifactId>lombok</artifactId>
</dependency>
```

(2) 配置 Spring Cloud Stream。application.yml 文件的配置代码如下：

```
spring:
  cloud:
    stream:
```

```
      rocketmq:
        binder:
          name-server: localhost:9876
          group: group-test
      bindings:
        sms-out-0:
          destination: topic-test
          group: group-test
          content-type: application/json
```

这段代码表示 Spring Cloud Stream 绑定 RocketMQ 进行消息发送，其中 sms-out-0 表示消息发送时的绑定名 bindingName，即消息生产者的名称，并指定了消息主题（destination）、组（group）、内容类型。

（3）发送消息。创建控制器 ProducerController 的代码如下：

```
@RestController
public class ProducerController {

    @Autowired
    private StreamBridge streamBridge;

    @GetMapping("/send")
    public void sendMessage() {
        String message ="生产者 Producer 发送的测试消息";
        streamBridge.send("sms-out-0", JSONObject.toJSONString(message));
        System.out.println("消息发送成功");
    }
}
```

发送消息的方法的第 1 个参数正是上面配置的绑定名，即生产者名称。发送的消息要转换为 JSON 格式。

（4）测试。在浏览器中输入 http://localhost:8080/send，如果成功，则显示消息发送成功。通过 Spring Cloud Stream 整合 RocketMQ，使消息发送程序变得简单明了。

9.2.2 消息消费

在消息消费的流程中，首先需要创建一个项目，用于接收来自消息中间件的消息。这个项目通常被称为消息消费者，它的主要作用是监听指定的消息主题，并在消息到达时进行处理。为了实现消息的接收和处理，需要进行一系列配置和编码工作。

（1）创建项目。将项目命名为 RocketmqReceiver，导入与上述项目相同的依赖。

（2）配置。在 application.yml 文件中添加配置，代码如下：

```
spring:
```

```
  cloud:
    function:
      definition: sms
    stream:
      rocketmq:
        binder:
          name-server: localhost:9876
          group: group-test
      bindings:
        sms-in-0:
          destination: topic-test
          content-type: application/json
          group: group-test
server:
  port: 8081
```

其中,“function: definition:”表示用来接收消息的函数名称,sms-in-0 代表消费者名称,格式必须是函数名-in-索引。

(3) 接收消息。创建业务类 Consumer,在此类下创建函数式接口接收消息,代码如下:

```
@Slf4j
@Service
public class Consumer {
    @Bean
    public Function<Flux<Message<String>>, Mono<Void>>sms() {
        return flux ->flux.map(message ->{
            log.info("Consumer 消费消息:{}", message.getPayload());
            return message;
        }).then();
    }
}
```

(4) 测试。启动项目,观察控制台,输出的内容如下:

```
Consumer 消费消息:生产者 producer 发送的测试消息
```

9.3 Spring Cloud Stream 整合 RabbitMQ

9.3.1 RabbitMQ 安装与启动

由于 RabbitMQ 是用 Erlang 语言编写的,所以首先需要从 Erlang 官网下载并安装 Erlang 环境,下载后进行安装,然后配置 ERLANG_HOME 的环境变量,变量值为 Erlang 的安装主目录,如 C:\Program Files\Erlang OTP。

然后到 RabbitMQ 官网下载 RabbitMQ 并安装,安装完成后进入主目录的 sbin 子目录,打开命令行窗口,输入命令启动 RabbitMQ,命令如下:

```
rabbitmq-server start
```

9.3.2 消息发送

在介绍 RabbitMQ 消息发送之前,首先了解了 RabbitMQ 是什么及其作为消息中间件的优势,接着详细描述了如何在 Spring Boot 项目中利用 Spring Cloud Stream 整合 RabbitMQ 实现消息的可靠发送。通过简洁的配置和强大的编程模型,可以轻松地将应用程序与 RabbitMQ 集成,并实现消息的发送和接收。

(1) 创建项目,添加依赖。这里创建一个名为 RabbitmqSender 的 Spring Boot 3.0.2 项目,用于发送消息,pom.xml 文件的依赖配置如下:

```
<dependency>
    <groupId>org.springframework.cloud</groupId>
    <artifactId>spring-cloud-starter-stream-rabbit</artifactId>
</dependency>
<dependency>
    <groupId>org.springframework.boot</groupId>
    <artifactId>spring-boot-starter-web</artifactId>
</dependency>
<dependency>
    <groupId>com.alibaba</groupId>
    <artifactId>fastjson</artifactId>
    <version>2.0.32</version>
</dependency>
<dependency>
    <groupId>org.projectlombok</groupId>
    <artifactId>lombok</artifactId>
</dependency>
```

(2) 配置 Spring Cloud Stream。在 application.yml 文件中添加配置,代码如下:

```
spring:
  cloud:
    stream:
      binders:
        defaultRabbit:
          type: rabbit
          environment:
            spring:
              rabbitmq:
```

```
            host: localhost
            port: 5672
            username: guest
            password: guest
      bindings:
        sms-out-0:
          destination: topic-test
          group: group-test
          content-type: application/json
```

这段代码表示 Spring Cloud Stream 绑定 RabbitMQ 进行消息发送，其中 sms-out-0 表示消息发送时的绑定名 bindingName，即消息生产者的名称，并指定了消息主题(destination)、组(group)、内容类型。

(3) 发送消息。创建控制器 ProducerController 的代码如下，用于实现消息的发送。

```
@RestController
public class ProducerController {

    @Autowired
    StreamBridge streamBridge;

    @GetMapping("/send")
    public void sendSms() {
        String message ="生产者 producer 发送的测试消息";
        streamBridge.send("sms-out-0", JSONObject.toJSONString(message));
        System.out.println("消息发送成功");
    }
}
```

发送消息的方法的第 1 个参数正是上面配置的绑定名，即生产者名称。发送的消息要转换为 JSON 格式。

(4) 测试。使用浏览器访问 http://localhost:8080/send，此时控制台的输出为消息发送成功。

可见通过 Spring Cloud Stream 整合 RabbitMQ，简化了消息的发送程序，并且除了配置略有不同，核心业务代码几乎跟整合 RocketMQ 是一样的，说明使用了 Spring Cloud Stream 后，底层采用哪个消息中间件可以很方便地进行切换。

9.3.3 消息消费

在配置 RabbitMQ 消息消费之前，创建了一个名为 RocketmqReceiver 的项目，并导入了相同的依赖。通过正确配置 Spring Cloud Stream，确保了消费者能够成功连接 RabbitMQ 并接收消息。使用函数式接口处理接收的消息，并通过日志记录了消费的消息内容。最后，测试了消费者端的正常运行，验证了 Spring Cloud Stream 整合 RabbitMQ 的有效性和易用性。

（1）创建项目。将项目命名为 RocketmqReceiver，导入与上述项目相同的依赖。

（2）配置。在 application.yml 文件中添加配置，代码如下：

```
spring:
  cloud:
    function:
      definition: sms
    stream:
      binders:
        defaultRabbit:
          type: rabbit
          environment:
            spring:
              rabbitmq:
                host: localhost
                port: 5672
                username: guest
                password: guest
      bindings:
        sms-in-0:
          destination: topic-test
          content-type: application/json
          group: group-test
server:
  port: 8081
```

其中，“function：definition：”表示用来接收消息的函数名称，sms-in-0 代表消费者名称，格式必须是函数名-in-索引。

（3）接收消息。在类下创建函数式接口接收消息的代码如下：

```
@Slf4j
@Service
public class Consumer {
    @Bean
    public Function<Flux<Message<String>>, Mono<Void>> sms() {
        return flux ->flux.map(message ->{
            log.info("Consumer 消费消息:{}", message.getPayload());
            return message;
```

```
        }).then();
    }
}
```

（4）测试。启动项目，观察控制台，输出的内容如下：

```
Consumer 消费消息:生产者 producer 发送的测试消息
```

可见 Spring Cloud Stream 整合 RabbitMQ 的消费消息的业务代码跟整合 RocketMQ 几乎是一样的，更加印证了 Spring Cloud Stream 的优势：解耦不同的消息中间件。

第 10 章 Seata 分布式事务

本章主要内容：

- Seata 工作原理
- Seata 的安装与启动
- 无分布式事务的微服务
- XA 模式
- AT 模式
- TCC 模式
- SAGA 模式

根据 Seata 官网描述，Seata 是一款开源的分布式事务解决方案，致力于提供高性能和简单易用的分布式事务服务。Seata 将为用户提供 AT、TCC、SAGA 和 XA 事务模式，为用户打造一站式的分布式解决方案。

10.1 Seata 的工作原理

10.1.1 Seata 的 3 个角色

Seata 的 3 个角色如下。

(1) TC：Transaction Coordinator 事务协调器，管理全局的分支事务状态，用于全局性事务的提交和回滚。

(2) TM：Transaction Manager 事务管理器，用于开启、提交或回滚全局事务。

(3) RM：Resource Manager 资源管理器，用于分支事务上的资源管理，向 TC 注册分支事务，上报分支事务的状态，接收 TC 的命令来提交或回滚分支事务。

整体的架构如图 10-1 所示。

Seata 基于上述架构提供了 4 种不同的分布式事务解决方案。

(1) XA 模式：强一致性分阶段事务模式，牺牲了一定的可用性，无业务侵入。

(2) TCC 模式：最终一致的分阶段事务模式，有业务侵入。

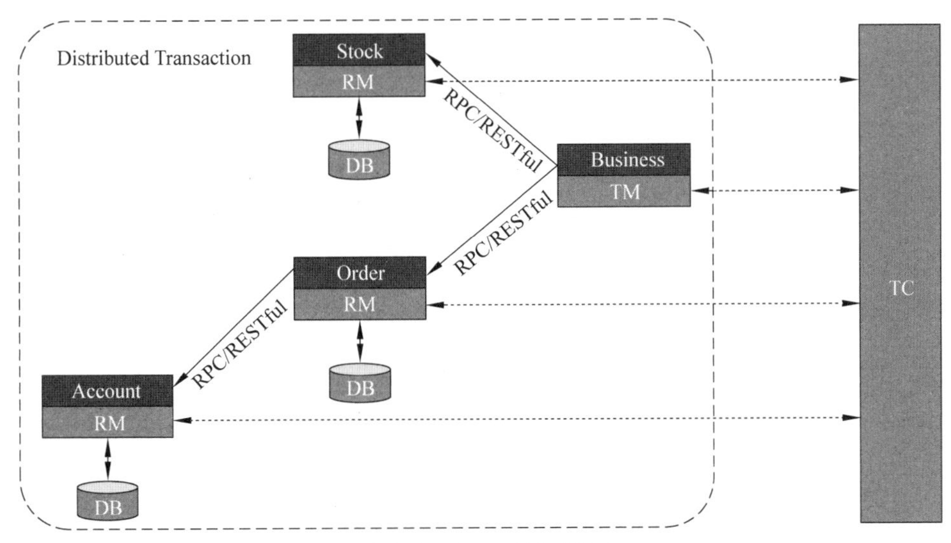

图 10-1 Seata 整体的架构

(3) AT 模式：最终一致的分阶段事务模式，无业务侵入，也是 Seata 的默认模式。

(4) SAGA 模式：长事务模式，有业务侵入。

10.1.2 工作流程

假设有 3 个微服务根据调用关系为 A→B→C，那么 Seata 的执行流程如下：

(1) A 服务的 TM 向 TC 申请开启一个全局事务，TC 会创建一个全局事务并返回一个唯一的 XID。

(2) A 服务的 RM 向 TC 注册分支事务，并将其纳入 XID 对应全局事务的管辖。

(3) A 服务执行分支事务，操作数据库。

(4) A 服务开始远程调用 B 服务，此时 XID 会在微服务的调用链上传播。

(5) B 服务的 RM 向 TC 注册分支事务，并将其纳入 XID 对应的全局事务的管辖。

(6) B 服务执行分支事务，操作数据库。B 调用 C 跟 A 调用 B 相似。

(7) 全局事务调用链处理完毕，TM 根据有无异常向 TC 发起全局事务的提交或回滚。

(8) TC 协调其管辖下的所有分支事务，决定是否回滚。

10.2 Seata 的安装与启动

10.2.1 Seata 下载与修改配置

在 Seata 官网下载 seata-server 包，这里下载 1.7.0 版，解压后的主目录如所图 10-2 示。

修改 conf 目录下的 application.yml 文件，将图 10-3 中所示的 config(配置)与 registry (注册)下的 type 的值改为 nacos，将 store 下的 mode 的值改为 db，修改后如图 10-4 所示。

Windows (C:) › software › seata-server-1.7.0 › seata ›

名称	修改日期	类型	大小
bin	2023/7/11 16:46	文件夹	
conf	2023/7/11 16:46	文件夹	
ext	2023/7/11 16:46	文件夹	
lib	2023/7/11 16:46	文件夹	
logs	2022/6/28 16:19	文件夹	
script	2023/7/11 16:46	文件夹	
target	2023/7/11 16:46	文件夹	
Dockerfile	2023/1/6 16:20	文件	2 KB
LICENSE	2023/1/6 16:20	文件	12 KB

图 10-2　seata-server 包主目录

```
37  seata:
38    config:
39      # support: nacos, consul, apollo, zk, etcd3
40      type: file
41    registry:
42      # support: nacos, eureka, redis, zk, consul, etcd3, sofa
43      type: file
44    store:
45      # support: file 、 db 、 redis
46      mode: file
```

图 10-3　application.yml 修改前

```
37  seata:
38    config:
39      # support: nacos, consul, apollo, zk, etcd3
40      type: nacos
41    registry:
42      # support: nacos, eureka, redis, zk, consul, etcd3, sofa
43      type: nacos
44    store:
45      # support: file 、 db 、 redis
46      mode: db
```

图 10-4　application.yml 修改后

上述修改表示使用 Nacos 进行配置和注册，使用数据库进行存储，但还不够，还需要配置 Nacos 的详细信息，以及数据库的详细信息。接着在 config 的下一级（与 type：nacos 同一级），type：nacos 的下一行添加如图 10-5 所示 Nacos 的配置信息。

同样在 registry 的下一级（与 type：nacos 同一级），type：nacos 的下一行添加如图 10-5 所示 Nacos 配置信息。接着在 store 的下一级（与 mode：db 同一级），mode：db 的下一行添加如图 10-5 所示数据库配置信息，其中数据库的用户名和密码按各人的实际情况取值。最终相关内容修改后如图 10-5 所示。

提示：这些信息均可以在 conf 目录下的 application.example.xml 文件中找到。

10.2.2　Nacos 共享配置

为了让 Seata 服务的集群可以共享配置，可以使用 Nacos 作为统一配置中心。在 Nacos

```
37  seata:
38    config:
39      # support: nacos, consul, apollo, zk, etcd3
40      type: nacos
41      nacos:
42        server-addr: 127.0.0.1:8848
43        namespace:
44        group: SEATA_GROUP
45        username: nacos
46        password: nacos
47        data-id: seataServer.properties
48
49    registry:
50      # support: nacos, eureka, redis, zk, consul, etcd3, sofa
51      type: nacos
52      nacos:
53        application: seata-server
54        server-addr: 127.0.0.1:8848
55        group: SEATA_GROUP
56        namespace:
57        cluster: default
58        username: nacos
59        password: nacos
60
61    store:
62      # support: file 、 db 、 redis
63      mode: db
64      db:
65        datasource: druid
66        db-type: mysql
67        driver-class-name: com.mysql.cj.jdbc.Driver
68        url: jdbc:mysql://127.0.0.1:3306/seata?rewriteBatchedStatements=true
69        user: root
70        password: root
71        min-conn: 10
72        max-conn: 100
73        global-table: global_table
74        branch-table: branch_table
75        lock-table: lock_table
76        distributed-lock-table: distributed_lock
77        query-limit: 1000
78        max-wait: 5000
```

图 10-5　Seata 的最终相关配置

中配置好 seataServer.properties 服务器端配置文件，其内容如下：

```
store.mode=db
store.db.datasource=druid
store.db.dbType=mysql
store.db.driverClassName=com.mysql.cj.jdbc.Driver
store.db.url=jdbc:mysql://127.0.0.1:3306/seata
store.db.user=root
store.db.password=root
store.db.minConn=5
store.db.maxConn=30
store.db.globalTable=global_table
store.db.branchTable=branch_table
```

```
store.db.queryLimit=100
store.db.lockTable=lock_table
store.db.maxWait=5000
#事务、日志等配置
server.recovery.committingRetryPeriod=1000
server.recovery.asynCommittingRetryPeriod=1000
server.recovery.rollbackingRetryPeriod=1000
server.recovery.timeoutRetryPeriod=1000
server.maxCommitRetryTimeout=-1
server.maxRollbackRetryTimeout=-1
server.rollbackRetryTimeoutUnlockEnable=false
server.undo.logSaveDays=7
server.undo.logDeletePeriod=86400000

#客户端与服务器端传输方式
transport.serialization=seata
transport.compressor=none
#关闭 metrics 功能，提高性能
metrics.enabled=false
metrics.registryType=compact
metrics.exporterList=prometheus
metrics.exporterPrometheusPort=9898
```

10.2.3 创建全局事务表与分支事务表

在 MySQL 中创建名为 Seata 的数据库，创建表 branch_table 和表 global_table，用来记录全局事务、分支事务、全局锁信息等，表的详细信息如下：

```
--分支事务表
DROP TABLE IF EXISTS `branch_table`;
CREATE TABLE `branch_table`  (
  `branch_id` bigint(20) NOT NULL,
  `xid` varchar(128) CHARACTER SET utf8 COLLATE utf8_general_ci NOT NULL,
  `transaction_id` bigint(20) NULL DEFAULT NULL,
  `resource_group_id` varchar(32) CHARACTER SET utf8 COLLATE utf8_general_ci
NULL DEFAULT NULL,
  `resource_id` varchar(256) CHARACTER SET utf8 COLLATE utf8_general_ci NULL
DEFAULT NULL,
  `branch_type` varchar(8) CHARACTER SET utf8 COLLATE utf8_general_ci NULL
DEFAULT NULL,
  `status` tinyint(4) NULL DEFAULT NULL,
  `client_id` varchar(64) CHARACTER SET utf8 COLLATE utf8_general_ci NULL
DEFAULT NULL,
  `application_data` varchar(2000) CHARACTER SET utf8 COLLATE utf8_general_ci
NULL DEFAULT NULL,
```

```
  `gmt_create` datetime(6) NULL DEFAULT NULL,
  `gmt_modified` datetime(6) NULL DEFAULT NULL,
  PRIMARY KEY (`branch_id`) USING BTREE,
  INDEX `idx_xid`(`xid`) USING BTREE
) ENGINE =InnoDB CHARACTER SET =utf8 COLLATE =utf8_general_ci
ROW_FORMAT =Compact;

--全局事务表
DROP TABLE IF EXISTS `global_table`;
CREATE TABLE `global_table`  (
  `xid` varchar(128) CHARACTER SET utf8 COLLATE utf8_general_ci NOT NULL,
  `transaction_id` bigint(20) NULL DEFAULT NULL,
  `status` tinyint(4) NOT NULL,
  `application_id` varchar(32) CHARACTER SET utf8 COLLATE utf8_general_ci NULL
DEFAULT NULL,
  `transaction_service_group` varchar(32) CHARACTER SET utf8 COLLATE utf8_
general_ci NULL DEFAULT NULL,
  `transaction_name` varchar(128) CHARACTER SET utf8 COLLATE utf8_general_ci
NULL DEFAULT NULL,
  `timeout` int(11) NULL DEFAULT NULL,
  `begin_time` bigint(20) NULL DEFAULT NULL,
  `application_data` varchar(2000) CHARACTER SET utf8 COLLATE utf8_general_ci
NULL DEFAULT NULL,
  `gmt_create` datetime NULL DEFAULT NULL,
  `gmt_modified` datetime NULL DEFAULT NULL,
  PRIMARY KEY (`xid`) USING BTREE,
  INDEX `idx_gmt_modified_status`(`gmt_modified`, `status`) USING BTREE,
  INDEX `idx_transaction_id`(`transaction_id`) USING BTREE
) ENGINE = InnoDB CHARACTER SET = utf8 COLLATE = utf8_general_ci ROW_FORMAT =
Compact;
```

上述内容可以在 Seata 目录下的\script\server\db 路径下的 mysql.sql 文件中找到。

10.2.4 启动 Seata 服务

先启动 Nacos，然后进入 Seata 的 bin 目录，启动其中的 seata-server.bat 即可，如图 10-6 所示。

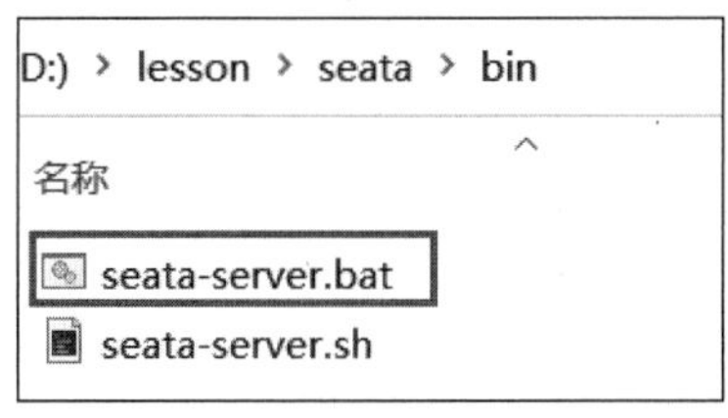

图 10-6 seata-server.bat

启动成功后，seata-server 会被注册到 Nacos 注册中心。

打开浏览器，访问 Nacos 地址 http://localhost:8848，然后进入服务列表页面，可以看到 seata-server 的信息，如图 10-7 所示。

图 10-7 seata-server 信息

10.3 无分布式事务的微服务

10.3.1 创建订单项目

创建订单项目的步骤如下。

(1) 创建数据库 seata_demo，创建订单表 orders，表结构如图 10-8 所示。

Fields | Indexes | Foreign Keys | Checks | Triggers | Options | Comment | SQL Preview

Name	Type	Length	Decimals	Not null	Virtual	Key	Comment
id	int			☑	☐	1	订单编号
userid	varchar	255		☐	☐		用户编号
goodsid	varchar	255		☐	☐		商品编号
quantity	int			☐	☐		订购数量
money	int			☐	☐		订购金额

图 10-8 orders 表结构

(2) 创建项目 orderservice，除需要添加常规的 Spring Cloud 与 Spring Cloud Alibaba 管理依赖外，还需要添加的依赖如下：

```
<dependency>
    <groupId>org.springframework.cloud</groupId>
    <artifactId>spring-cloud-starter-openfeign</artifactId>
</dependency>

<dependency>
    <groupId>com.alibaba.cloud</groupId>
    <artifactId>spring-cloud-starter-alibaba-nacos-discovery</artifactId>
</dependency>
<dependency>
    <groupId>org.springframework.cloud</groupId>
    <artifactId>spring-cloud-starter-loadbalancer</artifactId>
```

```
</dependency>

<dependency>
    <groupId>org.springframework.boot</groupId>
    <artifactId>spring-boot-starter-web</artifactId>
</dependency>

<dependency>
    <groupId>mysql</groupId>
    <artifactId>mysql-connector-java</artifactId>
    <version>8.0.28</version>
</dependency>

<dependency>
    <groupId>com.baomidou</groupId>
    <artifactId>mybatis-plus-boot-starter</artifactId>
    <version>3.5.3</version>
</dependency>

<dependency>
    <groupId>com.alibaba</groupId>
    <artifactId>druid</artifactId>
    <version>1.2.8</version>
</dependency>

<dependency>
    <groupId>org.projectlombok</groupId>
    <artifactId>lombok</artifactId>
    <optional>true</optional>
</dependency>
```

（3）配置文件 application.yml 的代码如下：

```
server:
  port: 8080

spring:
  application:
    name: orderservice
  datasource:
    driver-class-name: com.mysql.cj.jdbc.Driver
    username: root
    password: root
    url: jdbc:mysql://localhost:3306/seata_demo?serverTimezone=UTC

  cloud:
```

```
    nacos:
      discovery:
        server-addr: localhost:8848

logging:
  level:
    #feign 日志以什么级别监控哪个接口
    com.sike.service.AccountFeignService: debug
    com.sike.service.StorageFeignService: debug
```

（4）实体类 Orders 的代码如下：

```
@TableName(value ="orders")
@Data
public class Orders implements Serializable {
    @TableId(type =IdType.AUTO)
    private Long id;
    private String userid;
    private String goodsid;
    private Integer quantity;
    private Integer money;
}
```

（5）数据访问层接口 OrdersMapper 的代码如下：

```
Public interface OrdersMapper extends BaseMapper<Orders>{
    @Override
    @Insert("insert into orders(userid,goodsid,quantity,money)
values(#{userid},#{goodsid},#{quantity},#{money})")
    int insert(Orders orders);
}
```

（6）业务层 AccountFeignService，使用 OpenFeign 实现远程调用 accountservice 微服务，代码如下：

```
@Component
@FeignClient(value ="accountservice")
public interface AccountFeignService {
    @PutMapping("/account")
    void reduceAccount(@RequestParam("userid") String userid,
@RequestParam("money") Integer money);
}
```

（7）业务层 StorageFeignService 接口，使用 OpenFeign 实现远程调用 storageservice 微服务，代码如下：

```
@Component
@FeignClient(value ="storageservice")
public interface StorageFeignService {
    @PutMapping("/storage")
    void reduceStorage(@RequestParam("goodsid") String goodsid,
@RequestParam("quantity") Integer quantity);

}
```

(8) OrdersService 接口的创建订单方法,代码如下:

```
Public interface OrdersService extends Iservice<Orders>{
    Long create(Orders order);
}
```

(9) OrdersServiceImpl 实现类的代码如下:

```
@Slf4j
@Service
public class OrdersServiceImpl extends ServiceImpl<OrdersMapper, Orders>
    implements OrdersService {

    @Autowired
    private OrdersMapper ordersMapper;

    @Autowired
    private AccountFeignService accountFeignService;

    @Autowired
    private StorageFeignService storageFeignService;

    @Override
    public Long create(Orders order) {

        try {
            //添加订单
            ordersMapper.insert(order);
            //扣减库存
            storageFeignService.reduceStorage(order.getGoodsid(),
order.getQuantity());
            //扣减用户余额
            accountFeignService.reduceAccount(order.getUserid(),
order.getMoney());

        } catch (FeignException e) {
            log.error("创建订单失败");
```

```
            throw new RuntimeException(e.contentUTF8(), e);
        }
        return order.getId();
    }
}
```

在这种方法中调用了添加订单、扣减库存、扣减用户余额等操作，这些操作应该要么全部成功，要么全部失败，应该视为一个事务，但目前的情况无法做到，这些微服务项目各自独立，无法自动成为一个事务。

（10）OrdersController 控制器负责处理订单创建请求，调用 OrdersService 服务创建订单并返回订单 ID。OrdersController 控制器的代码如下：

```
@RestController
@RequestMapping("/order")
public class OrdersController {
    @Autowired
    private OrdersService ordersService;

    @PostMapping
    public ResponseEntity<Long> createOrder(Orders order) {
        Long orderId = ordersService.create(order);
        return ResponseEntity.status(HttpStatus.CREATED).body(orderId);
    }
}
```

10.3.2 扣减账户项目

扣减账户项目的步骤如下。

在 seata-demo 数据库中创建账户表 account，表结构如图 10-9 所示。在设计订单服务前，首先需要在 seata-demo 数据库中创建账户表 account，表结构如图 10-9 所示。

Fields | Indexes | Foreign Keys | Checks | Triggers | Options | Comment | SQL Preview

Name	Type	Length	Decimals	Not null	Virtual	Key	Comment
id	int			☑	☐	1	账号
userid	varchar	255		☐	☐		用户编号
money	int			☐	☐		余额

图 10-9 账户表 account

创建项目 accountservice，依赖、配置都跟 orderservice 项目基本相同，下面重点介绍不同的地方。

业务层 AccountServiceImpl 实现了账户扣款功能，包括查询账户信息、扣款操作和日志记录，代码如下：

```java
@Slf4j
@Service
public class AccountServiceImpl extends ServiceImpl<AccountMapper, Account>
    implements AccountService{

    @Autowired
    private AccountMapper accountMapper;

    @Override
    public void reduceAccount(String userid, int money) {
        log.info("开始扣款");
        QueryWrapper queryWrapper =new QueryWrapper();
        queryWrapper.eq("userid", userid);
        Account account =accountMapper.selectOne(queryWrapper);
        int balance=account.getMoney()-money;
        if(balance<0){
            throw new RuntimeException("余额不足,扣款失败!");
        }
        account.setMoney(balance);
        accountMapper.update(account, queryWrapper);
        log.info("扣款成功");

    }
}
```

控制器处理了账户扣款请求,调用相应服务方法完成扣款操作,代码如下:

```java
@RestController
@RequestMapping("/account")
public class AccountController {


    @Autowired
    private AccountService accountService;

    @PutMapping
    void reduceAccount(@RequestParam("userid") String userid,
@RequestParam("money") Integer money){
        accountService.reduceAccount(userid,money);
    }
}
```

10.3.3 扣减库存项目

扣减库存项目的步骤如下。

在数据库 seata_demo 中创建 storage 表，表结构如图 10-10 所示。

Fields | Indexes | Foreign Keys | Checks | Triggers | Options | Comment | SQL Preview

Name	Type	Length	Decimals	Not null	Virtual	Key	Comment
id	int			☑	☐	1	流水号
goodsid	varchar	255		☐	☐		商品编号
quantity	int			☐	☐		库存数量

图 10-10　storage 表结构

创建项目 storagetservice，依赖、配置都跟 orderservice 项目基本相同，下面重点介绍不同的地方。

数据访问层接口 StorageMapper 的代码如下：

```
@Mapper
public interface StorageMapper extends BaseMapper<Storage>{
    @Select("select * from storage where goodsid=#{goodsid}")
    Storage findByGoodsid(String goodsid);
}
```

业务层实现 StorageServiceImpl 的代码如下：

```
@Slf4j
@Service
public class StorageServiceImpl extends ServiceImpl<StorageMapper, Storage>
    implements StorageService{

    @Autowired
    private StorageMapper storageMapper;

    @Override
    public void reduceStorage(String goodsid, int count) {
        log.info("开始扣减库存");
        QueryWrapper queryWrapper =new QueryWrapper();
        queryWrapper.eq("goodsid", goodsid);
        Storage storage =storageMapper.findByGoodsid(goodsid);
        int qty=storage.getQuantity()-count;
        if(qty<0){
            throw new RuntimeException("库存不足,扣减库存失败!");
        }
        storage.setQuantity(qty);
        storageMapper.update(storage, queryWrapper);
```

```
        log.info("扣减库存成功");
    }
}
```

控制器 StorageController 的代码如下：

```
@RestController
@RequestMapping("/storage")
public class StorageController {

    @Autowired
    private StorageService storageService;

    @PutMapping
    void reduceStorage(@RequestParam("goodsid") String goodsid,
@RequestParam("quantity") Integer quantity){
            storageService.reduceStorage(goodsid,quantity);
    }

}
```

10.3.4 测试无分布式事务的情况

下面来测试无分布式事务的情况。

(1) 数据库表 orders 初始无数据，数据库表 account 初始录入的数据如图 10-11 所示，数据库表 storage 初始录入的数据如图 10-12 所示。

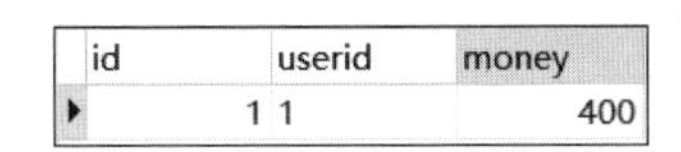

id	userid	money
1	1	400

图 10-11 account 表初始录入的数据

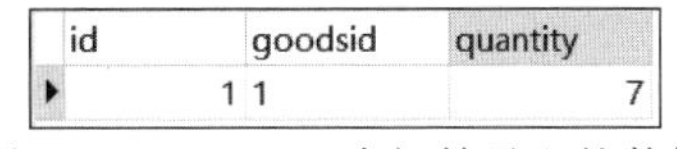

id	goodsid	quantity
1	1	7

图 10-12 storage 表初始录入的数据

(2) 启动 Nacos，再分别启动项目 accountservice、storageservice、orderservice。

(3) 打开 Postman，发送如图 10-13 所示的请求，表示提交一份新订单，将要扣减库存 3，扣减账户余额 300，由于库存和余额充足，所以将顺利完成。

结果返回 1，打开数据库表 orders，结果出现了一个新订单，如图 10-14 所示。

account 表最新数据如图 10-15 所示，storage 表最新数据如图 10-16 所示。

(4) Postman 再次发送相同的请求。这时库存数量仍足够扣减，但账户余额不足，最终查看数据库发现 account 表结果保持不变，storage 表如图 10-17 所示，orders 表生成了一个新订单，如图 10-18 所示。

(5) 结果分析。上述结果订单生成了，库存也扣减了，但余额扣减失败，这显然是个问题。这几个事件要么全部成功要么全部失败，应视为一个事务，但它们分属不同的项目，不能用过去的办法去解决问题，应使用分布式事务的解析方案，后面将用 Seata 解决此问题。

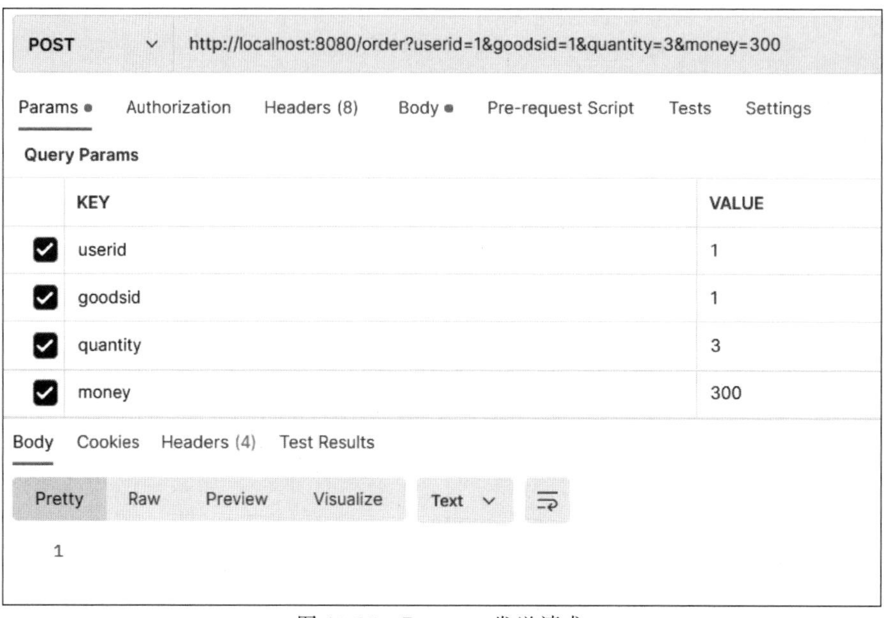

图 10-13 Postman 发送请求

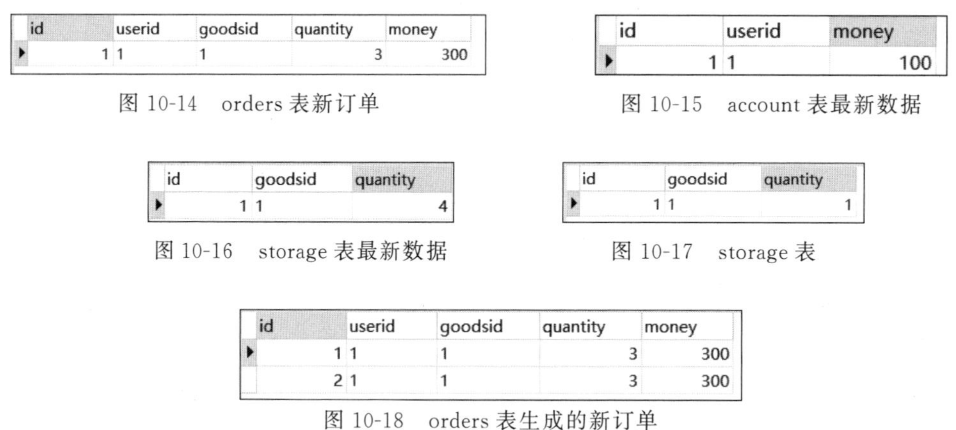

id	userid	goodsid	quantity	money
1	1	1	3	300

图 10-14 orders 表新订单

id	userid	money
1	1	100

图 10-15 account 表最新数据

id	goodsid	quantity
1	1	4

图 10-16 storage 表最新数据

id	goodsid	quantity
1	1	1

图 10-17 storage 表

id	userid	goodsid	quantity	money
1	1	1	3	300
2	1	1	3	300

图 10-18 orders 表生成的新订单

10.4 XA 模式

XA 规范是分布式事务处理(Distributed Transaction Processing,DTP)标准,XA 规范描述了全局的 TM 与局部的 RM 之间的接口,绝大多数主流的数据库对 XA 规范提供了支持。

10.4.1 两阶段提交

XA 是一种规范,目前主流数据库实现了这种规范,实现的原理都基于两阶段提交。

一阶段：事务协调者通知每个事务参与者执行本地事务。本地事务执行完成后将事务执行状态报告给事务协调者，此时事务不提交，继续持有数据库锁。

二阶段：事务协调者基于一阶段的报告来判断下一步操作。如果一阶段都成功，则通知所有事务参与者，提交事务。如果一阶段任意一个参与者失败，则通知所有事务参与者回滚事务。

10.4.2 XA 模式架构

XA 模式属于一种强一致性的事务模式。在 Seata 定义的分布式事务框架内，利用事务资源（数据库、消息服务等）对 XA 协议提供可回滚、持久化的支持，使用 XA 协议的机制来管理分支事务，其架构如图 10-19 所示。

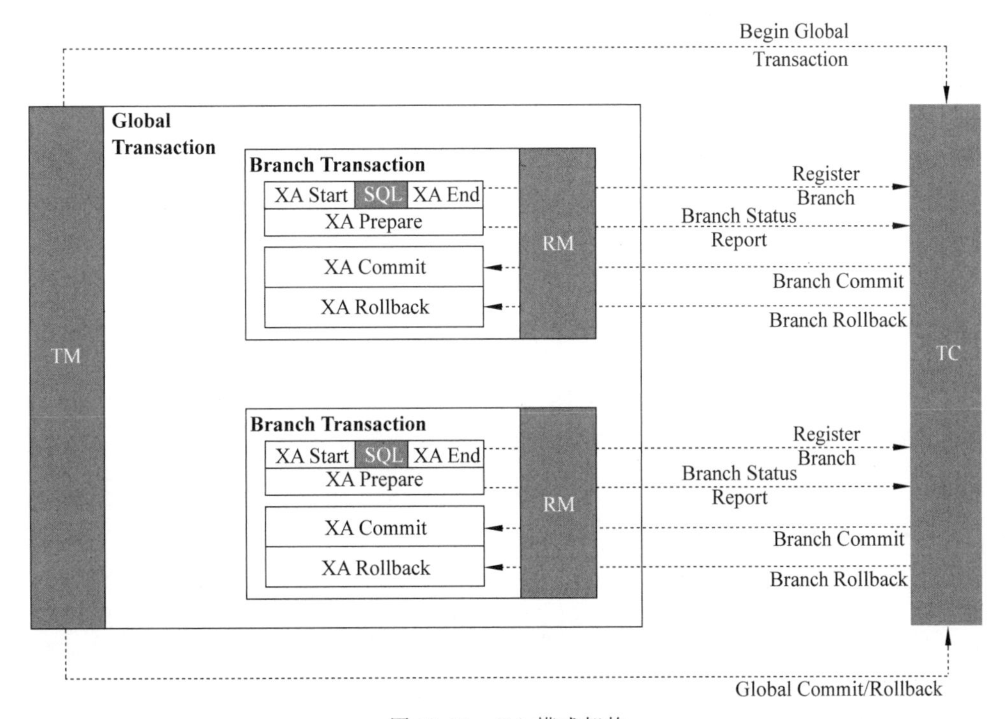

图 10-19 XA 模式架构

分支事务 RM 一阶段的工作如下：

(1) 将分支事务注册到 TC。

(2) 执行分支业务 SQL，但先不提交。

(3) 将执行状态报告到 TC。

(4) 事务协调者 TC 二阶段的工作。

TC 检测各分支事务执行状态：

(1) 如果都成功，则通知所有 RM 提交事务。

(2) 如果某分支事物失败，则通知所有 RM 回滚事务。

分支事务 RM 二阶段的工作：接收 TC 指令，提交或回滚事务。

XA 模式的主要优点如下：

(1) 事务的强一致性，满足 ACID 原则。

(2) 常用数据库支持，实现简单，并且没有代码侵入。

XA 模式的主要缺点如下：

(1) 因为一阶段需要锁定数据库资源，等待二阶段结束才释放，所以性能较差。

(2) 依赖关系数据库实现事务。

10.4.3 实现 XA 模式

下面将上述无分布式事务的 3 个项目运用 XA 模式实现分布式事务。Seata 的 starter 已经完成了 XA 模式的自动装配，实现起来不难。

(1) 在 orderservice 项目的 pom.xml 文件中添加 Seata 依赖，代码如下：

```
<!--seata-->
<dependency>
    <groupId>com.alibaba.cloud</groupId>
    <artifactId>spring-cloud-starter-alibaba-seata</artifactId>
    <Exclusions>
        <!--排除较低的版本 1.3.0-->
        <Exclusion>
            <artifactId>seata-spring-boot-starter</artifactId>
            <groupId>io.seata</groupId>
        </Exclusion>
    </Exclusions>
</dependency>
<dependency>
    <groupId>io.seata</groupId>
    <artifactId>seata-spring-boot-starter</artifactId>
    <!--采用 1.7.0 版本-->
    <version>1.7.0</version>
</dependency>
```

(2) 修改 orderservice 项目的 application.yml 文件，开启 Seata 的 XA 模式，代码如下：

```
seata:
  registry: #Seata 服务注册中心的配置,微服务根据这些信息去注册中心获取 Seata 服务
            #地址
    type: nacos #注册中心类型 Nacos
    nacos:
      server-addr: 127.0.0.1:8848 #Nacos 地址
      namespace: "" #namespace,默认为空
```

```
      group: SEATA_GROUP #分组,默认为 DEFAULT_GROUP
      application: seata-server #Seata 服务名称
      username: nacos
      password: nacos
  tx-service-group: seata-demo #事务组名称
  service:
    vgroup-mapping: #事务组与 cluster 的映射关系
      seata-demo: default
  data-source-proxy-mode: XA
```

上述配置的作用一是通过 Nacos 命名空间→分组→服务→集群的方式获得 Seata 服务实例,二是开启 Seata 的 XA 模式。

(3) 在发起全局事务的入口方法 create 上添加@GlobalTransactional 注解,代码如下:

```
@Override
@GlobalTransactional
public Long create(Orders order) {

    try {
        //创建订单
        ordersMapper.insert(order);
        //扣库存
        storageFeignService.reduceStorage(order.getGoodsid(),
order.getQuantity());
        //扣用户余额
        accountFeignService.reduceAccount(order.getUserid(),
order.getMoney());

    } catch (FeignException e) {
        log.error("创建订单失败");
        throw new RuntimeException(e.contentUTF8(), e);
    }
    return order.getId();
}
```

(4) 同样在 accountservice 项目和 storage 项目中添加 Seata 依赖(同第 1 步)及配置(同第 2 步)。

(5) 测试。先后启动 Nacos 和 Seata,再启动 3 个微服务项目。将数据库表 storage 的数量恢复为 4,account 表的余额保持为 100,再次打开 Postman 发送一次同样的请求,即数量扣 3,余额扣 300,显然数量足够,但余额不足。发送请求后,查看数据库,发现所有数据库表都没有发生变化,显然执行了回滚。再观察 accountservice 的控制台,提示“余额不足,扣款失败!”。

10.5 AT 模式

AT 模式是 Seata 的默认模式，它对两阶段提交协议进行了改进。

一阶段：业务数据和回滚日志记录在同一个本地事务中提交，释放本地锁和连接资源。

二阶段：提交异步化，非常快速地完成。回滚通过一阶段的回滚日志进行反向补偿。

具体而言：

(1) 阶段一中 RM 的工作包括注册分支事务、记录 undo-log(数据快照)、执行业务 SQL 并提交、报告事务状态。

(2) 阶段二提交时，RM 的工作是删除 undo_log，以完成事务提交操作。

(3) 阶段二回滚时，RM 的工作是根据 undo_log 将数据恢复到更新前状态，确保事务回滚完整。

AT 与 XA 的主要区别如下：

(1) XA 模式一阶段不提交事务，锁定资源；AT 模式一阶段直接提交，不锁定资源。

(2) XA 模式依赖数据库机制实现回滚；AT 模式利用数据快照实现数据回滚。

(3) XA 模式强一致；AT 模式最终一致。

10.5.1 AT 模式执行流程

一阶段的模式执行流程如下：

(1) TM 发起并将全局事务注册到 TC。

(2) TM 调用分支事务。

(3) 分支事务准备执行业务 SQL。

(4) RM 拦截业务 SQL，根据 where 条件查询原始数据，形成快照，代码如下：

```
{
    "id": 1, "money": 100
}
```

(5) RM 执行业务 SQL，提交本地事务，释放数据库锁(此时 money=90)。

(6) RM 将本地事务状态报告给 TC。

二阶段的模式执行流程如下：

(1) TM 通知 TC 事务结束。

(2) TC 检查分支事务状态，如果都成功，则立即删除快照；如果有分支事务失败，则需要回滚。读取快照数据({“id”：1，“money”：100})，将快照恢复到数据库。此时数据库再次恢复为 100，流程如图 10-20 所示。

10.5.2 AT 模式的实现

AT 模式中的快照生成、回滚等动作都由框架自动完成，此外 AT 模式需要一个 lock_table 表

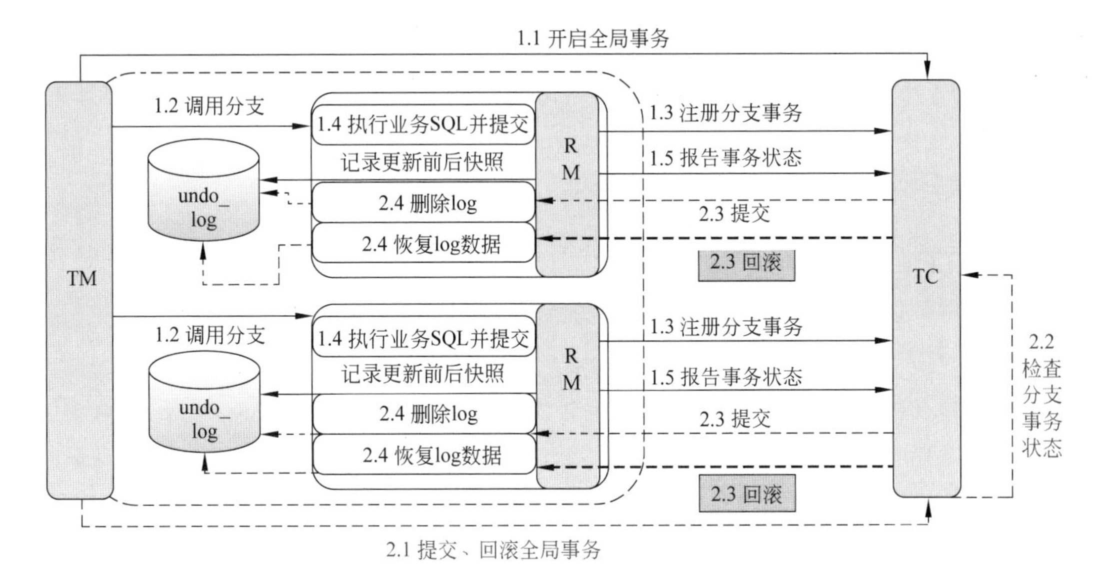

图 10-20　流程图

来记录全局锁，另一张 undo_log 表来记录数据快照，这两张表需要分别在 Seata 数据库和微服务相关的数据库中创建。

(1) 在数据库 Seata 中创建导入表 lock_table。表结构如图 10-21 所示。

Fields | Indexes | Foreign Keys | Checks | Triggers | Options | Comment | SQL Preview

Name	Type	Length	Decimals	Not null	Virtual	Key	Comment
row_key	varchar	128		☑	☐	1	
xid	varchar	96		☐	☐		
transaction_id	bigint			☐	☐		
branch_id	bigint			☑	☐		
resource_id	varchar	256		☐	☐		
table_name	varchar	32		☐	☐		
pk	varchar	36		☐	☐		
gmt_create	datetime			☐	☐		
gmt_modified	datetime			☐	☐		

图 10-21　lock_table 表结构

(2) 在 seata-demo 中导入 undo_log 表，用来记录数据快照，表结构如图 10-22 所示。

Fields | Indexes | Foreign Keys | Checks | Triggers | Options | Comment | SQL Preview

Name	Type	Length	Decimals	Not null	Virtual	Key	Comment
branch_id	bigint			☑	☐		branch transaction id
xid	varchar	100		☑	☐		global transaction id
context	varchar	128		☑	☐		undo_log context,such as serialization
rollback_info	longblob			☑	☐		rollback info
log_status	int			☑	☐		0:normal status,1:defense status
log_created	datetime	6		☑	☐		create datetime
log_modified	datetime	6		☑	☐		modify datetime

图 10-22　undo_log 表结构

(3) 修改 3 个微服务项目的 application.yml 文件，将事务模式修改为 AT 模式即可，代码如下：

```
seata:
  data-source-proxy-mode: AT #默认就是 AT
```

（4）重启服务并测试。结果同 XA 模式。

10.6 TCC 模式

10.6.1 TCC 模式介绍

TCC 模式需要用户根据自己的业务场景实现 Try、Confirm 和 Cancel 操作；事务发起方在一阶段执行 Try 方法，在二阶段提交执行 Confirm 方法，或者在二阶段回滚执行 Cancel 方法。

（1）Try：资源的检测和预留。

（2）Confirm：执行的业务操作提交，要求 Try 成功时 Confirm 一定要能成功。

（3）Cancel：预留资源释放。

使用 TCC 模式需要将业务模型拆成两阶段实现。以“扣钱”为例，在使用 TCC 前，从 A 账户扣钱，只需一条更新账户余额的 SQL 语句便能完成，但是在使用 TCC 之后，用户就需要考虑如何将原来一步就能完成的扣钱操作，拆成两阶段，实现上述 3 种方法，并保证一阶段 Try 成功时二阶段 Confirm 一定能成功。设计思路如图 10-23 所示。

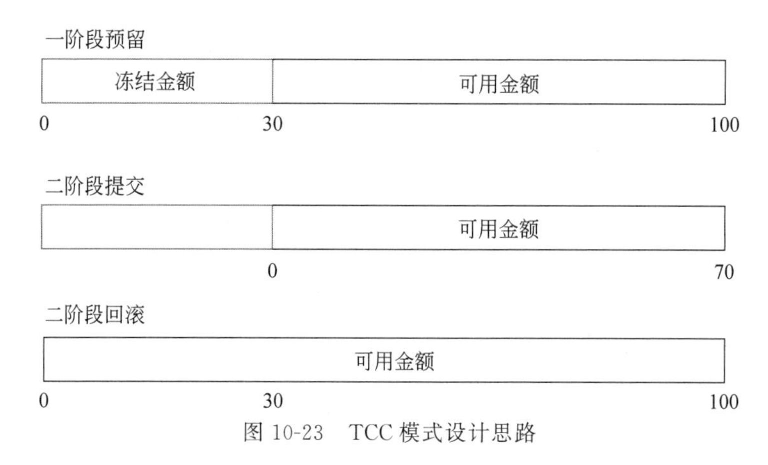

图 10-23　TCC 模式设计思路

第一阶段使用 Try 方法做资源的检查和预留，例如检查账户余额是否足够，以便进行冻结，在本案例中冻结金额是 30 元，这时总金额仍然是 100 元，但有 30 元被冻结，不能用，实际能用的只有 70 元。

第二阶段，如果 Try 成功，则进行 Confirm 操作，将一阶段中冻结的金额全部扣除，本案例将 30 元冻结金额扣除，账户余额变成 70 元。

第二阶段，如果 Try 失败，则进行 Cancel 操作，在本案例中将 30 元冻结的金额解除冻结，账户余额恢复为 100 元。

TCC 模式相对于 AT 模式对业务代码有一定的侵入性，但由于 TCC 模式无 AT 模式的全局行锁，TCC 的性能会比 AT 模式更高。

10.6.2 TCC 模式的实现之修改数据库

首先修改数据库表结构，增加预留检查字段，用于提交和回滚，代码如下：

```
ALTER TABLE orders ADD COLUMN status INT (0) NULL COMMENT '订单状态-0 不可用,事务未提交 , 1-可用,事务提交';

ALTER TABLE account ADD COLUMN frozenmoney INT (0) NULL DEFAULT 0 COMMENT '冻结金额';

ALTER TABLE storage ADD COLUMN frozenstorage INT (0) NULL DEFAULT 0 COMMENT '冻结库存';
```

10.6.3 TCC 模式的实现之修改 orderservice 项目

下面使用 TCC 模式来修改 orderservice 项目。

(1) 添加 OrdersTccAction 接口的代码如下：

```
@LocalTCC
public interface OrdersTccAction {
    @TwoPhaseBusinessAction(name ="add", commitMethod ="addCommit",
rollbackMethod ="addRollback")
        //该注解中 name 属性定义的名称必须保持全局唯一
    void add(BusinessActionContext businessActionContext,
@BusinessActionContextParameter(paramName ="order") Orders order); //该注解是
//将此方法中的 Order 参数放到 BusinessActionContext 上下文对象中,供我们定义的方法
//使用,paramName 默认为 ""

    public boolean addCommit(BusinessActionContext context);
    //该方法的返回值类型是固定的

    public boolean addRollback(BusinessActionContext context);
    //该方法的返回值类型是固定的
}
```

第 1 种方法用作预留资源，先不提交，如果成功(无异常发生)，则会执行第 2 种方法，修改预留的数据，最终改变数据库(如扣减库存)，如果第 1 种方法发生异常就会执行第 3 种方法，撤销所做的改变。

(2) OrdersTccActionImpl 类的代码如下：

```
@Service
@Slf4j
public class OrdersTccActionImpl extends ServiceImpl<OrdersMapper, Orders>
implements OrdersTccAction {
    @Autowired
    private OrdersMapper ordersMapper;

    private long orderid;

    @Override
    @Transactional
    public void add(BusinessActionContext context,Orders order) {
        log.info("开始创建订单");
        order.setStatus(0);                          //Try 阶段-预检查
        ordersMapper.insert(order);                  //保存订单
        orderid=order.getId(); //将订单 id 传递给 addCommit 和 addRollback 方法使用
    }

    @Override
    public boolean addCommit(BusinessActionContext context) {
        Orders order =ordersMapper.selectById(orderid);
        if (order !=null) {
            order.setStatus(1);                      //提交操作,1 代表订单可用
            this.updateById(order);
        }
        log.info("----------->xid"+context.getXid()+"addCommit 成功! 创建订
单成功!");
        return true;                                 //注意方法必须返回 true
    }

    @Override
    public boolean addRollback(BusinessActionContext context) {
        Orders order =ordersMapper.selectById(orderid);
        if (order !=null) {
            this.removeById(order.getId());          //回滚操作-删除订单
        }
        log.info("----------->xid"+context.getXid()+"addRollback 回滚成功!
创建订单失败!");
        return true;
    }
}
```

(3) OrdersServiceImpl 类的修改,代码如下:

```
@Slf4j
@Service
```

```
public class OrdersServiceImpl extends ServiceImpl<OrdersMapper, Orders>
    implements OrdersService {

    @Autowired
    private OrdersTccAction ordersTccAction;

    @Autowired
    private AccountFeignService accountFeignService;

    @Autowired
    private StorageFeignService storageFeignService;

    @Override
    @GlobalTransactional
    public Long create(Orders order) {

        try {
            //创建订单
            ordersTccAction.add(null,order);
            //扣减库存
            storageFeignService.reduceStorage(order.getGoodsid(),
order.getQuantity());
            //扣减用户余额
            accountFeignService.reduceAccount(order.getUserid(),
dorder.getMoney());

        } catch (FeignException e) {
            log.error("创建订单失败");
            throw new RuntimeException(e.contentUTF8(), e);
        }
        return order.getId();
    }
}
```

10.6.4　TCC 模式的实现之修改 accountservice 项目

下面使用 TCC 模式来修改 accountservice 项目。

(1) 修改业务层接口 AccountService,代码如下:

```
@LocalTCC
public interface AccountService extends IService<Account> {

    //void reduceAccount(String userid, int money);
    @TwoPhaseBusinessAction(name = "reduce", commitMethod =
"reduceCommit", rollbackMethod = "reduceRollback")
```

```
    public void reduce(BusinessActionContext
context,@BusinessActionContextParameter(paramName ="userid") String userid,
                            @BusinessActionContextParameter(paramName = "money")
Integer money);

    public Boolean reduceCommit(BusinessActionContext context);

    public Boolean reduceRollback(BusinessActionContext context);

}
```

(2) 修改业务层实现类 AccountServiceImpl,代码如下:

```
@Slf4j
@Service
public class AccountServiceImpl extends ServiceImpl<AccountMapper, Account>
        implements AccountService {

    @Autowired
    private AccountMapper accountMapper;

    @Transactional
    public void reduce (BusinessActionContext context, String userid, Integer
money) {
        log.info("开始扣款");
        QueryWrapper queryWrapper =new QueryWrapper();
        queryWrapper.eq("userid", userid);
        Account account =accountMapper.selectOne(queryWrapper);
        int balance=account.getMoney()-money;
        if(balance<0){
            throw new RuntimeException("余额不足,扣款失败!");
        }
        account.setFrozenmoney(money);
        accountMapper.update(account, queryWrapper);
    }

    @Override
    public Boolean reduceCommit(BusinessActionContext context) {
        QueryWrapper<Account>wrapper =new QueryWrapper<Account>();
        wrapper.lambda().eq(Account::getUserid,
context.getActionContext("userid"));
        Account account =this.getOne(wrapper);
        if (account !=null) {
            account.setMoney(account.getMoney()-account.getFrozenmoney());
//扣减余额
```

```
            //冻结余额清零
            account.setFrozenmoney(0);
            this.saveOrUpdate(account);
        }
        log.info("--------->xid=" +context.getXid() +"reduceCommit 提交成功！
扣款成功！");
        return true;
    }


    @Override
    public Boolean reduceRollback(BusinessActionContext context) {
        QueryWrapper<Account>wrapper =new QueryWrapper<Account>();
        wrapper.lambda().eq(Account::getUserid,
context.getActionContext("userid"));
        Account account =this.getOne(wrapper);
        if (account !=null) {
            //冻结余额清零
            account.setFrozenmoney(0);
            this.saveOrUpdate(account);
        }
        log.info("--------->xid=" +context.getXid() +"reduceRollback 回滚成
功！扣款失败！");
        return true;
    }
}
```

（3）控制器 AccountController 修改后的代码如下：

```
@RestController
@RequestMapping("/account")
public class AccountController {

    @Autowired
    private AccountService accountService;

    @PutMapping
    void reduceAccount(@RequestParam("userid") String userid,
@RequestParam("money") Integer money){
        accountService.reduce(null,userid,money);
    }
}
```

10.6.5　TCC 模式的实现之修改 storageservice 项目

下面使用 TCC 模式来修改 storageservice 项目。

(1) 修改 StorageService 接口,代码如下:

```
@LocalTCC
public interface StorageService extends IService<Storage>{
//void reduceStorage(String goodsid,int count);
    @TwoPhaseBusinessAction(name ="decrease", commitMethod =
"decreaseCommit", rollbackMethod ="decreaseRollback")
    public void decrease(BusinessActionContext context,
                         @BusinessActionContextParameter(paramName =
"goodsid") String goodsid,
                         @BusinessActionContextParameter(paramName =
"quantity") Integer quantity);

    public boolean decreaseCommit(BusinessActionContext context);

    public boolean decreaseRollback(BusinessActionContext context);
}
```

(2) 修改 StorageServiceImpl 实现类,代码如下:

```
@Slf4j
@Service
public class StorageServiceImpl extends ServiceImpl<StorageMapper, Storage>
    implements StorageService{

    @Transactional
    public void decrease(BusinessActionContext context,String goodsid, Integer
quantity) {
        log.info("开始扣减库存!");
        QueryWrapper<Storage>wrapper =new QueryWrapper<Storage>();
        wrapper.lambda().eq(Storage::getGoodsid, goodsid);
        Storage goodsStorage =this.getOne(wrapper);

        if (goodsStorage.getQuantity() >=quantity) {
            //设置冻结库存
            goodsStorage.setFrozenstorage(quantity);
        } else {
             throw new RuntimeException(goodsid + "库存不足,目前剩余库存:" +
goodsStorage.getQuantity());
        }
        this.saveOrUpdate(goodsStorage);
    }

    @Override
    public boolean decreaseCommit(BusinessActionContext context) {
        QueryWrapper<Storage>wrapper =new QueryWrapper<Storage>();
        wrapper.lambda().eq(Storage::getGoodsid,
                context.getActionContext("goodsid"));
```

```
        Storage goodsStorage =this.getOne(wrapper);
        if (goodsStorage ! =null) {
            //扣减库存
            goodsStorage.setQuantity(goodsStorage.getQuantity() -
goodsStorage.getFrozenstorage());
            //冻结库存清零
            goodsStorage.setFrozenstorage(0);
            this.saveOrUpdate(goodsStorage);
        }
        log.info("--------->xid=" +context.getXid() +"decreaseCommit 提交成
功! 扣减库存成功!");
        return true;
    }

    @Override
    public boolean decreaseRollback(BusinessActionContext context) {
        QueryWrapper<Storage>wrapper =new QueryWrapper<Storage>();
         wrapper. lambda ( ) . eq ( Storage:: getGoodsid,  context. getActionContext
("goodsid"));
        Storage goodsStorage =this.getOne(wrapper);
        if (goodsStorage ! =null) {
            //冻结库存清零
            goodsStorage.setFrozenstorage(0);
            this.saveOrUpdate(goodsStorage);
        }
        log.info("--------->xid=" +context.getXid() +"decreaseRollback 回滚
成功! 扣减库存失败!");
        return true;
    }
}
```

（3）修改控制器StorageController，代码如下：

```
@RestController
@RequestMapping("/storage")
public class StorageController {

        @Autowired
        private StorageService storageService;

        @PutMapping
        void reduceStorage(@RequestParam("goodsid") String goodsid,
@RequestParam("quantity") Integer quantity){
                storageService.decrease(null,goodsid,quantity);
        }

}
```

10.6.6 测试 TCC 模式

将数据库账户表 account 的余额设置为 400，将数据库库存表 storage 的库存数量设置为 7。

启动 Nacos 和 Seata 服务及上述 3 个项目。打开 Postman，发送 POST 请求 http://localhost:8080/order? userid=1&goodsid=1&quantity=3&money=300。结果可以正常运行，余额表扣款成功，余额变为 100，库存扣减成功，余额变成 4，订单添加成功，状态为 1。

再次发送相同的 POST 请求。3 个项目都回滚了，证明 TCC 事务成功。自行观察控制台不同情况下的输出。

10.7 Saga 模式

10.7.1 概述

Saga 模式是 Seata 提供的长事务解决方案，在 Saga 模式中，业务流程中的每个参与者都提交本地事务，当出现某个参与者失败时补偿前面已经成功的参与者，一阶段正向服务和二阶段补偿服务都由业务开发实现。Saga 模式的原理如图 10-24 所示。

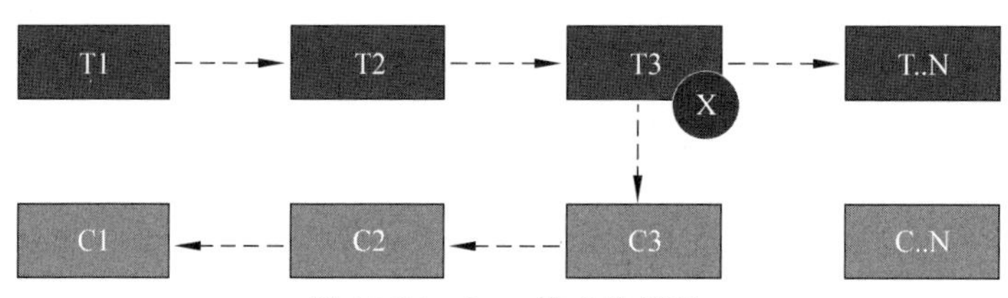

图 10-24 Saga 模式的原理

Saga 是一种基于失败的设计，从图 10-24 可以看到，每个活动或者子事务流程一般会有对应的补偿服务。如果分布式事务发生异常，在 Saga 模式中就要进行所谓的“恢复”，恢复有两种方式，即逆向补偿和正向重试。例如上面的分布式事务执行到 T3 失败，逆向补偿将会依次执行对应的 C3、C2、C1 操作，取消事务活动的“影响”。正向补偿是一往无前的，T3 失败了会进行不断重试，然后继续按照流程执行 T4、T5 等。

Saga 模式适用的场景：业务流程长、业务流程多，参与者包含其他公司或遗留系统服务，无法提供 TCC 模式要求的 3 个接口。

主要优点如下：

（1）一阶段提交本地事务，无锁，高性能。

（2）事件驱动架构，参与者可异步执行，高吞吐。

（3）补偿服务易于实现。

主要缺点是无法保证隔离性。

10.7.2 Saga 的实现

Saga 主流的实现分为两种：编排式和协调式。Seata Saga 的实现方式是编排式，是基于状态机引擎实现的。状态机执行的最小单位是节点：节点可以表示一个服务调用，对应的 Saga 事务就是子事务活动/流程，也可以配置其补偿节点，通过链路的串联编排出一种状态机调用流程。在 Seata 里，调用流程目前使用 JSON 描述，由状态机引擎驱动执行，当出现异常时，也可以选择补偿策略，由 Seata 协调者端触发事务补偿。

目前 Seata 提供的 Saga 模式是基于状态机引擎实现的，如图 10-25 所示。

（1）通过状态图来定义服务调用的流程并生成 JSON 状态语言定义文件。

（2）状态图中一个节点可以调用一个服务，节点可以配置它的补偿节点。

（3）状态图 JSON 由状态机引擎驱动执行，当出现异常时状态引擎反向执行已成功节点对应的补偿节点将事务回滚。

（4）可以满足服务编排需求，支持单项选择并发、子流程、参数转换、参数映射、服务执行状态判断、异常捕获等功能。

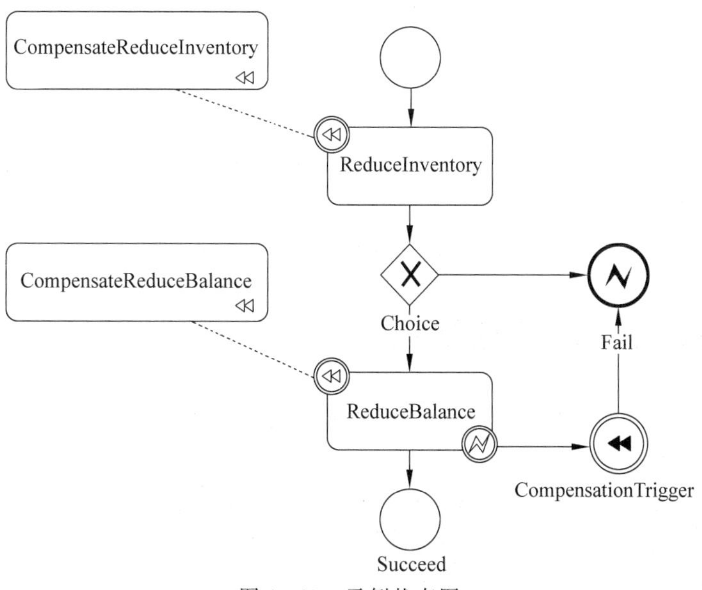

图 10-25　示例状态图

第 11 章 微服务监控组件 Skywalking

本章主要内容：

- Skywalking 基础知识
- Skywalking 下载与安装
- 微服务项目整合 Skywalking
- 服务监控与链路追踪
- 整合 logback 监控链路

Skywalking 是 APM 规范的国产开源分布式链路追踪系统，应用性能管理(Application Performance Management，APM)支持对 Spring Cloud 微服务集成，并且无代码层面的侵入，支持多种插件，UI 功能较强，接入端无代码侵入。目前已加入 Apache 孵化器。本章重点介绍如何应用 Skywalking，实现微服务的实时监控、链路追踪。

11.1 Skywalking 基础知识

随着微服务应用数量的增加，服务与服务链路之间的调用关系也变得错综复杂，所以造成了一系列的难题：

(1) 服务链路过长或过于复杂，无法快速并准确地定位问题。

(2) 业务链处理时间过长，无法确定是哪个环节存在问题。

(3) 如何梳理服务与服务之间的依赖关系？

(4) 如何快速发现定位问题并找到对应的错误信息？

分布式链路追踪就是将一次分布式请求还原成调用链路，将一次分布式请求的调用情况集中展示，例如各个服务节点上的耗时、请求具体到达哪台机器上、每个服务节点的请求状态等。

链路追踪的主要功能如下。

(1) 故障快速定位：可以通过调用链结合业务日志快速定位错误信息。

(2) 链路性能可视化：各个阶段链路耗时，服务依赖关系可以通过可视化界面展示出来。

(3) 链路分析：通过分析链路耗时、服务依赖关系可以得到用户的行为路径，汇总分析并应用在很多业务场景中。

有关概念如下。

(1) Agent：以探针的方式对请求链路的数据进行采集，并向管理服务上报。

(2) Skywalking 开放应用程序性能平台(Open Application Performance Platform，OAPP)：接收数据，完成数据的存储和展示。

(3) Storage：数据的存储层，支持 ElasticSearch、MySQL、H2 多种方式。

(4) UI：数据的可视化展示界面。

服务通过探针的方式接入数据采集功能，之后请求链路的相关处理行为会上报到 OAPP 服务中，对数据进行聚合管理和分析，并存储在持久层，然后可以通过 UI 进行可视化呈现；整个架构，分成上、下、左、右 4 部分，如图 11-1 所示。

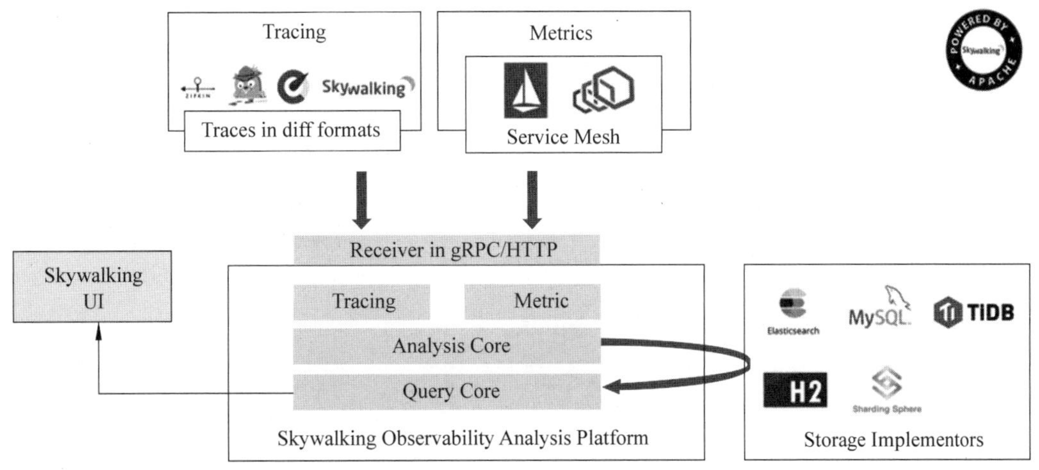

图 11-1 Skywalking 架构图

上部分 Agent：负责从应用中收集链路信息，发送给 Skywalking OAPP 服务器。目前支持 Skywalking、Zikpin、Jaeger 等提供的 Tracing 数据信息，而我们目前采用的是 Skywalking Agent 收集 Skywalking Tracing 数据，传递给服务器。

下部分 Skywalking OAPP：负责接收 Agent 发送的 Tracing 数据信息，然后进行分析(Analysis Core)，存储到外部存储器(Storage)，最终提供查询(Query)功能。

右部分 Storage：Tracing 数据存储。目前支持 ES、MySQL、Sharding Sphere、TiDB、H2 等多种存储器，而我们目前采用的是 ES，主要考虑的是 Skywalking 开发团队自己的生产环境主要采用 ES。

左部分 Skywalking UI：负责提供控台，查看链路等。

大致流程就是，各个服务中都要集成一个叫作 Agent 的程序，它负责收集此服务的各项性能指标，然后推送到 Skywalking OAPP，以此来分析、归纳、存储；最终由 Skywalking

UI 提供一个可视化的查询展示界面。

11.2 Skywalking 服务器端的下载、安装与启动

11.2.1 下载 Skywalking

首先进入 Skywalking 官网下载，找到如图 11-2 所示的页面中的 Foundations 区域，单击 Distribution 按钮，选择任意一个版本下载，这里选择 v9.0.0。

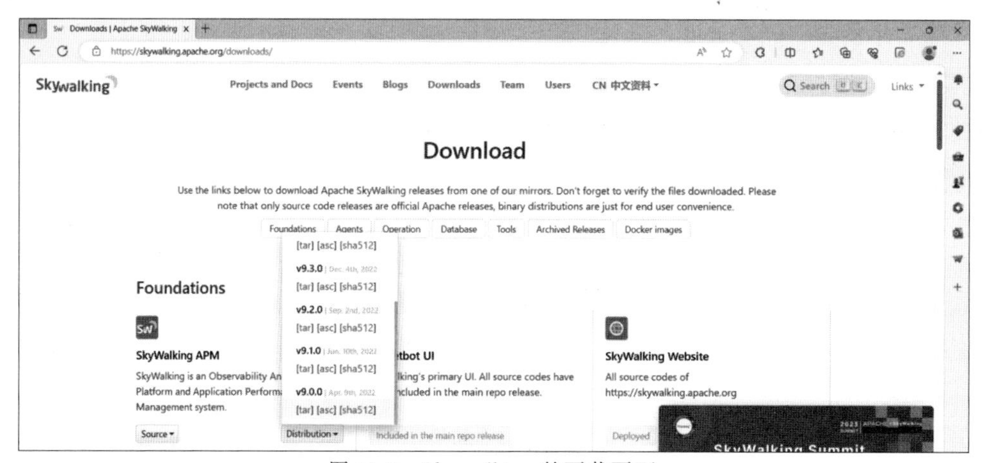

图 11-2 Skywalking 的下载页面

下载后解压，解压后的目录如图 11-3 所示。

« apache-skywalking-apm-9.0.0 › apache-skywalking-apm-bin

名称	修改日期	类型	大小
bin	2023/8/30 22:02	文件夹	
config	2023/8/30 22:02	文件夹	
config-examples	2023/8/30 22:02	文件夹	
licenses	2023/8/30 22:02	文件夹	
logs	2023/8/30 22:03	文件夹	
oap-libs	2023/8/31 22:38	文件夹	
tools	2023/8/30 22:02	文件夹	
webapp	2023/8/30 22:02	文件夹	
LICENSE	2022/2/18 6:08	文件	28 KB
NOTICE	2022/2/18 6:08	文件	30 KB
README.txt	2022/2/18 6:08	文本文档	2 KB

图 11-3 解压后的目录

11.2.2 配置 Skywalking

打开解压目录，编辑 config 目录下的 application.yml 文件。

1. 配置集群注册中心

使用 Nacos 作为注册中心，修改集群配置，代码如下：

```
Cluster:
  selector: ${SW_CLUSTER:nacos}
  nacos:
    serviceName: ${SW_SERVICE_NAME:"SkyWalking_OAP_Cluster"}
    hostPort: ${SW_CLUSTER_NACOS_HOST_PORT:localhost:8848}
    #Nacos Configuration namespace
    namespace: ${SW_CLUSTER_NACOS_NAMESPACE:"public"}
    #Nacos auth username
    username: ${SW_CLUSTER_NACOS_USERNAME:""}
    password: ${SW_CLUSTER_NACOS_PASSWORD:""}
    #Nacos auth accessKey
    accessKey: ${SW_CLUSTER_NACOS_ACCESSKEY:""}
    secretKey: ${SW_CLUSTER_NACOS_SECRETKEY:""}
    internalComHost: ${SW_CLUSTER_INTERNAL_COM_HOST:""}
internalComPort: ${SW_CLUSTER_INTERNAL_COM_PORT:-1}
```

这里主要修改了 selector：${SW_CLUSTER:nacos}。原来是 selector：${SW_CLUSTER:standalone}。

2. 配置数据库

默认使用 H2 内嵌数据库，无须额外配置，但缺点是重启服务会丢失数据，可以修改为 MySQL 或 ElasticSearch，以便持久化地保存数据，本案例保持默认 H2 不变。修改为 MySQL，其中用户名或密码按实际修改，此外还需要在 MySQL 中创建一个名为 swtest 的数据库，修改后的代码如下：

```
Storage:
  selector: ${SW_STORAGE:mysql}
  mysql:
    properties:
      jdbcurl:
${SW_JDBC_URL:"jdbc:mysql://localhost:3306/swtest? rewriteBatchedStatements=
true"}
      dataSource.user: ${SW_DATA_SOURCE_USER:root}
      dataSource.password: ${SW_DATA_SOURCE_PASSWORD:root}
      dataSource.cachePrepStmts: ${SW_DATA_SOURCE_CACHE_PREP_STMTS:true}
      dataSource.prepStmtCacheSize:
${SW_DATA_SOURCE_PREP_STMT_CACHE_SQL_SIZE:250}
      dataSource.prepStmtCacheSqlLimit:
${SW_DATA_SOURCE_PREP_STMT_CACHE_SQL_LIMIT:2048}
      dataSource.useServerPrepStmts:
${SW_DATA_SOURCE_USE_SERVER_PREP_STMTS:true}
    metadataQueryMaxSize: ${SW_STORAGE_MYSQL_QUERY_MAX_SIZE:5000}
    maxSizeOfArrayColumn: ${SW_STORAGE_MAX_SIZE_OF_ARRAY_COLUMN:20}
    numOfSearchableValuesPerTag:
${SW_STORAGE_NUM_OF_SEARCHABLE_VALUES_PER_TAG:2}
    maxSizeOfBatchSql:
${SW_STORAGE_MAX_SIZE_OF_BATCH_SQL:2000}
    asyncBatchPersistentPoolSize:
${SW_STORAGE_ASYNC_BATCH_PERSISTENT_POOL_SIZE:4}
```

3. 添加 MySQL 驱动 JAR 包

如果上面的步骤选择了 MySQL，则需要在 oap-libs 目录下添加 MySQL 的驱动包，可以直接从本地 Maven 仓库复制一个 MySQL 驱动包；如果不添加驱动包，则启动程序时会报错：java.lang.RuntimeException：Failed to get driver instance for jdbcurl=jdbc。

4. 修改 webapp 的端口号

Skywalking 服务器端默认的端口号为 8080，为了避免冲突，通常需要修改。打开主目录下的 webapp 下的 webapp.yml 文件，将默认的端口号 8080 修改为 18080。

11.2.3 启动 Skywalking

首先启动 Nacos，然后进入 Skywalking 的 bin 目录，双击 startup.bat 文件进行启动，启动后会运行两个服务，如图 11-4 所示。

（1）Skywalking-Webapp：管理平台页面，端口号为 8080。

（2）Skywalking-Collector：追踪信息收集器服务，HTTP 端口号为 12800，gRPC 端口号为 11800。

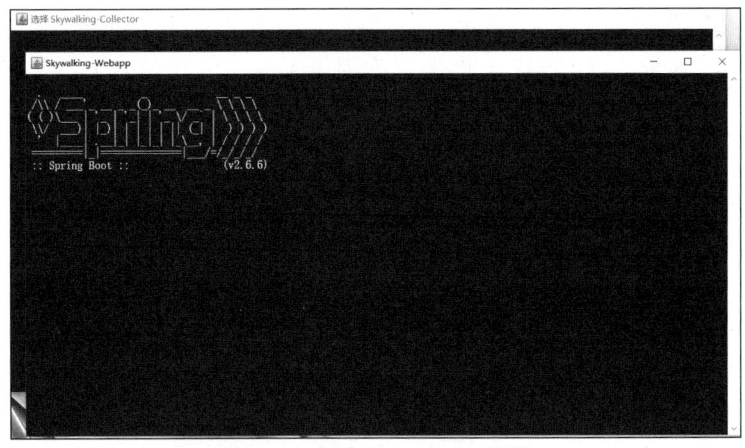

图 11-4 启动 Skywalking 界面

查看 Nacos 界面，可看到 Skywalking 服务被注册进来了，如图 11-5 所示。

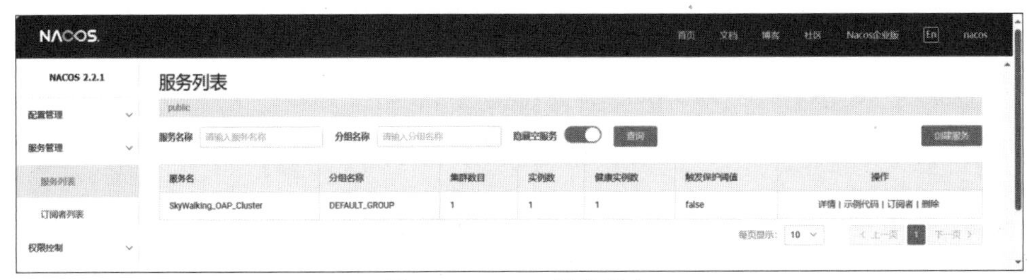

图 11-5 Nacos 服务列表

11.3 微服务项目整合 Skywalking

11.3.1 下载 Java Agent

在官网的同一个网址，打到 Java Agent 区域，单击 Distribution 按钮，如图 11-6 所示。

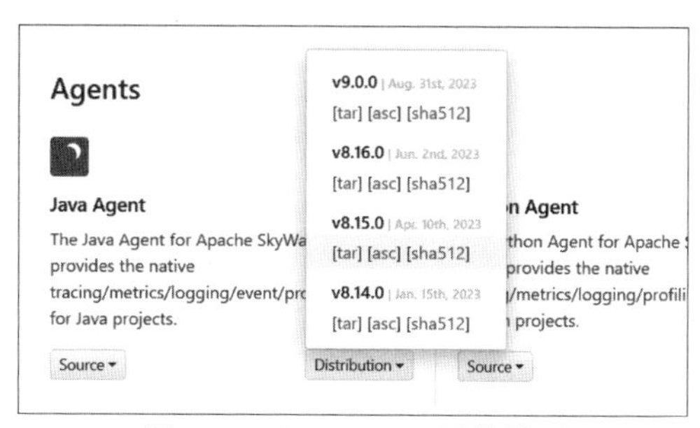

图 11-6 Java Agent 下载界面

这里下载 v8.15.0 版本，解压后的目录如图 11-7 所示。

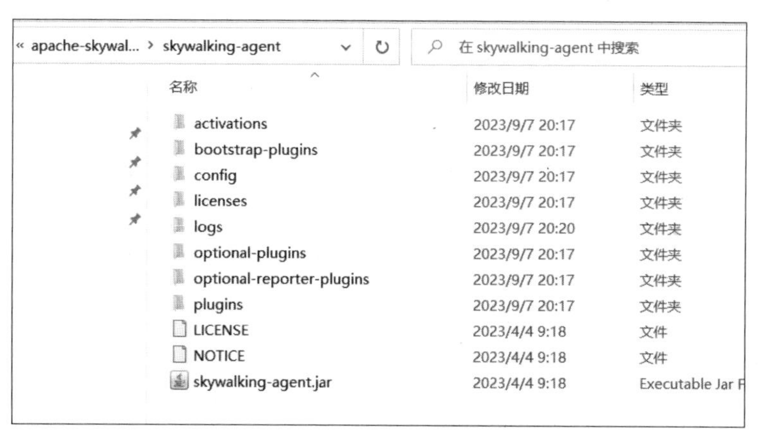

图 11-7 Java Agent 解压后的目录

记录好这里面的 skywalking-agent.jar 的路径，需要配置到微服务项目中，以便使用它来将微服务的运行情况发送到 Skywalking 服务器(Skywalking 服务器使用 11800 端口监听)。

11.3.2 配置微服务

将第 4 章 OpenFeign 中的 orderservice 微服务、userservice 微服务及 userservice2 微服务复制过来，分别将端口修改为 8080、8081、8082。再新建一个微服务 commonservice，该项目表示通用服务，供 userservice 和 userservice2 共同调用。拓扑结构如图 11-8 所示。

commonservice 微服务项目需要新建，创建过程如下。

(1) 新建 Spring Boot 3.0.2 项目，导入的依赖如下：

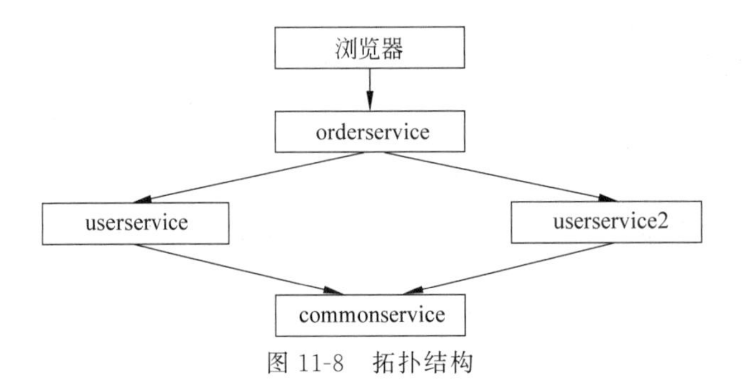

图 11-8　拓扑结构

```
<dependency>
   <groupId>com.alibaba.cloud</groupId>
   <artifactId>spring-cloud-starter-alibaba-nacos-discovery</artifactId>
</dependency>
<dependency>
   <groupId>org.springframework.boot</groupId>
   <artifactId>spring-boot-starter-web</artifactId>
</dependency>
```

（2）application.yml 配置文件中的代码如下：

```
Server:
  port: 8083
spring:
  application:
    name: commonservice
  cloud:
    nacos:
      discovery:
        server-addr: localhost:8848
```

（3）创建控制器 CommonController，代码如下：

```
@RestController
public class CommonController {
    @GetMapping("/common")
    public String service(){
        logger.info("commonservice run and log");
        return "common service:8083";
    }
}
```

（4）在启动类上添加@EnableDiscoveryClient 注解，然后 userservice 和 userservice2 都要稍微改动一下，使用 OpenFeign 调用 commonservice。以 userservice 为例，主要改动

如下。

添加 OpenFeign 的依赖,以及 loadbalancer 依赖,代码如下:

```
<dependency>
    <groupId>org.springframework.cloud</groupId>
    <artifactId>spring-cloud-starter-openfeign</artifactId>
</dependency>
<dependency>
    <groupId>org.springframework.cloud</groupId>
    <artifactId>spring-cloud-starter-loadbalancer</artifactId>
</dependency>
```

创建 CommonFeignService 接口,代码如下:

```
@Component
@FeignClient(value ="commonservice")
public interface CommonFeignService {
    @GetMapping("/common")
    String service();
}
```

启动类添加@EnableFeignClients 注解。UserController 添加了调用 commonservice 的有关代码:

```
@RestController
@RequestMapping("/user")
public class UserController {

    @Autowired
    private UserService userService;

    @Autowired
    private CommonFeignService commonFeignService;

    @GetMapping("/{id}")
    public User findUserById(@PathVariable Integer id){
        System.out.println("userservice:8081");
        System.out.println(commonFeignService.service());//调用了
//commonservice,返回字符串
        return userService.getById(id);
    }
}
```

在 IDEA 中打开 orderservice,在 edit configurations 的 vm options 中添加以下内容:

```
-javaagent:C:\software\apache-skywalking-java-agent-8.15.0\skywalking-agent
\skywalking-agent.jar
-Dskywalking.agent.service_name=orderservice
-Dskywalking.collector.backend_service=localhost:11800
```

参数说明如下。

(1) javaagent：skywalking-agent.jar 所在文件路径(每个人的都不一样)。

(2) Dskywalking.agent.service_name：在 Skywalking 服务器端显示的名称。

(3) Dskywalking.collector.backend_service：服务器端的 IP 和端口。该微服务的相关信息将发送给服务器端的这个端口，从而使服务器端可以监控到微服务的运行状态。userservice、userservice2 和 commonservice 微服务项目也进行类似的配置，内容几乎一样，只是 service_name 不同，这里分别将 service_name 设置为 userservice、userservice2 和 commonservice。最后启动这几个微服务，为后面做准备。

11.4 服务监控与链路追踪

11.4.1 服务监控

相关服务启动完成后，使用浏览器先访问 http://localhost:8080/order/1，并且访问多次，再访问 Skywalking 界面 http://localhost:18080，主页加载的即为上述配置的 4 个微服务，如图 11-9 所示，这样就说明整个流程是正常的。

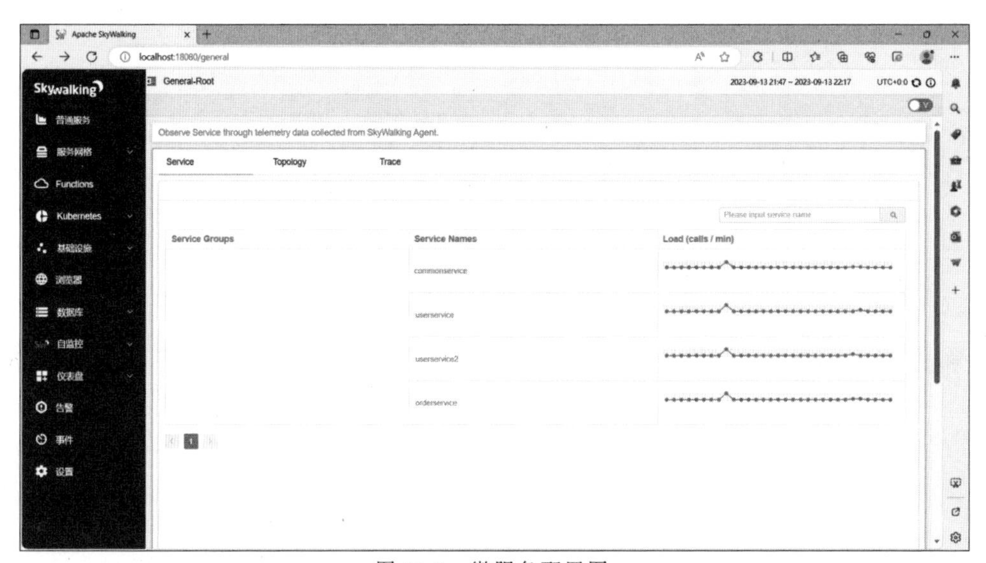

图 11-9　微服务配置图

单击任意一个服务名称便可以查看该服务相关的细节指标，这里以单击 orderservice 为例。单击 orderservice，可看到 orderservice 微服务的监控信息，如图 11-10 所示。

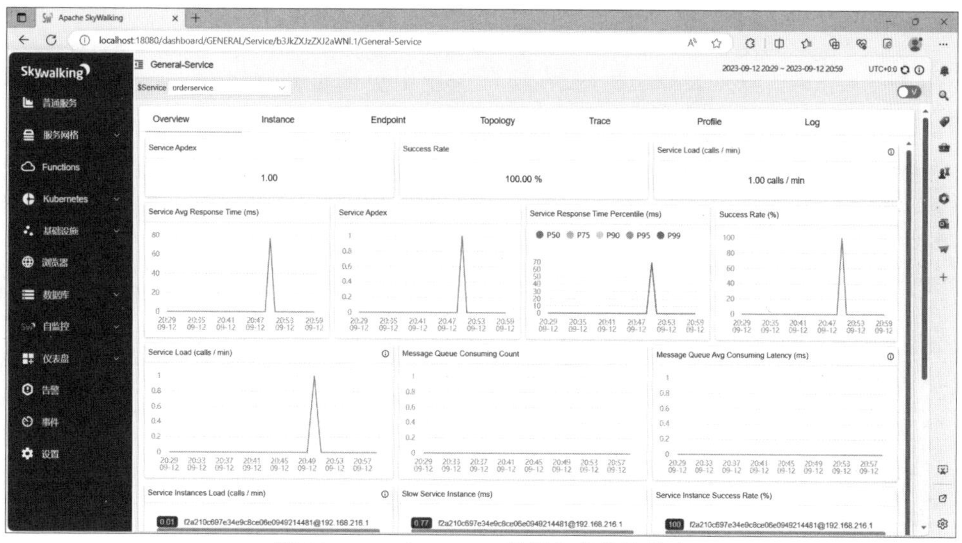

图 11-10　orderservice 微服务的监控信息

11.4.2　拓扑结构图

请求 orderservice 微服务，经过 OpenFeign，以负载均衡的方式到达 userservice 或 userservice2 微服务，再到达 commonservice，完成一次调用后，查看请求的拓扑结构图，即图中的 Topology 一栏，如图 11-11 所示。

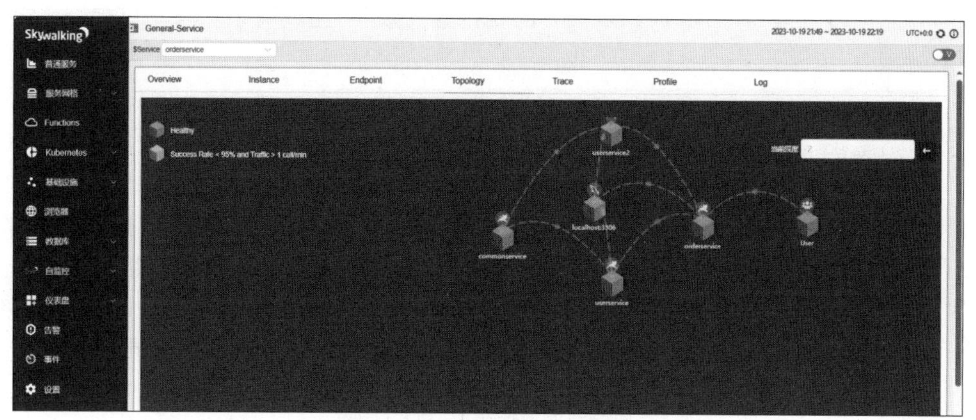

图 11-11　请求的拓扑结构图

可以清晰地看到请求的路由链路，以及相关服务访问的数据库地址，对于微服务架构中的复杂接口来讲，借助该拓扑模型，既可以快速地理解业务逻辑，同时在需要文档时也可以节省很多画图时间。

11.4.3 链路跟踪

图 11-11 所示的只是拓扑结构图,在实际应用中更侧重链路跟踪,查看 orderservice 服务请求链路,即 Trace 一栏,结果如图 11-12 所示。

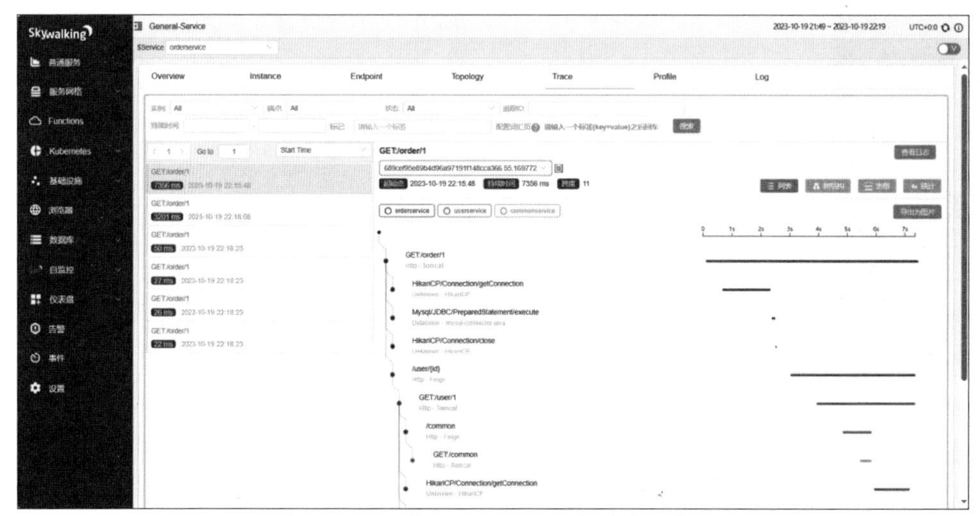

图 11-12 查看 orderservice 服务请求链路图

Skywalking 组件对于开发来讲,最常用的就是该功能,这里采集了请求链路上的各个节点,以及执行的耗时分析,单击相关节点可以查看详细信息,针对异常请求同样可以采集到异常信息的描述;这样可以极大地提升问题排查的效率,尤其对于那种路由多个服务的业务逻辑。

11.5 整合 logback 监控链路

一次请求往往对应一条完整的链路,一般用 Thread ID(简称 TID)来标识一条链路。可以在各个微服务中用 logback 输出日志,并在日志中输出 TID 来观察链路。在上述案例中,浏览器请求 orderservice,可能经过 userservice 到达 commonservice,这是一条链路,也可能经过 userservice2 再到达 commonservice,这是另一条链路,这两条不同的链路将有不同的 TID,下面通过案例验证这一点。

11.5.1 修改微服务 commonservice

修改微服务 commonservice,步骤如下。

(1) 添加 logback 依赖,代码如下:

```
<dependency>
    <groupId>org.apache.skywalking</groupId>
```

```
    <artifactId>apm-toolkit-logback-1.x</artifactId>
    <version>8.5.0</version>
</dependency>
```

(2) 在 resource 目录下添加 logback-spring.xml 文件，其中下面这段代码规定了日志的格式，代码如下：

```
<property name="log_pattern" value="%d{yyyy-MM-dd HH:mm:ss.SSS} [%tid]
[%thread] %-5level %logger{36} -%msg%n" />
```

其他完整代码可参考随书配套源码。

(3) 修改 CommonController，添加有关日志输出的内容，代码如下：

```
@RestController
public class CommonController {

    private final Logger logger =LoggerFactory.getLogger(getClass());

    @GetMapping("/common")
    public String service(){
        logger.info("commonservice run and log");
        return "common service: 8083";
    }
}
```

11.5.2　修改微服务 orderservice

(1) 添加 logback 依赖，内容同上。

(2) 在 resource 目录下添加 logback-spring.xml 文件，内容同上。

(3) 修改 OrderController，在 findOrderById 方法里添加日志输出，语句如下：

```
Logger.info("#orderservice running and logging #");
```

注意方法外面要创建 logger 对象，代码如下：

```
Private final Logger logger =LoggerFactory.getLogger(getClass());
```

11.5.3　修改微服务 userservice 和 userservice2

(1) 添加 logback 依赖，内容同上。

(2) 在 resource 目录下添加 logback-spring.xml 文件，内容同上。

(3) 修改 UserController，在 findUserById 方法里添加日志输出，语句如下：

```
Logger.info("#userservice running and logging #");
```

注意方法外面要创建 logger 对象，代码如下：

```
Private final Logger logger =LoggerFactory.getLogger(getClass());
```

微服务 userservice2 需要修改的内容跟 userservice 几乎一致，只是输出的日志内容如下：

```
Logger.info("#userservice2 running and logging #");
```

11.5.4 链路监控情况测试

4 个项目均修改完毕后重启这 4 个项目，然后使用浏览器访问 http://localhost:8080/order/1。观察 orderservice 的控制台，输出的内容如下：

```
2023-09-14 20:36:58.210
[TID:c8464dae24be41bda51e023f5cb5fb40.130.16946950182080001] [http-nio-
8080-exec-6] INFO com.sike.controller.OrdersController -#orderservice
running and logging #
```

其中，TID 为链路标识，两个 # 及之间的内容为代码中指定输出的日志信息。Userservice 控制台输出的内容如下：

```
2023-09-14 20:36:58.228
[TID:c8464dae24be41bda51e023f5cb5fb40.130.16946950182080001] [http-nio-
8081-exec-2] INFO com.sike.controller.UserController -#userservice
running and logging #
userservice:8081
common service:8083
```

可以看到这个 TID 跟 orderservice 中的 TID 是相同的，表明它们是同一条链路，而 userservice2 的控制台没有任何输出，表明这次链路不通过它。再次观察 commonservice 的控制台，输出的内容如下：

```
2023-09-14 20:36:58.236
[TID:c8464dae24be41bda51e023f5cb5fb40.130.16946950182080001] [http-nio-
8083-exec-3] INFO com.sike.controller.CommonController -#commonservice
running and logging #
```

可观察到其 TID 也跟上面相同。这 3 个 TID 相同的项目串成了一条链路。可以通过这个 TID 监控整条链路的调用情况。

使用浏览器再次访问 http://localhost:8080/order/1，这时 orderservice 输出的内容

如下：

```
2023-09-14 20:36:58.210
[TID:c8464dae24be41bda51e023f5cb5fb40.130.16946950182080001] [http-nio-
8080-exec-6] INFO com.sike.controller.OrdersController -#orderservice
running and logging #
```

仔细观察，这是个不同的 TID。userservice 无输出，表明这次没有调用到。userservice2 输出的内容如下：

```
2023-09-14 20:53:42.396
[TID:c8464dae24be41bda51e023f5cb5fb40.135.16946960221640001] [http-nio-
8082-exec-2] INFO com.sike.controller.UserController -#userservice2
running and logging #
userservice:8082
common service:8083
```

可见其 TID 跟上述 orderservice 中的 TID 是同一个，它们属于同一条链路。再次观察 commonservice，其控制台输出的内容如下：

```
2023-09-14 20:53:42.466
[TID:c8464dae24be41bda51e023f5cb5fb40.135.16946960221640001] [http-nio-
8083-exec-6] INFO com.sike.controller.CommonController -#commonservice
running and logging #
```

其中，TID 跟上述两个也是相同的，表明 3 个是同一条链路。

至此，两次调用有两个不同的 TID，每个 TID 标识了不同的链路。后面每次调用 TID 都不同，但同一条链路 TID 是相同的。

第 12 章

Docker 部署 Spring Boot 项目和微服务组件

本章主要内容：

- Docker 与 Spring Cloud 微服务
- 容器化管理 Spring Boot 项目
- 容器化管理组件

在实际的项目中，一般会将项目打包成 JAR 包并部署到 Linux 操作系统的服务器中运行，微服务及其依赖的 Nacos 等组件，也会相应地部署在 Linux 服务器上。

本章将讲述如何在 Windows 系统上搭建 Docker 容器引擎的运行环境，从而模拟 Linux 系统并部署运行微服务组件。

12.1 Docker 与 Spring Cloud 微服务

Docker 是一个开源的能实现虚拟化管理的容器引擎，它允许开发人员将应用程序及其依赖打包到一个独立的容器中，并在不同的环境进行部署和运行，有助于更快地交付应用。

在本节中将会介绍 Docker 的相关概念、Docker 运行环境的搭建及通过 Docker 管理微服务的一般方法。

12.1.1 Docker 镜像、容器和虚拟化管理引擎

Docker 是一个世界领先的软件容器平台，在现代应用程序开发和部署中，使用容器化技术已经成为一种趋势。Docker 提供了一种便捷的方式来打包、部署和管理应用程序。

虚拟化管理引擎是 Docker 的核心组件，负责管理和运行 Docker 容器。它提供了丰富的功能和工具，使用户可以方便地创建、管理和运行容器化应用程序。它的架构和组件共同工作，实现了容器的高效管理和资源隔离，提高了应用程序的可移植性、可伸缩性和可靠性。通过 Docker 引擎，开发人员可以在 Windows 等操作系统中创建并运行其他操作系统，并在子系统中部署、配置、管理和运行微服务项目或组件。

Docker 有 3 个基本的概念：镜像、容器和仓库。

（1）镜像：镜像是一个特殊的文件系统，除了提供容器运行时所需的程序、库、资源、配置等文件外，还包含了一些为运行时准备的配置参数。镜像不包含任何动态数据，其内容在构建之后不会被改变。

（2）容器：容器是基于镜像创建的实例化的运行环境，每个容器都是一个独立且隔离的运行单元。

（3）仓库：Docker 仓库是一个存储和共享 Docker 镜像的中央注册表。它允许用户上传、下载和管理 Docker 镜像，以便其他用户可以方便地获取并使用这些镜像。Docker Hub 是由 Docker 官方提供的一个公共容器镜像仓库。

使用 Docker 简单地进行虚拟化管理的过程包括在仓库中搜索及下载需要的镜像文件，然后通过 Docker 命令或编写 Dockerfile 文件来配置启动参数、环境变量、网络设置等，以便启动一个容器实例。也可以使用 Docker 命令将本地的容器创建成一个新的镜像，将新创建的镜像上传到 Docker 仓库，方便在其他环境中部署和使用。

12.1.2　搭建 Docker 环境

在 Windows 系统上搭建 Docker 环境的流程如下：

（1）访问 Docker 官网，下载适用于 Windows 系统的 Docker Desktop 安装包。

（2）安装 Docker Desktop for Windows：双击安装包并按照引导完成安装。在安装过程中，需要启用 Hyper-V 虚拟化和 Windows 容器功能。

（3）运行 Docker Desktop for Windows。

（4）配置 Docker 设置：按照需要进行配置，如修改镜像加速器、调整资源设置等。

（5）验证 Docker 安装：打开 cmd 界面并输入 docker version 命令，正常情况下可以输出 Docker 的版本信息。

在本地成功安装 Docker Desktop 后，就能通过相应的 Docker 命令来下载镜像和管理 Docker 容器了。

12.1.3　用 Docker 管理微服务的方式

使用 Docker 可以有效地管理和部署微服务，在基于 Spring Cloud Alibaba 的微服务项目中，通常是由多个微服务整合而成的。这些相关的模块或组件，可以通过封装成 Docker 容器来隔离部署，并通过 Docker Compose 进行编排和配置。使每个微服务有自己的运行环境和依赖项，这样的部署方式能让在同一操作系统中的不同模块和组件尽量独立，减少相互间的依赖。

Docker 宿主机作为宿主环境，运行着 Docker 引擎，在 Docker 引擎上部署了多个微服务容器，每个微服务都运行在独立的容器中，如图 12-1 所示。例如，用户服务、订单服务和库存服务，每个微服务容器都封装了该服务所需要的运行环境、依赖项和代码。

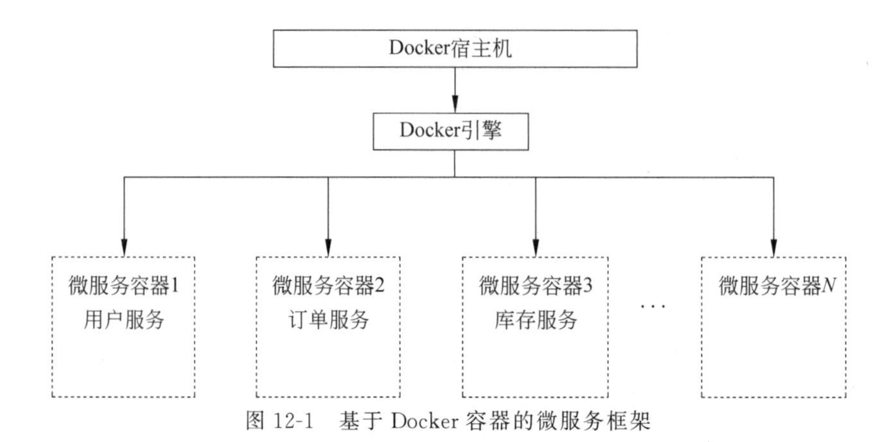

图 12-1　基于 Docker 容器的微服务框架

12.2　容器化管理 Spring Boot 项目

通常基于 Spring Cloud Alibaba 的微服务项目是由若干个基于 Spring Boot 框架的业务模块构成的，本节将介绍用 Docker 容器化管理 Spring Boot 项目的实践方法。

12.2.1　准备 Spring Boot 项目

首先创建一个 Spring Boot 3.0.2 项目，命名为 HelloDocker，创建时勾选 Spring Web 依赖，然后创建本项目的 Spring Boot 启动文件。

新建控制器类 HelloController.java，并定义对外提供服务的 hello 方法，对应的 URL 请求是/hello，当访问该路径时会返回字符串，代码如下：

```
@RestController
public class HelloController {

    @GetMapping("/hello")
    public String sayHello(){
        return "Hello Docker! ";
    }
}
```

完成上述简单项目编写后，通过运行 Spring Boot 启动类，启动该项目，并在浏览器中访问 http://localhost:8080/hello 能看到如图 12-2 所示的输出结果。

Hello Docker!

图 12-2　输出结果

12.2.2 打包成 JAR 包

在 IDEA 中默认整合了 Maven 工具，通过 Maven 插件可将项目打包为可执行的 JAR 包，可以按照以下步骤进行操作。

在项目结构中，打开 Maven 工具窗口（一般位于右侧边栏），如图 12-3 所示。

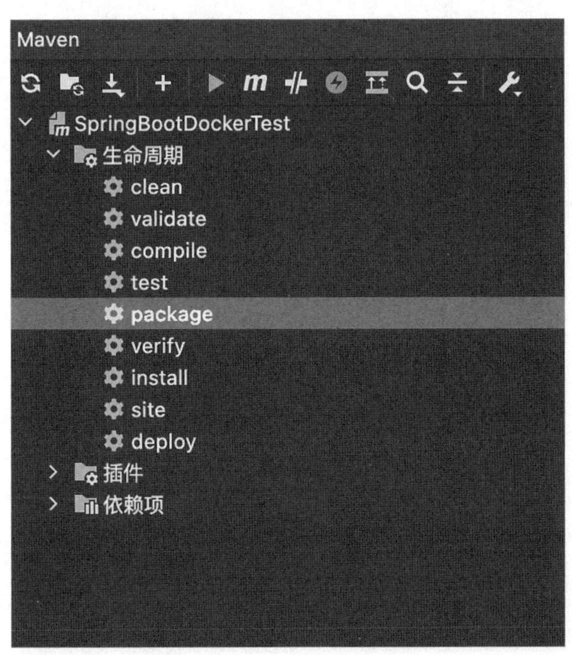

图 12-3 Maven 工具窗口

在 Maven 工具窗口中展开项目，找到生命周期→package，双击 package 等待 Maven 执行构建过程，直到构建成功。构建完成后，在项目目录下的 target 文件夹中会生成一个带有版本号的 JAR 文件，如图 12-4 所示。

现在可以使用以下命令来运行该 JAR 文件：

```
java -jar HelloDocker-0.0.1-SNAPSHOT.jar
```

运行上述命令后，应用程序将会启动并监听指定的端口，可以通过端口访问应用程序。在浏览器中输入之前的网址同样可以看到输出结果。在实际项目部署中，通常会将 JAR 包上传到目标服务器上，并在合适的目录下执行命令来运行 JAR 包，这样项目就可以在服务器的指定端口上监听请求并提供服务了。

12.2.3 制作 JDK 17 基础镜像

由于此处的 Java 项目都是基于 JDK 17 的运行环境，故需要先制作好 JDK 17 基础镜像，制作步骤如下。

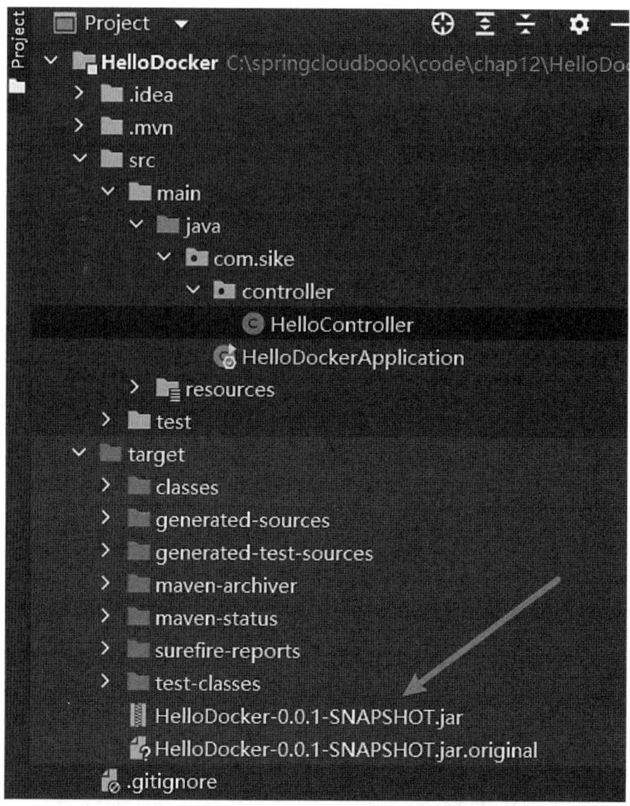

图 12-4 JAR 文件在项目文件夹中的位置

（1）下载 JDK 17 压缩包：jdk-17_linux-x64_bin.tar.gz。

在压缩包所在的目录下创建 Dockerfile 文件，输入的内容如下：

```
#指定基础镜像
FROM CentOS:7
#配置环境变量,JDK 的安装目录
ENV JAVA_DIR=/usr/local
#复制 JDK 17 的包
COPY ./jdk-17_linux-x64_bin.tar.gz $JAVA_DIR/
#安装 JDK
RUN cd $JAVA_DIR \
  && tar -zxvf ./jdk-17_linux-x64_bin.tar.gz
#配置环境变量
ENV JAVA_HOME=$JAVA_DIR/jdk-17.0.4.1
ENV PATH=$PATH:$JAVA_HOME/bin
CMD ["java","-version"]
```

注意：上述代码倒数第 3 行的 jdk-17.0.4.1 是 jdk-17_linux-x64_bin.tar.gz 压缩包解压后默认的名称，不同版本可能不一样，如果不一样，则可通过观察下一步的命令执行过程，再回来修改。

（2）构建镜像。在压缩包和 Dockerfile 所在路径打开命令行窗口，输入命令 docker build -t jdk17:1.0.。注意上述命令最后有一个点符号，表示当前目录，即 Dockerfile 所在的目录。

（3）输入命令 docker images 查看镜像。JDK 17 镜像已经成功制作，如图 12-5 所示。

图 12-5　JDK 17 镜像成功制作

12.2.4　用 JAR 包制作镜像

可以按照以下步骤将 JAR 包制作成 Docker 镜像。

首先在 HelloDocker 项目的根目录下创建一个名为 Dockerfile 的文件，该文件将用于定义构建 Docker 镜像所需的步骤和配置。在 Dockerfile 文件中，需要指定基础镜像、复制 JAR 文件、暴露端口及运行命令等。文件的内容如下：

```
FROM jdk17:1.0
#设置时区
ENV TZ Asia/Shanghai
#设置工作目录
WORKDIR /app
COPY target/HelloDocker-0.0.1-SNAPSHOT.jar app.jar
#暴露应用程序的端口
EXPOSE 8080
#定义应用程序的启动命令
ENTRYPOINT java -jar app.jar
```

通过该 Dockerfile 文件创建的镜像，将使用 JDK 1.8 版本、设置了时区为 Asia/Shanghai、指定了工作目录、将 JAR 文件复制到镜像中，并将容器的 8080 端口暴露出来。最后使用 java -jar app.jar 命令来启动应用程序。

完成上述文件的编写后，可以在此项目的根目录下打开终端并运行如下命令，以便创建名为 hellodocker-img 的 Docker 镜像：

```
docker build -t hellodocker-img:0.1.0 .
```

这里的 docker build -t 命令用于根据当前目录下的 Dockerfile 文件创建镜像，镜像名为 hellodocker-img，在“:”后面表示。镜像的版本，命令最后的“.”表示 Dockerfile 文件在当前目录下。

创建完成后可通过 docker images 命令查看当前所有的镜像，如图 12-6 所示。

在成功构建 Docker 镜像后，可以通过以下命令来运行容器：

```
C:\springcloudbook\code\chap12\HelloDocker>docker images
REPOSITORY            TAG       IMAGE ID       CREATED          SIZE
hellodocker-img       0.1.0     08732f7e15fa   4 minutes ago    720MB
jdk17                 1.0       59b09597546e   33 minutes ago   701MB
```

图 12-6　在终端中查看当前镜像的效果图

```
docker run -d -p 8080:8080 -name hello-docker hellodocker-img:0.1.0
```

通过运行上述命令，可以将镜像生成 Docker 容器，其中-d 参数表示以守护进程方式运行容器，-p 参数用于将容器内的端口映射到主机上的对应端口，-name 参数用于将容器的名称指定为 hello-docker，命名容器有助于识别和管理容器实例，但是需要确保容器名称唯一，以避免与其他容器产生冲突。

在容器中，以 JAR 文件的方式部署了项目，并且将容器内的 8080 端口映射到了宿主机的 8080 端口中，这样外部程序就可以通过该端口访问 Docker 容器中的项目了。Docker 容器和宿主机之间的关系如图 12-7 所示。

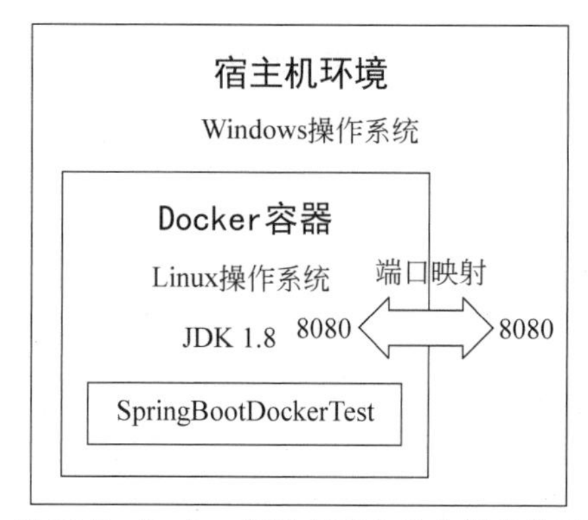

图 12-7　Docker 容器和宿主机之间的关系

Docker 内部的操作系统提供了运行容器所需的文件系统和工具，JDK 17 是容器内应用程序所需的 Java 运行环境，用于支持 Java 应用程序的运行。端口映射代表容器内部的服务将其服务器端口映射到宿主机操作系统上。通过端口映射，可以将容器的 8080 端口映射到宿主机操作系统的 8080 端口上，这样宿主操作系统上的服务可以通过宿主操作系统的 IP 地址和端口访问容器内的应用程序。

在 Dockerfile 中，还使用了 ENTRYPOINT java -jar app.jar 命令指定了启动命令。在镜像创建并启动容器后会在容器内自动运行该命令来启动项目，实现了对 Spring Boot 项目的容器化管理。

12.3 容器化管理组件

本节将详细介绍如何使用 Docker 容器化管理 Nacos、MySQL、Redis 和 MyCat 等组件。

12.3.1　容器化管理 Nacos 组件

可以通过如下的步骤对 Nacos 进行容器化管理。

(1) 下载 Nacos 的官方 Docker 镜像。打开 cmd 命令行窗口并下载 Nacos 镜像，命令如下：

```
docker pull nacos/nacos-server
```

(2) 启动 Nacos 容器。下载完成后，在本机启动基于 Docker 的 Nacos 容器，命令如下：

```
docker run -env MODE=standalone -name nacos -p 8848:8848 -p 9848:9848 -p
9849:8849 -d nacos/nacos-server
```

上述命令中各个参数的含义如下：

(1) -env MODE＝standalone：表示将环境变量 MODE 的值设置为 standalone，Nacos 将会设置为独立模式运行，即在单节点上运行 Nacos 服务实例，适用于在开发和测试环境中使用，以及应对小规模的生产环境。

(2) -name：表示给容器设置的名字，这里设置为 nacos。

(3) -p 8848:8848：表示将容器内部的 8848 端口映射到主机的 8848 端口上，可以通过主机的 8848 端口访问 Nacos 控制台。

(4) -p 9848:9848 -p 9849:8849 从 Nacos 2.x 版本后需要多开放两个端口。

(5) -d：表示以后台方式运行容器。

(6) nacos/nacos-server：表示使用 Nacos 官方提供的 Docker 镜像。

完成上述命令后可以通过 docker ps 命令观察当前处于活动状态的容器。

Nacos 容器运行成功后，相当于在宿主机中运行的子操作系统，Nacos 组件在其中通过映射的端口号 8848 对外提供服务。可以通过 docker stop nacos 和 docker start nacos 命令停止或启动容器的运行。使用浏览器访问 http://localhost:8848/nacos，结果如图 12-8 所示。

图 12-8　Nacos 容器运行结果

12.3.2 容器化管理 Sentinel

通过如下步骤，完成包含 Sentinel 组件的容器创建。

（1）下载 Sentinel 镜像，命令如下：

```
docker pull bladex/sentinel-dashboard
```

（2）用 Sentinel 镜像生成对应的容器，命令如下：

```
docker run -name sentinel -d -p 8858:8858 bladex/sentinel-dashboard
```

启动该容器后，可以在浏览器中输入 http://localhost:8858/#/login 访问 Sentinel 组件的控制台，如图 12-9 所示，初始的用户名和密码都是 sentinel。

图 12-9 Sentinel 控制台登录界面

这里将演示如何使用 Docker 容器安装 MySQL，并在其中创建数据库和表。

（1）下载 MySQL 镜像。首先通过 docker pull mysql:latest 命令下载最新的 MySQL 镜像，并用 docker images 命令确认镜像是否完成下载。

（2）使用下载好的 MySQL 镜像生成容器，命令如下：

```
docker run -itd -p 13306:3306 -name mysql -e MYSQL_ROOT_PASSWORD=123456
mysql:latest
```

这里将容器内的 3306 端口映射到了宿主机的 13306 端口，这样外部程序就可以通过 13306 端口访问容器内的 MySQL 数据库了，并且设置了连接用户 root 及对应的密码 123456。

（3）进入 MySQL 数据库，命令如下：

```
docker exec -it mysql /bin/bash
```

也可以通过图形化界面 Docker Desktop 进入，在 Containers 界面中选择正在运行的

MySQL 容器，单击 Terminal 选项卡进入终端界面，如图 12-10 所示。

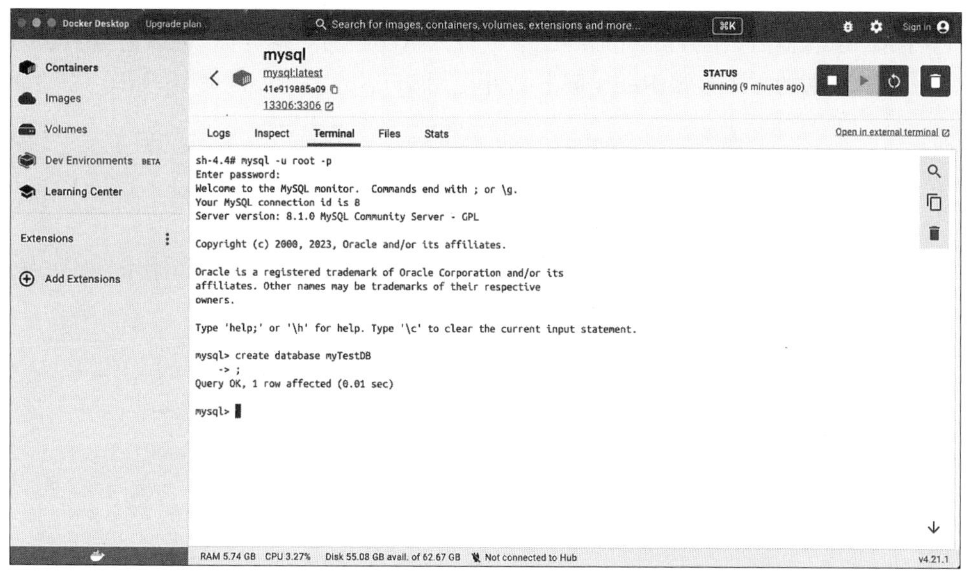

图 12-10 使用 Docker Desktop 进入 MySQL 容器终端界面

进入容器后，可以通过 mysql -u root -p 命令登录，并输入之前设置好的密码 123456，当出现 mysql> 提示符时，就可以输入命令操作数据库了。

通过 create database myTestDB 命令创建一个名为 myTestDB 的数据库，然后使用 use myTestDB；命令选中进入该数据库，使用如图 12-11 所示的语句创建班级表。

```
mysql> use myTestDB;
Database changed
mysql> CREATE TABLE class (
    ->   id INT PRIMARY KEY,
    ->   name VARCHAR(50),
    ->   teacher VARCHAR(50),
    ->   start_date DATE,
    ->   end_date DATE
    -> );
Query OK, 0 rows affected (0.02 sec)
```

图 12-11 创建班级表示意图

12.3.3 通过 Docker 容器部署 Redis

为了提升数据库的访问性能，可以通过 Docker 容器来部署 Redis。

首先通过如下命令下载 Redis 镜像：

```
docker pull redis
```

生成包含 Redis 缓存服务器的 Docker 容器，命令如下：

```
docker run -itd --name redis -p 6379:6379 redis:latest
```

运行 Redis 容器后，在 Docker Desktop 中进入 Redis 的终端界面，可以通过 redis-cli 命令以 Redis 客户端的方式连接 Redis 服务器并使用 get、set 等 Redis 命令，如图 12-12 所示。

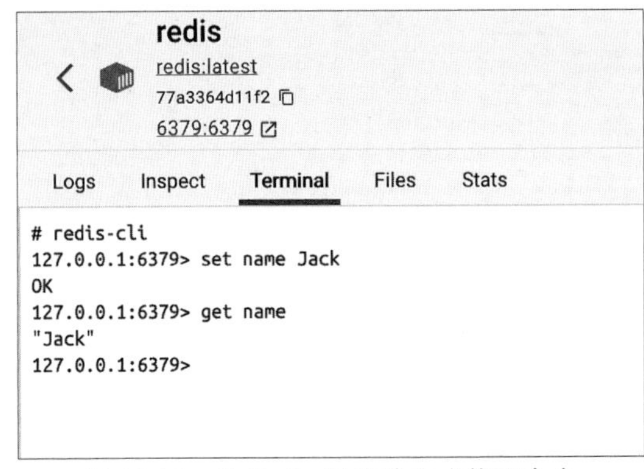

图 12-12　以 Redis 客户端方式使用命令

第13章 使用 Docker 部署微服务项目实践

本章主要内容：

- 商品管理微服务系统架构分析
- 开发商品管理微服务项目
- 容器化部署商品管理微服务
- 扩容与灰度发布

第12章详细介绍了如何使用Docker部署单个Spring Boot项目及实现每个组件的步骤。在本章中，将基于这个基础，说明如何使用Docker容器来管理微服务项目。

以商品管理系统为例，本章将介绍如何在微服务中引入负载均衡、服务治理、限流、熔断防护和缓存等策略，以应对高并发请求的挑战。此外，本章还将提供在Docker容器中搭建和部署Spring Boot本地项目及其相关组件的详细步骤。

13.1 商品管理微服务系统架构分析

本节首先介绍微服务项目的特点及优势，然后会给出商品管理系统的微服务架构，最后会介绍需求和数据表结构。

13.1.1 微服务项目的表现形式与优势

微服务项目是一种以小型、独立部署的服务为基础的软件开发方法。它将应用程序拆分为一组相互独立的小服务，每个服务专注于不同的业务功能，并通过轻量级的通信机制进行交互。

微服务项目的主要特点和优势如下。

(1) 灵活性和可扩展性：微服务架构使开发团队能够灵活地开发、测试和部署不同部分的应用程序。每个微服务都可以独立扩展，提高系统的可伸缩性。

(2) 高内聚、低耦合：通过将应用程序拆分为独立的服务，微服务架构使每个服务专注于特定的业务功能。这减少了服务之间的依赖，提高了系统的可维护性和扩展性。

(3) 技术多样性：微服务项目允许使用不同的技术栈实现每个微服务，因为它们是相互独立的。这使开发团队能够选择最适合他们的工具和技术来解决业务问题。

(4) 持续交付和部署：微服务项目支持持续集成和持续部署，因为每个微服务可以独立开发、测试和部署。这加快了开发团队的反馈速度，并提高了系统的稳定性和可靠性。

(5) 容错性和可恢复性：微服务项目将失败范围限制在单个微服务的边界内，从而降低了全局性故障的风险，并提高了系统的容错性和可恢复性。

通过采用微服务项目，开发团队可以更加灵活地构建和管理复杂的系统，提高开发速度和系统的稳定性。同时，每个微服务的独立性使团队能够选择最适合的技术和工具，并通过持续交付和部署实现快速迭代和反馈。

13.1.2 基于 Docker 容器的微服务架构

基于 Docker 容器的商品管理微服务架构图如图 13-1 所示。

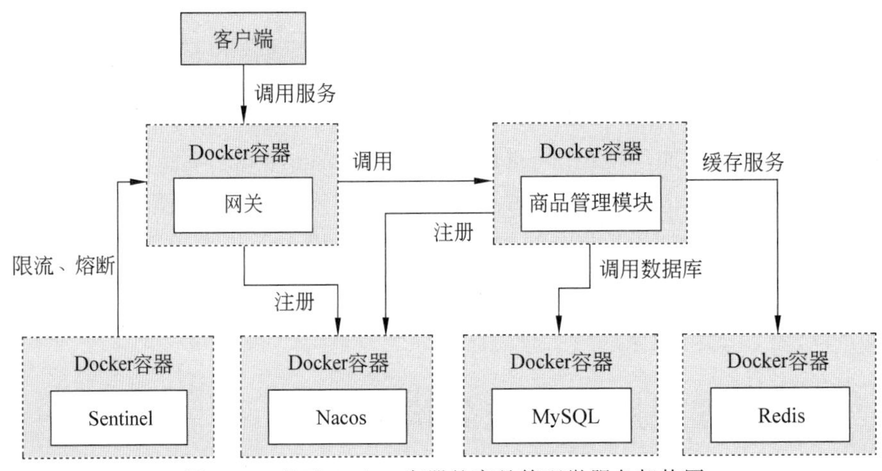

图 13-1 基于 Docker 容器的商品管理微服务架构图

从图 13-1 中可以看出，基于 Gateway 组件的网关模块作为整个架构的入口点，接受来自客户端的请求，并根据配置的路由规则将请求路由到相应的微服务。Nacos 作为服务注册与发现的中心组件，微服务可以将自己注册到 Nacos，并通过 Nacos 进行服务的发现和调用。

MySQL 作为主要的关系数据库，用于存储持久化数据，例如商品信息等。Redis 作为缓存和临时数据存储，用于提高系统性能和响应速度。另外，本项目中还引入了限流和熔断等安全防护措施，通过调用 Sentinel 实现实时的监控、熔断和限流等功能，以确保网关和后端微服务的稳定性和可靠性。本项目很好地展现了微服务项目的开发和部署规范。

13.1.3 业务功能点和数据表结构

由于本节的重点是 Docker 容器化项目管理技术，因此商品管理项目提供了简单的新增商品和查询商品功能。服务方法和数据库表结构如表 13-1 和表 13-2 所示。

表 13-1　商品管理项目的服务方法

方　法　名	对应的 URL	说　　明
createProduct	/createProduct	新增商品信息
getProductById	/getProductById/{id}	根据 ID 查询商品信息

表 13-2　products 商品表的结构

字　段　名	类　　型	说　　明
Id	INT	商品 ID
name	VARCHAR(100)	商品名称
description	TEXT	商品描述
price	DECIMAL(10,2)	商品价格
created_at	DATETIME	创建时间
Update_at	DATETIME	更新时间

13.2　开发商品管理微服务项目

本商品管理项目包含了商品管理和网关两个模块，其中商品管理模块采用了单体 Spring Boot 架构，以 URL 格式的请求对外提供服务，它负责处理商品相关的业务逻辑，包括新增商品、查询商品等功能，而网关模块对商品管理模块进行了封装，作为一个中间层，它接受外部客户端的请求，并将请求转发到商品管理模块进行处理。同样地，商品管理模块返回的结果也会经由网关模块返回外部客户端。

这种架构可以对商品管理模块和网关模块进行解耦，商品管理模块专注于商品业务的处理，网关模块负责请求的转发和过滤，提供更好的用户体验和性能。

13.2.1　开发商品管理模块

这里需要创建一个名为 ProdPrj 的项目，以便实现员工管理功能，该项目由控制层、业务层和数据访问层构成，并且使用 Redis 缓存整合 MySQL 数据库的方式来管理商品数据。基本流程如图 13-2 所示。

（1）创建项目 ProdPrj，具体的创建流程不再赘述。

（2）在 pom.xml 文件中引入 Mybatis-plus、Redis、MySQL 和 Nacos 等依赖包。配置内容如下：

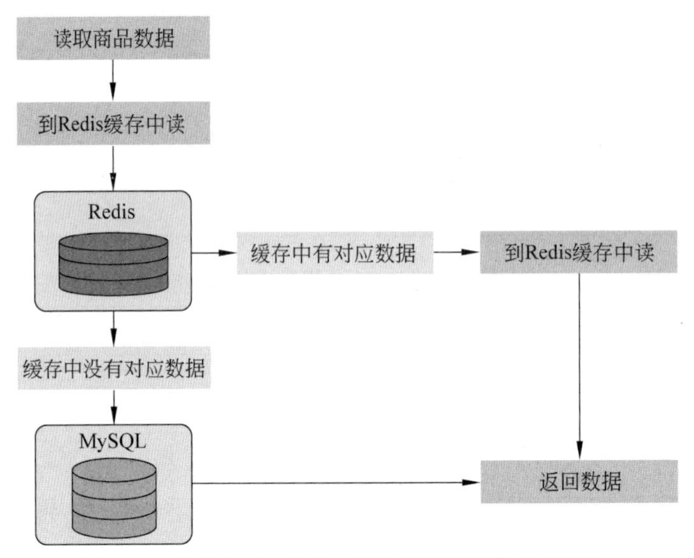

图 13-2 使用 Redis 和 MySQL 读取商品数据流程图

```
<dependency>
    <groupId>org.springframework.boot</groupId>
    <artifactId>spring-boot-starter-data-redis</artifactId>
</dependency>
<dependency>
    <groupId>org.springframework.boot</groupId>
    <artifactId>spring-boot-starter-web</artifactId>
</dependency>
<dependency>
    <groupId>com.google.code.gson</groupId>
    <artifactId>gson</artifactId>
    <version>2.8.0</version>
</dependency>
<dependency>
    <groupId>com.alibaba.cloud</groupId>      <artifactId>spring-cloud-
starter-alibaba-nacos-discovery</artifactId>
    <version>2022.0.0.0</version>
</dependency>
<dependency>
    <groupId>mysql</groupId>
    <artifactId>mysql-connector-java</artifactId>
    <version>8.0.25</version>
</dependency>
<dependency>
    <groupId>com.baomidou</groupId>
    <artifactId>mybatis-plus-boot-starter</artifactId>
```

```
        <version>3.5.3</version>
    </dependency>
    <dependency>
        <groupId>org.projectlombok</groupId>
        <artifactId>lombok</artifactId>
    </dependency>
```

（3）在启动类上添加@EnableDiscoveryClient 注解，这将启用 Nacos 的服务注册和发现功能，代码如下：

```
@EnableDiscoveryClient
@Spring BootApplication
public class ProdPrjApplication {
    public static void main(String[] args)
{SpringApplication.run(ProdPrjApplication.class, args);}
}
```

（4）在控制器 ProdController.java 类里编写对外提供服务的方法，在需要注册的方法上添加注解，并且使用@ RestController 注解标记该类。通过在 getProductById 和 createProduct 两种方法里调用业务类的方法，实现插入和查询商品信息功能，代码如下：

```
@RestController
public class ProdController {
    @Autowired
    private ProdService prodService;

    @GetMapping("/getProductById/{id}")
    public Product getProductById(@PathVariable("id") Integer id) {
        return prodService.getProductById(id);
    }

    @PostMapping("/createProduct")
    public void createProduct(@RequestBody Product product) {
        prodService.createProduct(product);
    }
}
```

（5）编写业务实现类 ProdService.java，代码如下：

```
@Service
public class ProdService {
    @Autowired
    private ProductMapper productMapper;
    @Autowired
    private ProdRedisDao prodRedisDao;
```

```
    public Product getProductById(Integer id) {
        Product product =prodRedisDao .getProductById(id)
        if (product ! =null) {
            System.out.println("从缓存中获取");
            return product;
        } else {
            System.out.println("从数据库中获取");
            product =productMapper.selectById(id);
            if (product ! =null) {
                prodRedisDao.createProduct(id, product);
            }
            return product;
        }
    }
        public void createProduct(Product product) {
            productMapper.insert(product);
        }
}
```

ProdService 使用了 ProductMapper 接口来与数据库进行交互，通过依赖注入，实现了对 ProductMapper 和 ProdRedisDao 的自动注入。

getProductById(Integer id)方法用于获取指定商品 ID 的商品信息。它首先尝试从 Redis 缓存中获取产品信息，如果在缓存中找到了产品，就直接返回，否则它会从数据库中获取产品信息，并将获取的产品存储到 Redis 缓存中，以便下次快速获取。这样便可以提高系统的性能和响应速度。

createProduct(Product product)方法用于创建新的产品。它将新的产品信息插入数据库中，以便在之后的操作中使用。这种方法没有使用 Redis 缓存，因为它只需要创建新的产品，而不需要从缓存中读取。

(6) 定义一个名为 Product 的实体类，用于表示商品对象。Product 实体类可以与数据库中的 products 表进行交互，并通过 MyBatis-Plus 框架提供的注解和功能实现对象与数据库记录的映射和操作，代码如下：

```
@Data
@TableName("products")
public class Product {

    @TableId(type =IdType.AUTO)
    private Integer id;

    private String name;

    private String description;
```

```
    private BigDecimal price;

    private Date created_at;

    private Date updated_at;
}
```

（7）编写一个 Redis 数据访问对象(DAO)，用于在 Redis 中存储和获取产品对象，该类提供了两种方法：

```
@Repository
public class  ProdRedisDao {
    @Autowired
    private RedisTemplate<String, String> redisTemplate;

    public void createProduct(int id, Product product){
        Gson gson =new Gson();
        redisTemplate.opsForValue().set(Integer.valueOf(id).toString(),
gson.toJson(product));;
    }

    public Product getProductById(int id) {
        Gson gson =new Gson();
        Product product =null;
        String productJson =
redisTemplate.opsForValue().get(Integer.valueOf(id).toString());
        if(productJson !=null && !productJson.equals("")){
            product =gson.fromJson(productJson, Product.class);
        }
        return product;
    }

}
```

createProduct 方法用于将产品对象存储到 Redis 中。它接收一个 id 和一个 Product 对象作为参数。在方法内部，通过 Gson 对象将 Product 对象转换为 JSON 格式的字符串，并使用 redisTemplate.opsForValue().set(key, value)将其存储在 Redis 中。这里的 key 为 id 的字符串格式，value 是转换后的 JSON 格式的字符串。

getProductById 方法通过给定的 id 从 Redis 中获取产品对象。它首先从 Redis 中获取对应的 JSON 格式的字符串，然后使用 Gson 对象将 JSON 字符串反序列化为 Product 对象。如果获取的 JSON 格式的字符串不为空，则返回反序列化后的 Product 对象，否则返回 null。

（8）编写 application.yml 配置文件，内容如下：

```
spring:
  datasource:
    url:
jdbc:mysql://localhost:13306/Prod?useUnicode=true&characterEncoding=utf-8
    username: root
    password: 123456
    driver-class-name: com.mysql.cj.jdbc.Driver

  data:
    redis:
      host: 192.168.216.1
      port: 6379

  application:
    name: ProdPrj
  cloud:
    nacos:
      discovery:
        server-addr: 192.168.216.1:8848
```

包含了对数据库和 Redis 的配置信息，以及应用程序的名称和 Nacos 服务发现的配置。这里用到的地址是本机的 IP 地址（每个用户不一样，配置时自行更换），这是由于本项目的组件都部署在不同的容器中，这些容器通过端口映射把对应的工作端口映射到主机上，所以在配置文件中我们使用本机的 IP 地址和端口号，注意不能用 localhost。

13.2.2 开发网关模块

本节创建一个名为 GateWay 的 Spring Boot 3.0.2 项目实现网关模块。引入 Spring Cloud 2022.0.0、Spring Cloud Alibaba 2022.0.0.0 管理依赖，以及引入 GateWay、Nacos、Sentinel 等依赖，代码如下：

```
<dependency>
    <groupId>org.springframework.cloud</groupId>
    <artifactId>spring-cloud-starter-gateway</artifactId>
</dependency>
<dependency>
    <groupId>com.alibaba.cloud</groupId>
    <artifactId>spring-cloud-starter-alibaba-sentinel</artifactId>
</dependency>
<dependency>
    <groupId>com.alibaba.cloud</groupId>
    <artifactId>spring-cloud-alibaba-sentinel-gateway</artifactId>
</dependency>
<dependency>
    <groupId>com.alibaba.cloud</groupId>
```

```
    <artifactId>spring-cloud-starter-alibaba-nacos-discovery</artifactId>
</dependency>
```

在启动类加上@EnableDiscoveryClient，允许从 Nacos 中拉取商品管理模块的相关方法，代码如下：

```
@EnableDiscoveryClient
@Spring BootApplication
public class GataWayApplication{
    public static void main(String[] args) {
        SpringApplication.run(GateWayApplication.class,args);
    }
}
```

在 application.yml 配置文件中添加的配置信息如下：

```
server:
  port: 9090
spring:
  application:
    name: GateWay
  cloud:
    nacos:
      discovery:
        server-addr: 192.168.216.1:8848
    gateway:
      routes:
        -id: getProductById
          uri: http://192.168.216.1:8080/
          predicates:
            -Path=/getProductById/{id}
        -id: createProduct
          uri: http://192.168.216.1:8080/
          predicates:
            -Path=/createProduct
    sentinel:
      transport:
        dashboard: 192.168.216.1:8858
        port: 8085
```

(1) server.port：9090：用于将网关应用的端口号指定为 9090，即应用将监听在本地的 9090 端口上。

(2) spring.application.name：GateWay：将应用的名称设置为 GateWay，用于在 Nacos 中注册和发现应用。

(3) spring.cloud.nacos.discovery.server-addr：192.168.216.1：8848：指定 Nacos 服务

器的地址，即网关应用将通过此地址注册到 Nacos 并进行服务发现。在这里，将 Nacos 服务器的地址设置为 192.168.216.1:8848。

(4) spring.cloud.gateway.routes：配置网关的路由信息，包括路由 ID、目标 URI 及其谓词(Predicates)配置。在这里，有两个路由配置，一个是将/getProductById/{id}路径的请求转发到 http://192.168.216.1:8080/服务上，另一个是将/createProduct 路径的请求转发到同样的目标服务。

(5) spring.cloud.sentinel.transport.dashboard：192.168.216.1:8858：配置 Sentinel 的控制台地址，用于监控和管理网关应用的流量限制和熔断等策略。

(6) spring.cloud.sentinel.transport.port：8085：指定网关应用与 Sentinel 控制台通信的端口号。

同样，这里用到的地址也是本机的 IP 地址。

13.3 容器化部署商品管理微服务

13.2 节介绍了如何开发一个基于 Spring Cloud Alibaba 的商品管理模块和网关模块，本节将介绍如何打包业务模块，以及如何在 Docker 中部署业务模块及组件的方法，让读者更好地掌握微服务容器化技巧。

13.3.1 打包商品管理和网关模块

通过 IDEA 进入商品管理及网关模块的项目目录后，单击右侧的侧边栏，在 Maven 一栏中单击 package 按钮。运行打包命令后，可以在项目目录下的 target 文件夹内看到打包后的 JAR 包，如图 13-3 所示。

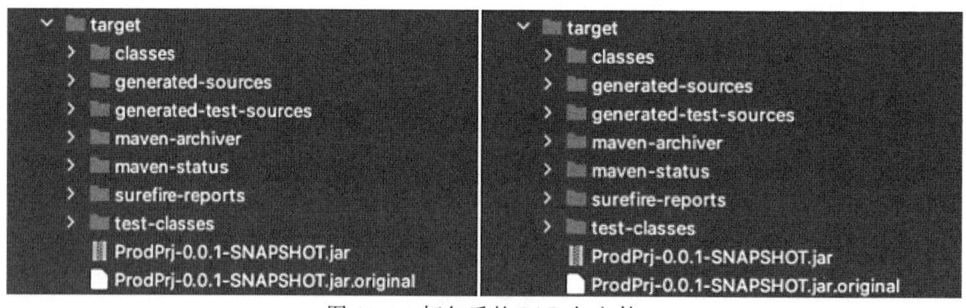

图 13-3 打包后的 JAR 包文件

13.3.2 容器化部署并运行 MySQL 和 Redis

在之前的章节中，我们介绍了如何下载和运行 MySQL 和 Redis 的镜像，这里可以直接使用 Docker 命令 docker start mysql、docker start redis 来分别启动两个容器，或者在 Docker Desktop 容器界面中单击相应的容器进行启动。

通过 docker ps 命令确认容器是否启动成功,如图 13-4 所示。本项目中,分别将 MySQL 和 Redis 的工作端口映射到 13306 和 6379 端口,然后根据 13.1.3 节提供的数据库表创建数据库。

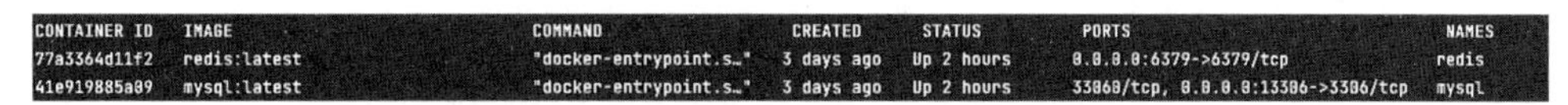

图 13-4　确认 MySQL 和 Redis 容器启动成功

13.3.3　容器化部署并运行 Nacos 和 Sentinel

同样,按照之前章节介绍的方法下载 Nacos 和 Sentinel 镜像并启动,分别将对应的端口号配置为 8848 和 8858,使用 docker ps 命令查看容器是否成功启动,如图 13-5 所示。

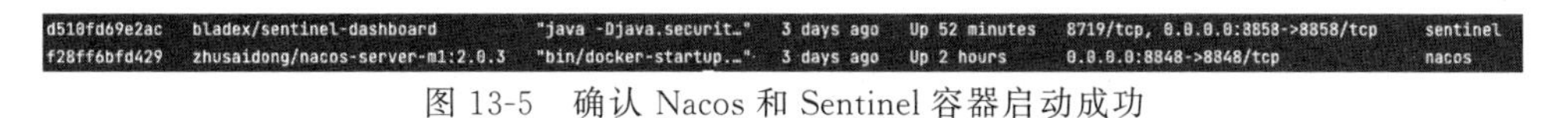

图 13-5　确认 Nacos 和 Sentinel 容器启动成功

13.3.4　容器化部署商品管理模块

完成上述组件在 Docker 容器里的部署和运行后,开始部署和运行商品管理模块和网关模块。首先,在商品管理项目的根目录下编写 Dockerfile 文件:

```
FROM jdk17:1.0
#设置时区
ENV TZ Asia/Shanghai
#设置工作目录
WORKDIR /app
COPY target/ProdPrj-0.0.1-SNAPSHOT.jar app.jar
#暴露应用程序的端口
EXPOSE 8080
#定义应用程序的启动命令
ENTRYPOINT ["java", "-jar", "app.jar"]
```

FROM jdk17:1.0:将基础镜像指定为 JDK 17 运行时环境。

EXPOSE 8080:暴露容器的 8080 端口。

COPY target/ProdPrj-0.0.1-SNAPSHOT.jar app.jar:将位于目录 target 下的 ProdPrj-0.0.1-SNAPSHOT.jar 文件复制到镜像中,并将其命名为 app.jar。

ENTRYPOINT ["java:, "-jar", "/app.jar"]:配置容器启动时要执行的命令。这里运行 Java 命令启动/app.jar。

然后在终端运行命令,创建镜像,命令如下:

```
docker build -t prod-img:0.1.0 .
```

完成镜像的创建后运行 docker 命令,根据该镜像生成 Docker 容器:

```
docker run -t -name prod -p 8080:8080 prod-img:0.1.0
```

下面是命令中的每个选项的简要说明。

(1) -t：表示为容器分配一个伪终端，以便可以查看应用程序的输出。

(2) -name prod：将容器的名称指定为 prod。

(3) -p 8080:8080：将宿主机的 8080 端口映射到容器的 8080 端口，这样便可以通过宿主机的 8080 端口访问容器中运行的应用程序。

(4) prod-img:0.1.0：指定要使用的 Docker 镜像的名称和标签。在这里，使用的镜像名称为 prod-img，标签为 0.1.0。

通过运行这个命令，Docker 将会创建一个名为 prod 的容器，并运行其中的应用程序。可以通过访问宿主机的 8080 端口访问该应用程序。

13.3.5 容器化部署网关模块

容器化部署网关模块的步骤与商品管理模块类似，首先在项目的根目录下创建 Dockerfile 文件，网关模块工作在 9090 端口，命令如下：

```
FROM jdk17:1.0
EXPOSE 9090
COPY target/GateWay-1.0-SNAPSHOT.jar app.jar
ENTRYPOINT ["java", "-jar", "/app.jar"]
```

完成编写后在终端运行命令以创建对应的 Docker 镜像，命令如下：

```
docker build -t gateway-img:0.1.0
```

完成创建网关模块对应的镜像后，根据该镜像生成并运行 Docker 容器，命令如下：

```
docker run -t -name gateway -p 9090:9090 gateway-img:0.1.0
```

通过运行该命令，Docker 将会构建一个名为 gateway 的容器，并运行其中的应用程序，该容器内的 9090 端口会被映射到本机的 9090 端口。

13.3.6 观察微服务容器化效果

完成在 Docker 容器里部署并启动上述模块和组件后，可以在浏览器中输入 http://localhost:9090/getProductById/1 请求，通过网关模块向商品管理模块发起查询 id 为 1 的商品信息。该请求会返回数据库表中 id 为 1 的商品信息结果，并且在输入上述请求后，通过日志界面可以看到“从缓存中读取”等字样，说明商品管理模块在执行请求的过程中会调用部署的 Redis 和 MySQL 服务。

然后可以在浏览器地址栏输入 http://localhost:8848/nacos 进入 Nacos 注册中心界

面，输入初始账号和密码 nacos，可以观察到在 Nacos 组件里的服务注册情况，如图 13-6 所示。

图 13-6　Nacos 界面里的服务注册列表

可以看到商品管理模块和网关模块都被成功地注册到了 Nacos 组件里。

13.3.7　引入限流和熔断措施

将 GateWay 网关模块和 Sentinel 组件整合，实现在网关层面的限流和熔断等安全防护措施。首先可以在浏览器中输入 http://localhost:8858/#/login 进入 Sentinel 的可视化界面，输入初始账号和密码 sentinel，如图 13-7 所示。

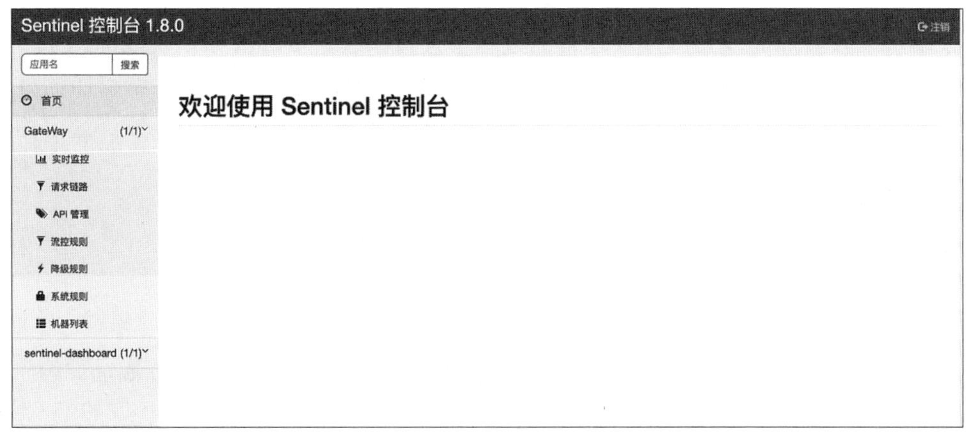

图 13-7　Sentinel 可视化界面

由于 Sentinel 采用了懒加载管理方式延迟初始化 Sentinel 相关组件，以减少应用程序启动时的开销，因此，只有在首次调用方法时才能在 Sentinel 界面中看到相应的方法，然后可以通过单击“API 管理”菜单创建 API，如图 13-8 所示，创建包含 getProductById 的 API。

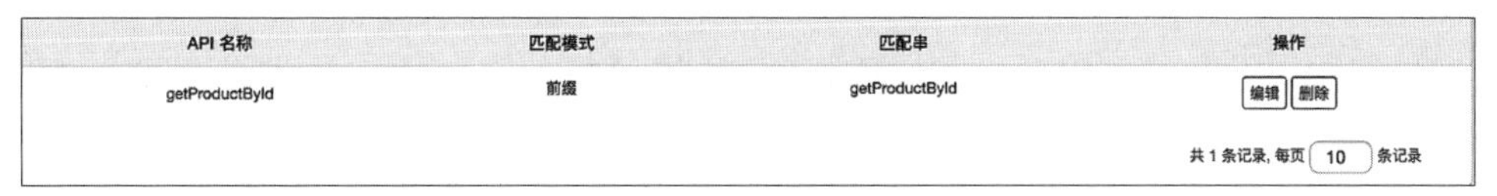

API 名称	匹配模式	匹配串	操作
getProductById	前缀	getProductById	编辑 删除

共 1 条记录，每页 10 条记录

图 13-8　创建 API

进入流控规则菜单，可以设置 API 的限流规则，如图 13-9 所示，此处为包含 getProductById 的 API 设置了 1s 限流 100 个请求。

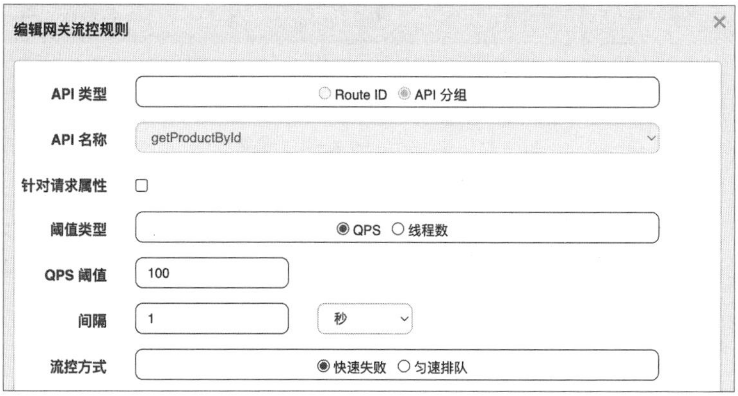

图 13-9　设置限流规则

还可以进入降级规则菜单设置熔断规则等。

13.4　扩容与灰度发布

扩容和灰度发布是应用程序在运行的过程中进行系统扩展和发布新功能的两个关键概念。扩容是指在面对应用程序负载增加时，通过增加服务器实例来提高应用程序的处理能力和性能。灰度发布是指在应用程序中逐步发布新功能和变更，只将其部分流量或用户流量引导到新版本，以确保系统稳定性和功能可靠性。本节将介绍基于 Docker 容器管理的扩容和灰度发布做法。

13.4.1　演示扩容效果

扩容的方式具体可以分为垂直扩容和水平扩容。

(1) 垂直扩容(Vertical Scaling)：通过在现有服务器上增加硬件资源(例如 CPU、内存等)来提高应用程序的处理能力。

(2) 水平扩容(Horizontal Scaling)：通过增加服务器实例来提高应用程序的处理能力。可以通过负载均衡器将请求分发到多个服务器上。

这里演示了通过两个 Docker 容器来部署商品管理模块，并通过包含 GateWay 网关的 Docker 容器将请求以负载均衡的方式分发到两个商品管理模块容器里以实现水平扩容，效果如图 13-10 所示。

可以复制一个和 ProdPrj 一样的项目，并将该项目的名字更改为 AnoProPrj，同时在 application.yml 配置文件里将该项目在本机的工作端口设置为 8081，按照之前章节的步骤把该项目部署后运行起来。

更改 GateWay 网关项目的 application.yml 配置，内容如下：

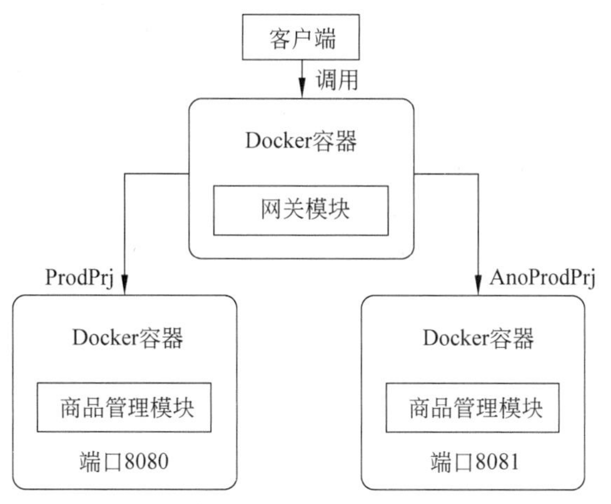

图 13-10　商品管理微服务系统扩容效果图

```
server:
  port: 9090
spring:
  application:
    name: GateWay
  cloud:
    nacos:
      discovery:
        server-addr: 192.168.216.1:8848
    gateway:
      routes:
        -id: getProductById1
          uri: http://192.168.216.1:8080/
          predicates:
            -Path=/getProductById/{id}
            -weight=getProductByIdGroup,5
        -id: getProductById2
          uri: http://192.168.216.1:8081/
          predicates:
            -Path=/getProductById/{id}
            -weight=getProductByIdGroup,5

        -id: createProduct1
          uri: http://192.168.216.1:8080/
          predicates:
            -Path=/createProduct
            -weight=createProductGroup,5
        -id: createProduct2
          uri: http://192.168.216.1:8081/
```

```
          predicates:
            - Path=/createProduct
            - weight=createProductGroup,5

    sentinel:
      transport:
        dashboard: 192.168.216.1:8858
        port: 8085
```

在配置文件中，增加了 GateWay 路由规则，对于相同的请求会把请求转发到工作在 8080 和 8081 两个端口的 Docker 容器上，同时通过设定 weight 参数，将转发比例定义为 50%，即两个 Docker 容器均摊这个请求。

13.4.2 演示灰度发布流程

灰度发布是一种逐步发布新功能和变更的策略，以降低潜在风险并获得用户反馈，它允许逐渐将新版本的功能引入生产环境中，而不是一次性地全部替换旧版本。

这里演示灰度发布的流程，首先假设新代码包含在之前创建的 AnoProdPrj 项目中。灰度发布要做的就是在维持 ProdPrj 代码运行的前提下，上线包含新代码的 AnoProdPrj 项目。在上线后把少部分流量切换到 AnoProdPrj 项目里，验证新代码的功能，确保代码正常工作后，下线旧项目，同时把流量全部切换到新项目中。

修改 GateWay 项目的 application.yml 配置文件，内容如下：

```
server:
  port: 9090
spring:
  application:
    name: GateWay
  cloud:
    nacos:
      discovery:
        server-addr: 192.168.216.1:8848
    gateway:
      routes:
        - id: getProductById1
          uri: http://192.168.216.1:8080/
          predicates:
            - Path=/getProductById/{id}
            - weight=getProductByIdGroup,9
        - id: getProductById2
          uri: http://192.168.216.1:8081/
          predicates:
            - Path=/getProductById/{id}
```

```
            -weight=getProductByIdGroup,1

        -id: createProduct1
          uri: http://192.168.216.1:8080/
          predicates:
            -Path=/createProduct
            -weight=createProductGroup,9
        -id: createProduct2
          uri: http://192.168.216.1:8081/
          predicates:
            -Path=/createProduct
            -weight=createProductGroup,1

    sentinel:
      transport:
        dashboard: 192.168.216.1:8858
        port: 8085
```

这里分别指定了流量转发到新老代码的权重值，90%的流量会转发到旧版本的商品管理模块上，新版本只承担10%的流量。

然后通过日志查看新版本的代码是否可以正常工作，如果出现故障，则将配置文件改成将流量全部切回工作正常的老版本上。如果确认新代码能正常工作，则需要修改配置文件，将全部流量切换到新版本的容器上。

在代码灰度发布中，时间窗口的具体长度和策略应根据不同的应用和环境进行评估和调整，以下是一些常见的时间窗口策略。

(1) 逐小时或逐天发布：将新版本代码按照小时或天为单位逐步引入生产环境中。在时间窗口内，仅有部分用户或流量受到影响，可及时观察系统表现和收集反馈。

(2) 渐进式发布：将新版本代码根据设定的比例逐步引入生产环境，例如每隔一段时间增加一定比例的流量或将用户请求指向新版本。可以根据系统负载、性能指标和用户反馈等数据，有计划地扩大时间窗口。

(3) A/B 测试：使用时间窗口进行 A/B 测试，同时在生产环境中运行旧版本和新版本的代码。通过比较两个版本的性能和用户反馈，逐步增加新版本的流量或用户访问比例。

(4) 灰度发布期：在时间窗口内运行新版本的代码，但只允许部分特定的用户或流量访问新版本。这样可以限制受影响的范围，以及时发现和解决潜在问题。

第14章 使用Kubernetes整合Spring Boot项目

本章主要内容：

- Kubernetes概述
- Kubernetes常用技术

Kubernetes是一个可移植、可扩展的开源平台，用于管理容器化的工作负载和服务，可促进声明式配置和自动化。Kubernetes拥有一个庞大且快速增长的生态，其服务、支持和工具的使用范围相当广泛。

14.1 Kubernetes概述

Kubernetes这个名字源于希腊语，意为“舵手”或“飞行员”。Kubernetes被缩写为K8s，这是因为K和s之间有8个字符的关系。谷歌在2014年开源了Kubernetes项目。Kubernetes建立在谷歌大规模运行生产工作负载十几年经验的基础上，结合了社区中最优秀的想法和实践。

14.1.1 Kubernetes的作用

传统的应用部署方式是通过插件或脚本来安装应用。这样做的缺点是应用的运行、配置、管理、所有生存周期将与当前操作系统绑定，这样做并不利于应用的升级更新/回滚等操作，当然也可以通过创建虚拟机的方式实现某些功能，但是虚拟机占用资源非常多，并不利于移植。

新的方式是通过部署容器的方式实现，每个容器之间互相隔离，每个容器有自己的文件系统，容器之间的进程不会相互影响，能区分计算资源。相对于虚拟机，容器能快速部署，由于容器与底层设施、机器文件系统是解耦的，所以它能在不同云、不同版本操作系统间进行迁移。

容器占用资源少、部署快，每个应用可以被打包成一个容器镜像，每个应用与容器间成一对一关系，这也使容器有更大优势，使用容器可以在build或release的阶段为应用创建容器镜像,因为每个应用不需要与其余的应用堆栈组合,也不依赖于生产环境基础结构,这使从研发到测试、生产能提供一致环境。类似地,容器比虚拟机轻量、更"透明",这更便于监控和管理。

容器主要提供了如下功能。

(1) 自我修复:一旦某个容器崩溃,能够在 1s 左右迅速启动新的容器。

(2) 弹性伸缩:可以根据需要,自动对集群中正在运行的容器数量进行调整。

(3) 服务发现:服务可以通过自动发现的形式找到它所依赖的服务。

(4) 负载均衡:如果一个服务启动了多个容器,则能够自动实现请求的负载均衡。

(5) 版本回退:如果发现新发布的程序版本有问题,则可以立即回退到原来的版本。

(6) 存储编排:可以根据容器自身的需求自动创建存储卷。

14.1.2　搭建 Kubernetes 环境

首先下载 Docker Desktop 程序,可以在 Docker 官网下载,之后下载 Kubernetes 的安装脚本程序。下载解压之后可以看到文件目录,如图 14-1 所示。

名称	修改日期	类型	大小
images	2022/12/26 14:17	文件夹	
sample	2022/12/26 14:17	文件夹	
getLatestIstio	2022/12/26 14:17	Windows PowerShe...	1 KB
images	2022/12/26 14:17	Properties 源文件	1 KB
ingress-nginx-controller	2022/12/26 14:17	Yaml 源文件	15 KB
k8s命令	2022/12/26 14:17	文件	1 KB
kubernetes-dashboard	2022/12/26 14:17	Yaml 源文件	8 KB
kube-system-default	2022/12/26 14:17	Yaml 源文件	1 KB
load_images	2022/12/26 14:17	Windows PowerShe...	1 KB
load_images.sh	2022/12/26 14:17	sh_auto_file	1 KB
README	2022/12/26 14:17	Markdown 源文件	14 KB
README_en	2022/12/26 14:17	Markdown 源文件	11 KB

图 14-1　文件目录

用 PowerShell 命令运行里面的 load_images.psl 脚本,可以右击 load_images.psl,选择用 PowerShell 打开。注意,如果执行过程出现闪退现象,则需要先允许计算机执行.psl 文件。

PowerShell 默认为不能执行本机上的.ps1 文件,这是因为 PowerShell 有默认的安全限制,可以通过 get-executionpolicy 查看当前的执行限制,默认为 Restricted,只能在 PowerShell 里执行单条命令。如果想要执行 ps1 脚本,在 PowerShell 里执行 set-executionpolicy remotesigned 命令就可以了。更多信息可以通过 get-help about_Execution_Policies 查询,如图 14-2 所示。

执行完脚本程序后,再回到 Docker Desktop,单击"设置"按钮,跳转到如图 14-3 所示的

```
    目录: D:\k8s-for-docker-desktop-master\k8s-for-docker-desktop-master


Mode                 LastWriteTime         Length Name
----                 -------------         ------ ----
d-----        2022/12/26     14:17                images
d-----        2022/12/26     14:17                sample
------        2022/12/26     14:17            837 getLatestIstio.ps1
------        2022/12/26     14:17            979 images.properties
------        2022/12/26     14:17          14953 ingress-nginx-controller.yaml
------        2022/12/26     14:17            398 k8s命令
------        2022/12/26     14:17            533 kube-system-default.yaml
------        2022/12/26     14:17           7627 kubernetes-dashboard.yaml
------        2022/12/26     14:17            245 load_images.ps1
-a----        2022/12/26     14:17            285 load_images.sh
------        2022/12/26     14:17          14191 README.md
------        2022/12/26     14:17          10370 README_en.md


PS D:\k8s-for-docker-desktop-master\k8s-for-docker-desktop-master> get-executionpolicy
Restricted
PS D:\k8s-for-docker-desktop-master\k8s-for-docker-desktop-master> set-executionpolicy remotesigned

执行策略更改
执行策略可帮助你防止执行不信任的脚本。更改执行策略可能会产生安全风险，如 https:/go.microsoft.com/fwlink/?LinkID=135170
中的 about_Execution_Policies 帮助主题所述。是否要更改执行策略?
[Y] 是(Y)  [A] 全是(A)  [N] 否(N)  [L] 全否(L)  [S] 暂停(S)  [?] 帮助 (默认值为"N"): Y
PS D:\k8s-for-docker-desktop-master\k8s-for-docker-desktop-master>
```

图 14-2　终端输入

界面，单击 Kubernetes 按钮，勾选 Enable Kubernetes，最后单击 Apply & restart 按钮，如图 14-3 所示。

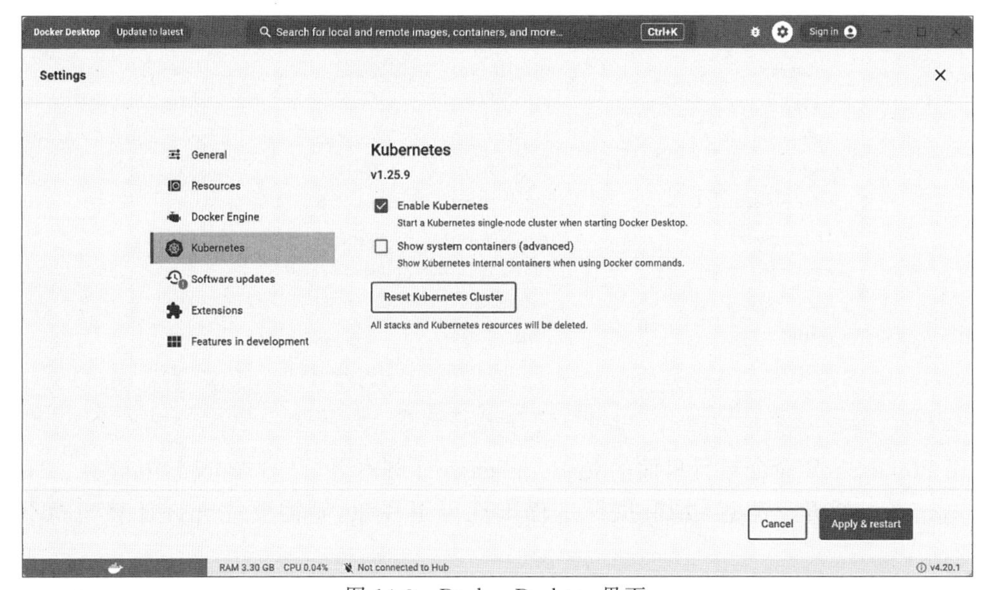

图 14-3　Docker Desktop 界面

完成以上配置后，可以通过命令行窗口查看是否已经成功安装 Kubernetes，输入 kubectl version 命令，若可以看到 Client Version 及 Server Version，则表明成功安装，如图 14-4 所示。

```
D:\code>kubectl version
WARNING: This version information is deprecated and will be replaced with the output from kubectl version --short.  Use
--output=yaml|json to get the full version.
Client Version: version.Info{Major:"1", Minor:"25", GitVersion:"v1.25.9", GitCommit:"a1a87a0a2bcd605820920c6b0e618a8ab7d
117d4", GitTreeState:"clean", BuildDate:"2023-04-12T12:16:51Z", GoVersion:"go1.19.8", Compiler:"gc", Platform:"windows/a
md64"}
Kustomize Version: v4.5.7
Server Version: version.Info{Major:"1", Minor:"25", GitVersion:"v1.25.9", GitCommit:"a1a87a0a2bcd605820920c6b0e618a8ab7d
117d4", GitTreeState:"clean", BuildDate:"2023-04-12T12:08:36Z", GoVersion:"go1.19.8", Compiler:"gc", Platform:"linux/amd
64"}
```

图 14-4 查看版本信息

14.1.3 Kubernetes 与 Docker 容器的关系

Docker 是一种开源的容器化平台，允许开发人员将应用程序及其依赖项打包在一个可移植的容器中，以便在不同的环境中运行。Docker 容器提供比传统虚拟化更快的启动时间和更少的资源占用，因此得到了广泛应用。

Kubernetes 是一个开源的容器编排平台，可以自动化部署、扩展和管理容器化应用程序。在 Kubernetes 集群中，多个 Docker 容器可以同时管理和协调，从而提供高可用性和可扩展性。

总体来讲，Docker 是一种容器化技术，目标是提供轻量级、可移植和可靠的应用程序，而 Kubernetes 是一种容器编排平台，用于管理和协调大规模容器集群，而 K3s 是针对小型设备的轻量级 Kubernetes 版本，提供了类似于 Kubernetes 的核心功能，但更适合边缘计算和嵌入式系统。

具体使用哪种技术取决于场景和需求。

(1) 如果开发新的应用程序，则 Docker 是必不可少的。使用 Docker 容器可以轻松地构建、测试和部署应用程序，同时也更容易地管理应用程序及其依赖项。

(2) 如果需要管理大规模的容器集群，则 Kubernetes 是最好的选择之一。它提供了高度自动化的容器编排和扩展功能，可以轻松地将应用程序部署到多个节点上，并保证其高可用性和可扩展性。

总体来讲，不同的容器技术适用于不同的场景，具体的选择需要根据需求和场景来决定。

Kubernetes 通过 node 来管理 Docker 容器，一个 node 可以有多个 pod，一个 pod 也可以有多个容器，如图 14-5 所示。

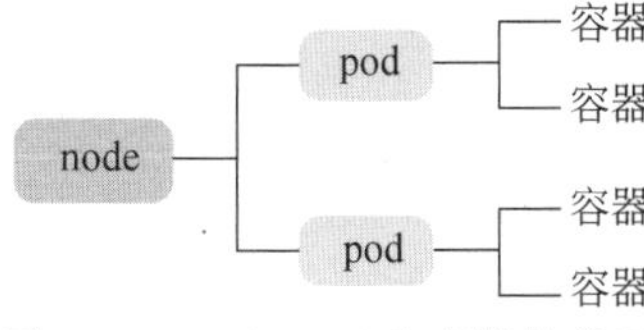

图 14-5 node、pod 和容器的关系

14.1.4 Kubernetes 的 Service

Service 是 Kubernetes 的核心资源之一，Service 定义了一个服务的访问入口地址，前端的应用（pod）或者 ingress 通过这个地址访问其背后一组由 Pod 副本组成的集群实例。

在解决服务发现和服务通信的问题上，Kubernetes 使用了一种独特的方法：Service。Service 没有共用一个负载均衡的 IP（通常做法是共用一个 IP，用端口进行区分），反而是给每个 Service 分配了一个全局虚拟 IP，也叫 Cluster IP，这样的好处在于服务调用就变成 TCP 通信问题。

同时，由于一个 Service 可以由多个 pod 组成，所以可以实现负载均衡，Kubernetes 可以把请求按某种规则发送到不同的 pod，并对外提供服务，这样便提升了服务器的性能。

14.1.5 Kubernetes 的 Labels

标签（Label）是 Kubernetes 对象（例如 Pod）上的键-值对。标签旨在用于指定对用户有意义且相关的对象的标识属性。标签可以在创建时附加到对象（Node、Pod、Service、RC、deployment 等），一个资源对象可以有任意数量的 Label，同一个 Label 可以被添加到任意数量的资源对象上，随后可以随时添加和修改。每个对象都可以定义一组键/值标签，每个键对于给定对象必须是唯一的。

常用的 Label 示例如下：

(1) 版本标签，release：stable、release：canary。

(2) 环境标签，environment：dev、environment：qa、environment：production。

(3) 架构标签，tier：frontend、tier：backend、tier：cache。

(4) 分区标签，partition：customerA、partition：customer。

(5) 质量管理标签，track：daily、track：weekly。

对于标签的键-值对，有效的标签键分为两部分：可选的前缀和名称。

(1) 前缀：如果省略前缀，则假定标签 Key 对用户是私有的。自动化系统组件（例如 kube-scheduler、kube-controller-manager 等），它添加标签终用户端对象时都必须指定一个前缀。在 kubernetes.io/和 k8s.io/中前缀保留给 Kubernetes 核心组件。

(2) 名称：名称段是必需的，并且必须为 63 个字符或更少，以字母数字字符（[a-z0-9A-Z]）开头和结尾。

标签的值必须为 63 个字符或更少，并且必须为空或以字母数字字符（[a-z0-9A-Z]）开头和结尾，并在其之间以短画线（-）、下画线（_）、点（.）、字母、数字组成。

14.1.6 Deployment 的概念

控制 Pod，使 Pod 拥有多副本、自愈、扩缩容等能力。

(1) 定义一组 Pod 的期望数量，controller 会维持 Pod 的数量和期望的数量一致（其实 Deployment 是通过管理 rs 的状态来间接管理 Pod 的）。

（2）配置 Pod 的发布方式，controller 会按照给定的策略去更新 pod 资源，以此来保证更新过程中可用的 pod 数量和不可用的 pod 数量都在限定范围内（MaxUnavailable 及 MaxSurge 字段）。

（3）支持回滚操作，可记录多个前置版本（数量可通过配置设置 revisionHistoryLimit 实现）。

14.1.7　用 Kubernetes 编排 Spring Boot 容器

新建一个 Spring Boot 项目，在该项目的 controller 中定义一个方法，用来处理浏览器发来的请求 test，代码如下：

```
@RestController
public class Controller {
    @RequestMapping("/test1")
    public String sayHello(){
        return "Welcome to Scau ! Say Hello By Docker.";
    }
}
```

编写完成后单击右侧的 Maven，单击项目生命周期下面的 package 按钮，IDEA 会自动把项目打包成 JAR 格式，并且会在项目的根目录下面新建一个 target 文件夹，里面就会生成一个 JAR 包，如图 14-6 所示。

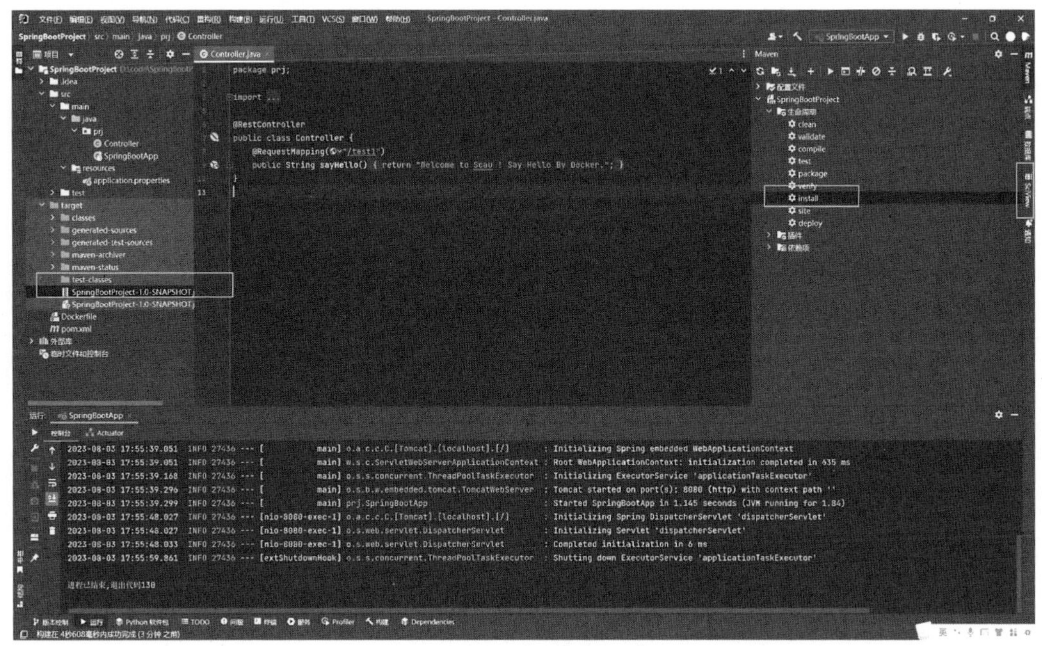

图 14-6　项目打包

接下来测试 JAR 包是否能够重新启动。通过命令 java -jar Spring BootProject-1.0-SNAPSHOT.jar 运行 JAR 包，如果浏览器能够正常访问，就说明 JAR 包成功启动，如图 14-7 所示。

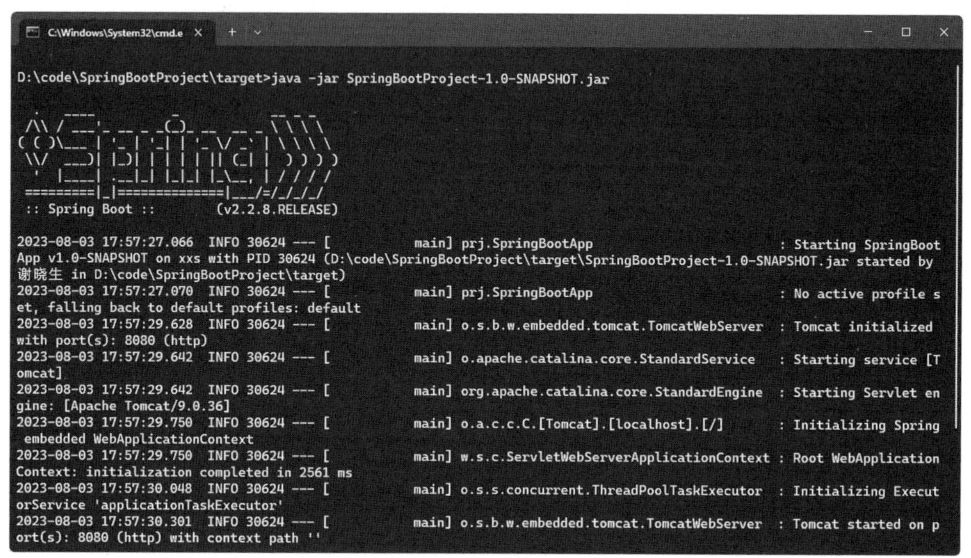

图 14-7　启动 JAR 包

在浏览器地址栏输入 http://localhost:8080/test1，如图 14-8 所示，表明用命令行成功运行了 JAR 包。

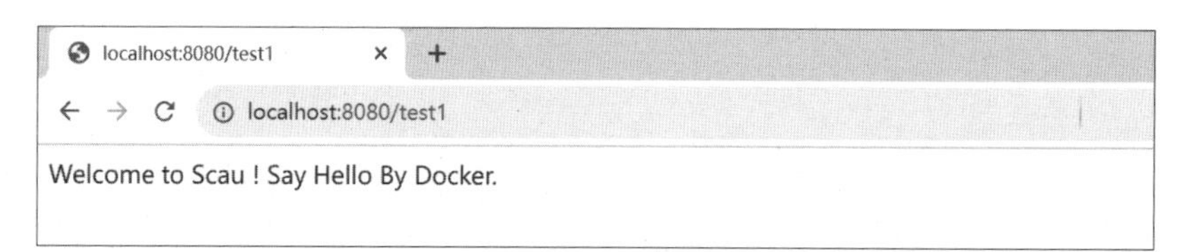

图 14-8　浏览器访问 test1

先把 JAR 包部署到 Docker 容器里面，在项目的根目录下新建一个 Dockerfile 文件，文件内容如下。第 1 行代码表示基础环境是 JDK 17。第 2 行代码是将 SpringBootProject-1.0-SNAPSHOT.jar 重命名为 app.jar。第 4 行代码表示以此镜像产生的容器启动时会以命令行的方式启动 app.jar，也就是启动该 Spring Boot 项目，代码如下：

```
From openjdk:8
COPY target/SpringBootProject-1.0-SNAPSHOT.jar app.jar

ENTRYPOINT ["java","-jar","/app.jar"]
```

根据此文件生成对应的镜像，在项目目录下输入 docker build -t springboottest1-img:0.1.0 .，如图 14-9 所示。

```
D:\code\SpringBootProject>docker build -t springboottest1-img:0.1.0 .
[+] Building 6.6s (7/7) FINISHED
 => [internal] load build definition from Dockerfile                                    0.0s
 => => transferring dockerfile: 148B                                                    0.0s
 => [internal] load .dockerignore                                                       0.0s
 => => transferring context: 2B                                                         0.0s
 => [internal] load metadata for docker.io/library/openjdk:8                            6.0s
 => [internal] load build context                                                       0.3s
 => => transferring context: 17.68MB                                                    0.3s
 => CACHED [1/2] FROM docker.io/library/openjdk:8@sha256:86e863cc57215cfb181bd319736d0baf625fe8f150577f9eb58bd937  0.0s
 => [2/2] COPY target/SpringBootProject-1.0-SNAPSHOT.jar app.jar                        0.1s
 => exporting to image                                                                  0.1s
 => => exporting layers                                                                 0.1s
 => => writing image sha256:99ad98113f05851d74c37c15d58d031083dae7370e564fb824dddae3c5771371  0.0s
 => => naming to docker.io/library/springboottest1-img:0.1.0                            0.0s
```

图 14-9 生成镜像

再输入命令 docker images，若出现如下的镜像，则说明已经成功生成镜像，如图 14-10 所示。

```
D:\code\SpringBootProject>docker images
REPOSITORY                                        TAG
                   IMAGE ID       CREATED          SIZE
springboottest1-img                               0.1.0
                   99ad98113f05   35 seconds ago   544MB
```

图 14-10 查看镜像

14.1.8 基于 Spring Boot 的 Docker 容器

用 Docker 容器运行 Spring Boot 项目可以通过终端输入代码 docker run -p 9090:8080 -t -name springbootdemo1 springboottest1-img:0.1.0，该命令表明用 springboottest1-img 版本号为 0.1.0 的镜像来创建新的容器 springbootdemo1，并且对应的镜像端口为 8080，生成容器的端口为 9090，如图 14-11 所示。

```
D:\code\SpringBootProject>docker run -p 9090:8080 -t --name springbootdemo1 springboottest1-img:0.1.0

  .   ____          _            __ _ _
 /\\ / ___'_ __ _ _(_)_ __  __ _ \ \ \ \
( ( )\___ | '_ | '_| | '_ \/ _` | \ \ \ \
 \\/  ___)| |_)| | | | | || (_| |  ) ) ) )
  '  |____| .__|_| |_|_| |_\__, | / / / /
 =========|_|==============|___/=/_/_/_/
 :: Spring Boot ::        (v2.2.8.RELEASE)

2023-08-03 10:24:35.487  INFO 1 --- [           main] prj.SpringBootApp                        : Starting SpringBootApp
v1.0-SNAPSHOT on 3aa4160dfdab with PID 1 (/app.jar started by root in /)
2023-08-03 10:24:35.490  INFO 1 --- [           main] prj.SpringBootApp                        : No active profile set,
falling back to default profiles: default
2023-08-03 10:24:36.710  INFO 1 --- [           main] o.s.b.w.embedded.tomcat.TomcatWebServer  : Tomcat initialized with
 port(s): 8080 (http)
2023-08-03 10:24:36.726  INFO 1 --- [           main] o.apache.catalina.core.StandardService   : Starting service [Tomca
t]
2023-08-03 10:24:36.726  INFO 1 --- [           main] org.apache.catalina.core.StandardEngine  : Starting Servlet engine
: [Apache Tomcat/9.0.36]
2023-08-03 10:24:36.794  INFO 1 --- [           main] o.a.c.c.C.[Tomcat].[localhost].[/]       : Initializing Spring emb
edded WebApplicationContext
2023-08-03 10:24:36.794  INFO 1 --- [           main] w.s.c.ServletWebServerApplicationContext : Root WebApplicationCont
ext: initialization completed in 1230 ms
2023-08-03 10:24:36.989  INFO 1 --- [           main] o.s.s.concurrent.ThreadPoolTaskExecutor  : Initializing ExecutorSe
rvice 'applicationTaskExecutor'
2023-08-03 10:24:37.173  INFO 1 --- [           main] o.s.b.w.embedded.tomcat.TomcatWebServer  : Tomcat started on port(
s): 8080 (http) with context path ''
```

图 14-11 启动 Docker 容器

通过浏览器访问 localhost:9090/test1，如果可以访问，则说明容器已经成功运行，如图 14-12 所示。

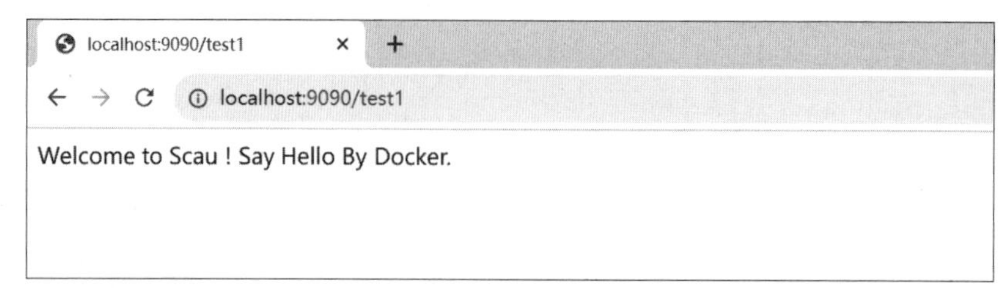

图 14-12 访问 test1 方法

14.1.9 编写 Service 和 Deployment 配置文件

创建一个 YAML 格式的文件，本节创建了 spring-boot-test1-deployment.yaml 文件。

该文件分为两部分，第一部分是第 1 行到第 22 行，第二部分是第 24 行到 37 行。第 2 行表明第一部分是 Deployment，第 4 行说明该 Deployment 的名字是 spring-boot-test1-deployment。第 6 行表明标签 label 为 spring-boot-test1-deployment。第 8 行说明会生成 3 个节点，第 19 行代码表明采用的镜像是 springboottest1-img:0.1.0.。第 22 行代码说明对外提供服务的端口是 8080。第 25 行代码说明第二部分定义的是 Service，第 27 行代码说明服务的名称是 spring-boot-test1-service。第 32 行代码说明对外提供服务的方式是 NodePort，第 34 行代码和第 35 行代码说明该服务对外提供服务的端口是 30090，相当于该服务与将里面容器的 8080 端口映射到 30090 端口。配置文件的示例代码如下：

```
apiVersion: apps/v1
kind: Deployment
metadata:
  name: spring-boot-test1-deployment
  labels:
    app: spring-boot-test1-deployment
spec:
  replicas: 3
  selector:
    matchLabels:
      app: spring-boot-test1
  template:
    metadata:
      labels:
        app: spring-boot-test1
    spec:
      containers:
      -name: spring-boot-test1
        image: springboottest1-img:0.1.0
        imagePullPolicy: Never
        ports:
          -containerPort: 8080
```

```yaml
apiVersion: v1
kind: Service
metadata:
  name: spring-boot-test1-service
  namespace: default
  labels:
    app: spring-boot-test1-service
spec:
  type: NodePort
  ports:
  -port: 8080
    nodePort: 30090
  selector:
    app: spring-boot-test1
```

14.1.10 使用命令编排 Spring Boot 容器

将 spring-boot-test1-deployment. yaml 部署上去，采用的命令为 kubectl create -f spring-boot-test1-deployment.yaml，如图 14-13 所示。

```
D:\code>kubectl create -f spring-boot-test1-deployment.yaml
deployment.apps/spring-boot-test1-deployment created
service/spring-boot-test1-service created
```

图 14-13 执行 spring-boot-test1-deployment.yaml

在浏览器输入 localhost:30090/test1，如果能够得到回复，则说明成功部署，如图 14-14 所示。

图 14-14 访问 test1 方法

14.1.11 测试 Pod、Service 和 Deployment

通过 kubectl get pods 命令来查看已经创建的 pod，如图 14-15 所示。

通过 kubectl get service 命令来查看已经创建的 service，如图 14-16 所示。

通过 kubectl get deployment 命令来查看已经创建的 deployment，如图 14-17 所示。

14.1.12 查看 Pod 运行日志

由 14.1.11 创建的 Deployment 里面创建的是 3 个 pod，查看 pod 的打印日志，需要知道 pod 的名称，所以需要用命令 kubectl get pods，查看 pod 的名字。

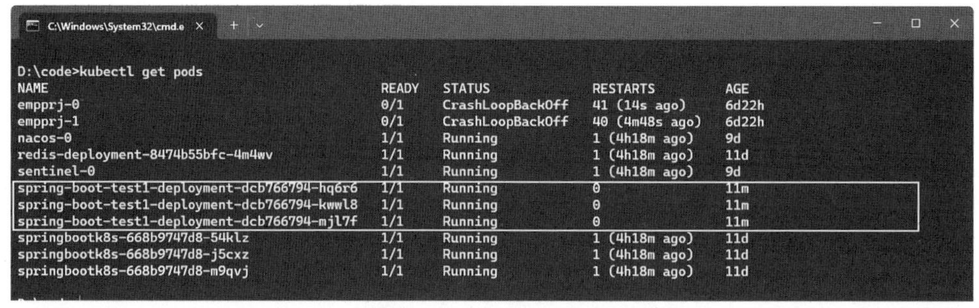

```
D:\code>kubectl get pods
NAME                                             READY   STATUS             RESTARTS         AGE
empprj-0                                         0/1     CrashLoopBackOff   41 (14s ago)     6d22h
empprj-1                                         0/1     CrashLoopBackOff   40 (4m48s ago)   6d22h
nacos-0                                          1/1     Running            1 (4h18m ago)    9d
redis-deployment-8474b55bfc-4m4wv                1/1     Running            1 (4h18m ago)    11d
sentinel-0                                       1/1     Running            1 (4h18m ago)    9d
spring-boot-test1-deployment-dcb766794-hq6r6     1/1     Running            0                11m
spring-boot-test1-deployment-dcb766794-kwwl8     1/1     Running            0                11m
spring-boot-test1-deployment-dcb766794-mjl7f     1/1     Running            0                11m
springbootk8s-668b9747d8-54klz                   1/1     Running            1 (4h18m ago)    11d
springbootk8s-668b9747d8-j5cxz                   1/1     Running            1 (4h18m ago)    11d
springbootk8s-668b9747d8-m9qvj                   1/1     Running            1 (4h18m ago)    11d
```

图 14-15　查看 pod

```
D:\code>kubectl get service
NAME                         TYPE        CLUSTER-IP       EXTERNAL-IP   PORT(S)          AGE
empprj-service               NodePort    10.110.223.30    <none>        8080:30070/TCP   6d22h
kubernetes                   ClusterIP   10.96.0.1        <none>        443/TCP          11d
nacos-service                NodePort    10.97.58.210     <none>        8848:32018/TCP   9d
redis-service                NodePort    10.98.148.47     <none>        6379:32079/TCP   11d
sentinel                     NodePort    10.103.173.96    <none>        8858:30017/TCP   9d
spring-boot-test1-service    NodePort    10.98.244.173    <none>        8080:30090/TCP   12m
```

图 14-16　查看 service

```
D:\code>kubectl get deployment
NAME                           READY   UP-TO-DATE   AVAILABLE   AGE
redis-deployment               1/1     1            1           11d
spring-boot-test1-deployment   3/3     3            3           13m
springbootk8s                  3/3     3            3           11d
```

图 14-17　查看 deployment

由图 14-15 可以看出，3 个 pod 的名字分别为 spring-boot-test1-deployment-dcb766794-hq6r6、spring-boot-test1-deployment-dcb766794-kwwl8、spring-boot-test1-deployment-dcb766794-mjl7，可以通过 kubectl logs [容器名]的方式查看日志。

输入命令 kubectl logs spring-boot-test1-deployment-dcb766794-hq6r6，如图 14-18 所示。

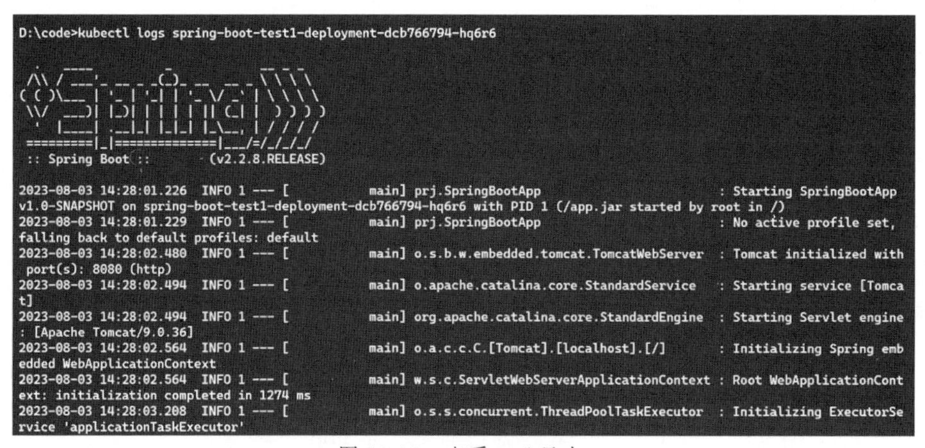

```
D:\code>kubectl logs spring-boot-test1-deployment-dcb766794-hq6r6

 :: Spring Boot ::        (v2.2.8.RELEASE)

2023-08-03 14:28:01.226  INFO 1 --- [           main] prj.SpringBootApp                        : Starting SpringBootApp v1.0-SNAPSHOT on spring-boot-test1-deployment-dcb766794-hq6r6 with PID 1 (/app.jar started by root in /)
2023-08-03 14:28:01.229  INFO 1 --- [           main] prj.SpringBootApp                        : No active profile set, falling back to default profiles: default
2023-08-03 14:28:02.480  INFO 1 --- [           main] o.s.b.w.embedded.tomcat.TomcatWebServer  : Tomcat initialized with port(s): 8080 (http)
2023-08-03 14:28:02.494  INFO 1 --- [           main] o.apache.catalina.core.StandardService   : Starting service [Tomcat]
2023-08-03 14:28:02.494  INFO 1 --- [           main] org.apache.catalina.core.StandardEngine  : Starting Servlet engine: [Apache Tomcat/9.0.36]
2023-08-03 14:28:02.564  INFO 1 --- [           main] o.a.c.c.C.[Tomcat].[localhost].[/]       : Initializing Spring embedded WebApplicationContext
2023-08-03 14:28:02.564  INFO 1 --- [           main] w.s.c.ServletWebServerApplicationContext : Root WebApplicationContext: initialization completed in 1274 ms
2023-08-03 14:28:03.208  INFO 1 --- [           main] o.s.s.concurrent.ThreadPoolTaskExecutor  : Initializing ExecutorService 'applicationTaskExecutor'
```

图 14-18　查看 pod 日志

14.2　Kubernetes 常用技术

14.2.1　删除 Pod、Service 和 Deployment

由于删除 pod 需要知道 pod 的名字，所以需要用 kubectl get pods 查看 pod 的名字，然后用 kubectl delete pod [pod 的名字] 的命令行格式完成对某个 pod 的删除，如图 14-20 所示，我们查看 pod 的名称后，如果想要删除 spring-boot-test1-deployment-dcb766794-hq6r6，则可以用 kubectl delete pod spring-boot-test1-deployment-dcb766794-hq6r6 命令删除 pod，如图 14-19 所示。

```
C:\Windows\System32\cmd.e

D:\code>kubectl get pods
NAME                                            READY   STATUS             RESTARTS          AGE
empprj-0                                        0/1     CrashLoopBackOff   44 (2m47s ago)    6d23h
empprj-1                                        0/1     CrashLoopBackOff   44 (106s ago)     6d23h
nacos-0                                         1/1     Running            1 (4h36m ago)     9d
redis-deployment-8474b55bfc-4m4wv               1/1     Running            1 (4h36m ago)     11d
sentinel-0                                      1/1     Running            1 (4h36m ago)     9d
spring-boot-test1-deployment-dcb766794-hq6r6    1/1     Running            0                 30m
spring-boot-test1-deployment-dcb766794-kwwl8    1/1     Running            0                 30m
spring-boot-test1-deployment-dcb766794-mjl7f    1/1     Running            0                 30m
springbootk8s-668b9747d8-54klz                  1/1     Running            1 (4h36m ago)     11d
springbootk8s-668b9747d8-j5cxz                  1/1     Running            1 (4h36m ago)     11d
springbootk8s-668b9747d8-m9qvj                  1/1     Running            1 (4h36m ago)     11d

D:\code>kubectl delete pod spring-boot-test1-deployment-dcb766794-hq6r6
pod "spring-boot-test1-deployment-dcb766794-hq6r6" deleted
```

图 14-19　删除 pod

如果要判断是否成功删除，则需要再次查看是否还存在该 pod，当再次用命令 kubectl get pods 时，可以看到已经成功删除该 pod，不过不难发现，还是存在 3 个由上文 Deployment 生成的 pod，这是因为 Deployment 会保证当其部署的 pod 被删除或者坏死的情况下，再次生成一个新的 pod，这也是 Deployment 的强大之处，如图 14-20 所示。

```
D:\code>kubectl get pods
NAME                                            READY   STATUS             RESTARTS          AGE
empprj-0                                        0/1     CrashLoopBackOff   45 (114s ago)     6d23h
empprj-1                                        0/1     CrashLoopBackOff   45 (56s ago)      6d23h
nacos-0                                         1/1     Running            1 (4h41m ago)     9d
redis-deployment-8474b55bfc-4m4wv               1/1     Running            1 (4h41m ago)     11d
sentinel-0                                      1/1     Running            1 (4h41m ago)     9d
spring-boot-test1-deployment-dcb766794-kwwl8    1/1     Running            0                 34m
spring-boot-test1-deployment-dcb766794-mjl7f    1/1     Running            0                 34m
spring-boot-test1-deployment-dcb766794-vft4x    1/1     Running            0                 4m13s
springbootk8s-668b9747d8-54klz                  1/1     Running            1 (4h41m ago)     11d
springbootk8s-668b9747d8-j5cxz                  1/1     Running            1 (4h41m ago)     11d
springbootk8s-668b9747d8-m9qvj                  1/1     Running            1 (4h41m ago)     11d
```

图 14-20　查看 pod

删除 service 与删除 pod 类似，需要知道 service 的名字，先用 kubectl get service 命令查看 service 的名字，如图 14-21 所示。

删除 service 的命令行格式为 kubectl delete service [服务的名称]，如图 14-22 所示。

删除 deployment 与删除 pod 类似，用 kubectl get deployment 命令查看 Deployment 的名称，如图 14-23 所示。

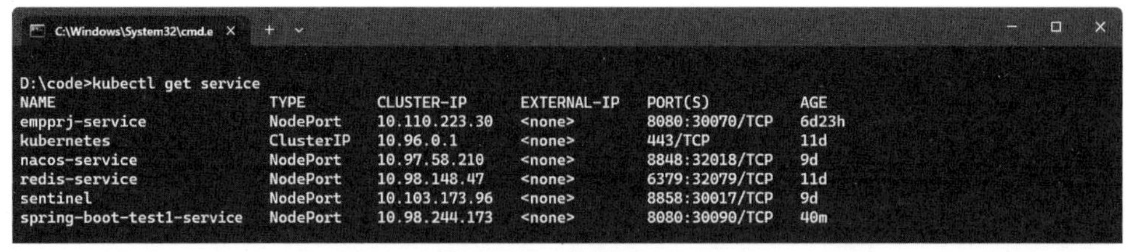

C:\Windows\System32\cmd.e
D:\code>kubectl get service
NAME TYPE CLUSTER-IP EXTERNAL-IP PORT(S) AGE
empprj-service NodePort 10.110.223.30 <none> 8080:30070/TCP 6d23h
kubernetes ClusterIP 10.96.0.1 <none> 443/TCP 11d
nacos-service NodePort 10.97.58.210 <none> 8848:32018/TCP 9d
redis-service NodePort 10.98.148.47 <none> 6379:32079/TCP 11d
sentinel NodePort 10.103.173.96 <none> 8858:30017/TCP 9d
spring-boot-test1-service NodePort 10.98.244.173 <none> 8080:30090/TCP 40m

图 14-21 查看 service

```
D:\code>kubectl delete service spring-boot-test1-service
service "spring-boot-test1-service" deleted
```

图 14-22 删除 service

```
D:\code>kubectl get deployment
NAME                           READY   UP-TO-DATE   AVAILABLE   AGE
redis-deployment               1/1     1            1           11d
spring-boot-test1-deployment   3/3     3            3           46m
springbootk8s                  3/3     3            3           11d
```

图 14-23 查看 deployment

命令行格式为 kubectl delete deployment [Deployment 的名称]，如图 14-24 所示。

```
D:\code>kubectl delete deployment spring-boot-test1-deployment
deployment.apps "spring-boot-test1-deployment" deleted
```

图 14-24 删除 deployment

还可以用 kubectl delete -f spring-boot-test1-deployment.yaml 命令删除 YAML 格式文件，删除全部的 pod、service、deployment。

14.2.2 伸缩节点

伸缩节点可以规定部署多少个节点。输入的命令为 kubectl scale --replicas＝4 deployment/spring-boot-test1-deployment，将 spring-boot-test1-deployment 里面的 pod 修改为 4，如图 14-25 所示。

```
D:\code>kubectl scale --replicas=4 deployment/spring-boot-test1-deployment
deployment.apps/spring-boot-test1-deployment scaled
```

图 14-25 伸缩节点

pod 的节点由原来的 3 个变成了 4 个，如图 14-26 所示。

14.2.3 自动伸缩节点

命令 kubectl autoscale deployment/spring-boot-test1-deployment --min＝3 --max＝6 可以动态地设置节点的数量范围，如图 14-27 所示。

```
D:\code>kubectl get pods
NAME                                              READY   STATUS             RESTARTS          AGE
empprj-0                                          0/1     CrashLoopBackOff   49 (4m51s ago)    6d23h
empprj-1                                          0/1     CrashLoopBackOff   49 (3m45s ago)    6d23h
nacos-0                                           1/1     Running            1 (5h5m ago)      9d
redis-deployment-8474b55bfc-4m4wv                 1/1     Running            1 (5h5m ago)      11d
sentinel-0                                        1/1     Running            1 (5h5m ago)      9d
spring-boot-test1-deployment-dcb766794-2lh87      1/1     Running            0                 44s
spring-boot-test1-deployment-dcb766794-6ktmb      1/1     Running            0                 44s
spring-boot-test1-deployment-dcb766794-8txrt      1/1     Running            0                 44s
spring-boot-test1-deployment-dcb766794-f7rmh      1/1     Running            0                 26s
springbootk8s-668b9747d8-54klz                    1/1     Running            1 (5h5m ago)      11d
springbootk8s-668b9747d8-j5cxz                    1/1     Running            1 (5h5m ago)      11d
springbootk8s-668b9747d8-m9qvj                    1/1     Running            1 (5h5m ago)      11d

D:\code>
```

图 14-26　查看 pod

```
D:\code>kubectl autoscale deployment/spring-boot-test1-deployment --min=3 --max=6
horizontalpodautoscaler.autoscaling/spring-boot-test1-deployment autoscaled
```

图 14-27　自动伸缩节点

14.2.4　创建 Deployment 并开放端口

Deployment 除了可以用上文提到的配置文件进行配置，还可以通过用命令行的方式创建 Deployment：

```
Kubectl create deployment spring-boot-test2-deployment -image=Spring Boottest1
-img:0.1.0 -port=8080 -replicas=2;
```

该命令表示会创建一个名字为 spring-boot-test2-deployment 的 Deployment，同时生成两个 pod，pod 是用镜像 springboottest1 来生成的，镜像的版本为 0.1.0，端口为 8080。执行完该命令后可以通过执行命令 kubectl get pods 来查看是否成功生成对应的 pod，如图 14-28 所示。

```
C:\Windows\System32\cmd.e

D:\code>kubectl create deployment spring-boot-test2-deployment --image=springboottest1-img:0.1.0 --port=8080 --replicas=
2
deployment.apps/spring-boot-test2-deployment created

D:\code>kubectl get pods
NAME                                              READY   STATUS             RESTARTS          AGE
empprj-0                                          0/1     CrashLoopBackOff   55 (79s ago)      7d
empprj-1                                          0/1     CrashLoopBackOff   55 (75s ago)      7d
nacos-0                                           1/1     Running            1 (5h45m ago)     9d
redis-deployment-8474b55bfc-4m4wv                 1/1     Running            1 (5h45m ago)     11d
sentinel-0                                        1/1     Running            1 (5h45m ago)     9d
spring-boot-test1-deployment-dcb766794-2lh87      1/1     Running            0                 41m
spring-boot-test1-deployment-dcb766794-6ktmb      1/1     Running            0                 41m
spring-boot-test1-deployment-dcb766794-8txrt      1/1     Running            0                 41m
spring-boot-test1-deployment-dcb766794-f7rmh      1/1     Running            0                 40m
spring-boot-test2-deployment-784c5fd6fd-4sdp6     1/1     Running            0                 9s
spring-boot-test2-deployment-784c5fd6fd-rpbdt     1/1     Running            0                 9s
springbootk8s-668b9747d8-54klz                    1/1     Running            1 (5h45m ago)     11d
springbootk8s-668b9747d8-j5cxz                    1/1     Running            1 (5h45m ago)     11d
springbootk8s-668b9747d8-m9qvj                    1/1     Running            1 (5h45m ago)     11d
```

图 14-28　命令行创建 Deployment

由于上述生成的 pod 暂时还不能对外提供服务，所以需要设置 pod 对外服务的端口，命令 kubectl expose deployment spring-boot-test2-deployment --port＝8080 --target-port＝

8080 --type=NodePort 会创建一个 service，该 service 指向 pod 里面的 8080 端口，并且以 NodePort 的方式对外提供服务，如图 14-29 所示。

```
D:\code>kubectl expose deployment spring-boot-test2-deployment --port=8080 --target-port=8080 --type=NodePort
service/spring-boot-test2-deployment exposed
```

图 14-29　对外提供服务的端口

通过上述部署后，可以通过命令 kubectl get service 查看部署后对外提供服务的端口，如图 14-30 所示，可以看到，对外提供服务的端口是 31479。

```
D:\code>kubectl get service
NAME                          TYPE        CLUSTER-IP       EXTERNAL-IP   PORT(S)          AGE
empprj-service                NodePort    10.110.223.30    <none>        8080:30070/TCP   7d
kubernetes                    ClusterIP   10.96.0.1        <none>        443/TCP          11d
nacos-service                 NodePort    10.97.58.210     <none>        8848:32018/TCP   9d
redis-service                 NodePort    10.98.148.47     <none>        6379:32079/TCP   11d
sentinel                      NodePort    10.103.173.96    <none>        8858:30017/TCP   9d
spring-boot-test1-service     NodePort    10.111.3.103     <none>        8080:30090/TCP   43m
spring-boot-test2-deployment  NodePort    10.102.206.227   <none>        8080:31479/TCP   16s

D:\code>
```

图 14-30　查看 service

在浏览器搜索 http://localhost:31479/test1 可以访问对应的服务，如图 14-31 所示。

图 14-31　访问 test1 方法

14.2.5　进入 Pod 执行命令

由于每次启动 service 时，pod 的名字都会改变，所以需要先使用 kubectl get pods 命令查看 pod 的名字，如图 14-32 所示。

```
C:\Windows\System32\cmd.e

D:\code>kubectl get pods
NAME                                           READY   STATUS             RESTARTS        AGE
empprj-0                                       0/1     CrashLoopBackOff   87 (5h17m ago)  7d9h
empprj-1                                       1/1     Running            89 (25s ago)    7d9h
nacos-0                                        1/1     Running            2 (25s ago)     9d
redis-deployment-8474b55bfc-4m4wv              1/1     Running            1 (14h ago)     11d
sentinel-0                                     1/1     Running            2 (25s ago)     9d
spring-boot-test1-deployment-dcb766794-2lh87   0/1     Completed          0               9h
spring-boot-test1-deployment-dcb766794-6ktmb   0/1     Completed          0               9h
spring-boot-test1-deployment-dcb766794-8txrt   1/1     Running            1 (25s ago)     9h
spring-boot-test1-deployment-dcb766794-f7rmh   0/1     Completed          0               9h
spring-boot-test2-deployment-784c5fd6fd-4sdp6  0/1     Completed          0               9h
spring-boot-test2-deployment-784c5fd6fd-rpbdt  0/1     Completed          0               9h
springbootk8s-668b9747d8-54klz                 0/1     Completed          1               11d
springbootk8s-668b9747d8-j5cxz                 1/1     Running            1 (14h ago)     11d
springbootk8s-668b9747d8-m9qvj                 1/1     Running            2 (25s ago)     11d
```

图 14-32　查看 Pod

输入命令 kubectl exec -it spring-boot-test2-deployment-784c5fd6fd-rpbdt --bin/bash 进入对应的 pod 容器，在容器里面可以进行相关操作，如可以查看 pod 里面的文件，用命令

ls 查看，结果如图 14-33 所示。

```
D:\code>kubectl exec -it spring-boot-test2-deployment-784c5fd6fd-rpbdt -- bin/bash
root@spring-boot-test2-deployment-784c5fd6fd-rpbdt:/# ls
app.jar  bin  boot  dev  etc  home  lib  lib64  media  mnt  opt  proc  root  run  sbin  srv  sys  tmp  usr  var
```

图 14-33　进入 Pod

14.2.6　用 Ingress 暴露服务

在实际应用中，Ingress 处于 service 的上一层，Ingress 可以将客户端发送来的请求分发到对应的各个服务上。

14.2.7　Ingress 简介

Ingress 是 Kubernetes 中的一个对象，其作用是定义请求如何转发到 service 的规则；Ingress 一般处于 service 之上，起到的作用主要是派发服务。Ingress 与 service 的关系如图 14-34 所示。

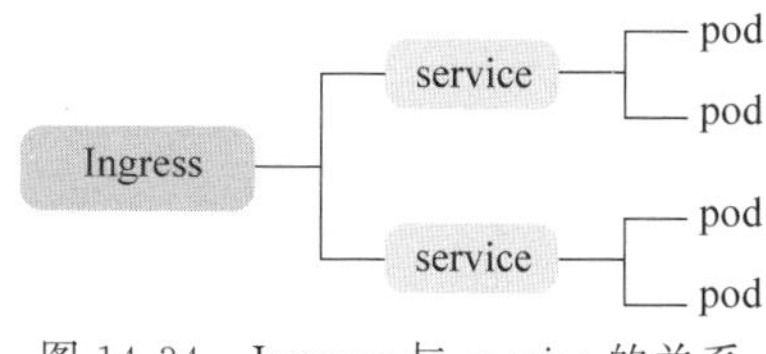

图 14-34　Ingress 与 service 的关系

14.2.8　Ingress 整合 Service 的做法

首先准备一个 YAML 格式的配置文件，文件名称为 ingress.yaml，文件里面的内容如下：

```
apiVersion: networking.k8s.io/v1
kind: Ingress
metadata:
  name: spring-boot-test1-ingress
spec:
  rules:
  -host: Spring Boot
    http:
      paths:
      -path: /
        pathType: Prefix
        backend:
          service:
            name: spring-boot-test1-service
            port:
              number: 30090
```

从第 2 行代码可以看出该 YAML 文件所定义的类型为 Ingress。第 4 行代码用于将该 Ingress 的名字定义为 spring-boot-test1-ingress;第 6 行之后的代码定义了规则,可以看出定义了 service 的名称及端口号。

运行上述文件,在文件的当前目录下,在终端输入 kubectl apply -f ingress.yaml 命令执行。表明已经生成了对应的 Ingress,如图 14-35 所示。

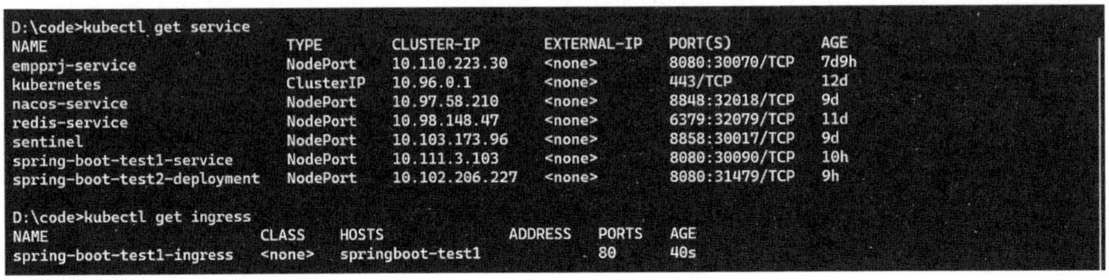

```
D:\code>kubectl get service
NAME                          TYPE        CLUSTER-IP       EXTERNAL-IP   PORT(S)          AGE
empprj-service                NodePort    10.110.223.30    <none>        8080:30070/TCP   7d9h
kubernetes                    ClusterIP   10.96.0.1        <none>        443/TCP          12d
nacos-service                 NodePort    10.97.58.210     <none>        8848:32018/TCP   9d
redis-service                 NodePort    10.98.148.47     <none>        6379:32079/TCP   11d
sentinel                      NodePort    10.103.173.96    <none>        8858:30017/TCP   9d
spring-boot-test1-service     NodePort    10.111.3.103     <none>        8080:30090/TCP   10h
spring-boot-test2-deployment  NodePort    10.102.206.227   <none>        8080:31479/TCP   9h

D:\code>kubectl get ingress
NAME                       CLASS    HOSTS              ADDRESS   PORTS   AGE
spring-boot-test1-ingress  <none>   springboot-test1             80      40s
```

图 14-35 查看 Ingress

第 15 章 使用 Kubernetes 编排微服务

本章主要内容：

- 使用 Kubernetes 编排组件
- 编排 MySQL
- 使用 Kubernetes 编排图书管理模块

第 14 章主要介绍了用 Kubernetes 编排 Docker 容器的做法，本章将介绍用 Kubernetes 编排基于 Spring Cloud Alibaba 微服务项目的做法。

首先介绍用 Kubernetes 编排后面项目需要用到的组件，如 Nacos. Sentinel、MySQL 和 Redis。在此基础上，再介绍用 Kubernetes 编排基于 Spring Cloud Alibaba 微服务项目。

15.1 使用 Kubernetes 编排组件

本节介绍用 Kubernetes 来编排 MySQL、Redis、Nacos、Sentinel 等组件，与第 14 章类似，采用创建并运行 YAML 文件进行组件编排。

15.2 编排 MySQL

首先创建 YAML 文件，然后执行文件，也可以通过命令行的形式定义 Pod、Service、Deployment。同理也可以通过命令行的形式来编排 MySQL、编排 MySQL 需要有 MySQL 的镜像。首先需要用命令 docker images mysql 查看本机是否已经安装 MySQL，如果还没有下载 MySQL 镜像，则可通过命令 docker pull mysql:latest 下载镜像，指定下载镜像的版本，如图 15-1 所示。

图 15-1 查看镜像

接着通过创建 YAML 文件来编排 MySQL，创建 mysql-deployment.yaml 文件，内容

如下：

```
1 apiVersion: apps/v1
2 kind: Deployment
3 metadata:
4   name: mysql-deployment
5
6 spec:
7   replicas: 1
8   selector:
9     matchLabels:
10      app: mysql
11  template:
12     metadata:
13        labels:
14           app: mysql
15    spec:
16        containers:
17        - name: mysql
18          image: mysql:latest
19          imagePullPolicy: IfNotPresent
20          ports:
21          - containerPort: 3306
22          env:
23          - name: MYSQL_ROOT_PASSWORD
24            value: "123456"
25  ---
26  apiVersion: v1
27  kind: Service
28  metadata:
29     name: mysql-service
30
31     labels:
32        name: mysql-service
33  spec:
34     type: NodePort
35     ports:
36     - port: 3306
37       protocol: TCP
38       targetPort: 3306
39       name: http
40       nodePort: 32316
41     selector:
42       app: mysql
```

该配置文件分为两部分，第一部分定义了 Deployment，从第 1 行到第 24 行，第二部分定义了 Service，从第 25 行到第 42 行；从配置文件可以看出，该 Deployment 的名字是 mysql-deployment。从第 7 行可以看出只部署了一个节点；从第 18 行可以看出本次使用的 MySQL 版本是最新版，后面需要提供 MySQL 的账号 root 和密码，本机的 root 用户的密码为 123456，所以第 24 行的值为 123456；第 29 行表示该 Service 的名字为 mysql-service。对外提供服务的接口可以用 30 000～32 767 范围里面的数字，第 40 行表示该 Service 对外提供的接口为 32316。

在该配置文件所在文件夹下执行终端命令 kubectl create -f mysql-deployment.yaml。

该配置文件成功部署后，连接 Kubernetes 编排的 MySQL，由于其开放的端口是 32316，所以用 MySQL WorkBench 连接时需要填写的端口是 32316。用户名是 root，密码为 123456。

本文采用 MySQL Workbench 连接数据库，需要填入数据库的端口号，如图 15-2 所示。

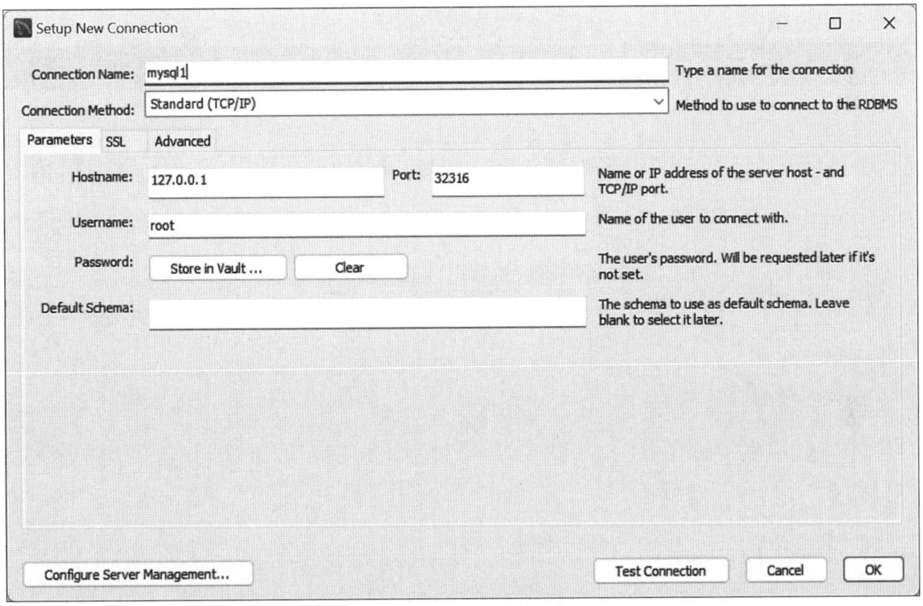

图 15-2　连接数据库

进入该数据库后，新建一个数据库对象集合(schema)，名字为 bookDB。接着在集合里新建一个图书数据表。表的名字为 book，id 是表的主键，name 是书的名字，price 是书的价格，information 是书的简介，如图 15-3 所示。

表创建好了以后给数据库添加数据，如图 15-4 所示。

15.2.1　编排 Redis

编排 Redis 需要有 Redis 的镜像。首先需要用命令 docker images redis 查看本机是否已经安装 Redis。如果还没有下载 Redis 镜像，则可通过命令 docker pull mysql:latest 下载镜像，指定下载镜像的版本，如图 15-5 所示。

Column Name	Datatype	PK	NN	UQ	B	UN	ZF	AI	G	Default/Expression
id	INT	✓	✓							
name	VARCHAR(45)									NULL
price	VARCHAR(45)									NULL
information	VARCHAR(45)									NULL

图 15-3　book 数据库表

```
1    insert into bookDB.book value(1,'数据结构',60,"数据结构的简介");
2 ●  insert into bookDB.book value(2,'计算机组成原理',50,"计算机组成原理的简介");
```

图 15-4　插入数据

```
D:\code>docker images redis
REPOSITORY   TAG      IMAGE ID       CREATED      SIZE
redis        latest   7e89539dd8bd   4 weeks ago  130MB
```

图 15-5　查看 Redis 镜像

接着通过创建 YAML 文件来编排 Redis，创建 redis-deployment.yaml 文件，内容如下：

```yaml
1  apiVersion: apps/v1
2  kind: Deployment
3  metadata:
4    name: redis-deployment
5  spec:
6    replicas: 1
7    selector:
8      matchLabels:
9        app: redis
10   template:
11     metadata:
12       labels:
13         app: redis
14     spec:
15       containers:
16       - name: redis
17         image: redis:latest
18         imagePullPolicy: IfNotPresent
19         ports:
20         - containerPort: 6379
21 ---
22 apiVersion: v1
23 kind: Service
24 metadata:
25   name: redis-service
```

```
26    labels:
27      name: redis-service
28  spec:
29    type: NodePort
30    ports:
31    -port: 6379
32      protocol: TCP
33      targetPort: 6379
34      nodePort: 32079
35    selector:
36      app: redis
```

该配置文件分为两部分，第一部分定义了 Deployment，从第 1 行到第 20 行，第二部分定义了 Service，从第 22 行到第 36 行；从配置文件可以看出，该 Deployment 的名字是 redis-deployment。从第 6 行可以看出只部署一个节点；从第 17 行可以看出本次使用的 Redis 版本是最新版；第 25 行表示该 Service 的名字为 redis-service。对外提供服务的接口可以用 30 000～32 767 范围里面的数字，第 34 行表示该 Service 对外提供的接口为 32079。

在该配置文件所在文件夹下，执行终端命令 kubectl create -f redis-deployment.yaml。

注意使用 redis-cli 需要先在本机下载 Redis 客户端，下载之后需要检查是否可以启动 Redis 的 Service，以及 redis-clli，redis-cli 需要在 redis-server 启动以后才可以运行，redis-server 启动的方式如图 15-6 所示。

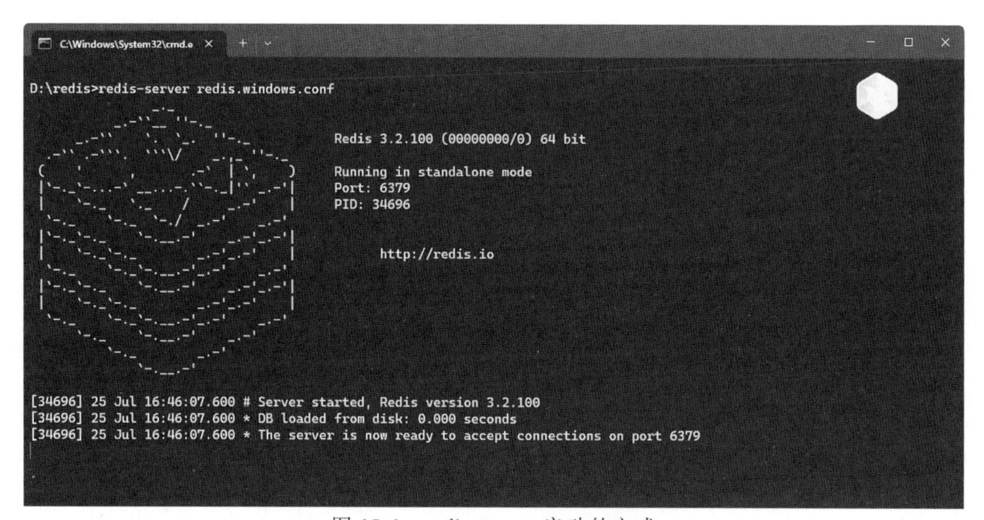

图 15-6 redis-server 启动的方式

在启动 redis-server 的基础上，可以通过 redis-cli 来连接 Redis 集群，如图 15-7 所示。

15.2.2 StatefulSet 和 Deployment 的差别

Deployment 所管理的 Pod 的 IP、名字，以及启停顺序等都是随机的，而 StatefulSet 是

```
D:\redis>redis-cli -h 192.168.0.100 -p 32079
192.168.0.100:32079> get 1
"{\"id\":1,\"name\":\"\xe6\x95\xb0\xe6\x8d\xae\xe7\xbb\x93\xe6\x9e\x84\",\"price\":60,\"infomation\":\"\xe6\x95\xb0\xe6\
x8d\xae\xe7\xbb\x93\xe6\x9e\x84\xe7\x9a\x84\xe7\xae\x80\xe4\xbb\x8b\"}"
192.168.0.100:32079> get 3
(nil)
192.168.0.100:32079>
```

图 15-7　redis-cli 连接 Redis 集群

什么？顾名思义，有状态的集合，管理所有有状态的服务，例如 MySQL、MongoDB 集群等。StatefulSet 可以看成 Deployment 的一种特殊情况，Kubernetes 也可以用它来部署 pod，不过 StatefulSet 可以让创建出来的 Pod 名字保持不变，即使重启 Pod 也不会改变，这样也决定了 Deployment 和 StatefulSet 适用于不同的场景。

Deployment 适用的场景主要是无状态的应用。StatefulSet 适用的主要场景如下：

（1）具有固定的网络标记（主机名）。

（2）具有持久化存储。

（3）需要按顺序部署和扩展。

（4）需要按顺序终止及删除。

（5）需要按顺序滚动更新。

15.2.3　使用 StatefulSet 编排 Nacos

编排 Nacos 需要有 Nacos 的镜像。首先需要用命令 docker images nacos/nacos-server 查看本机是否已经安装 Redis。如果还没有下载 Redis 镜像，则可通过命令 docker pull nacos/nacos-server 下载镜像，指定下载镜像的版本，本文下载的是最新版本的 Nacos 镜像，如图 15-8 所示。

```
D:\code>docker images nacos/nacos-server
REPOSITORY           TAG       IMAGE ID       CREATED        SIZE
nacos/nacos-server   latest    f151dab7a111   8 weeks ago    814MB
```

图 15-8　查看 Nacos 镜像

接着通过创建 YAML 文件来编排 Nacos，创建 nacos-deployment.yaml 文件，内容如下：

```
1  apiVersion: apps/v1
2  kind: StatefulSet
3  metadata:
4    name: nacos
5  spec:
6    serviceName: nacos
7    replicas: 1
8    template:
9       metadata:
10        labels:
```

```
11         app: nacos
12       annotations:
13         pod.alpha.kubernetes.io/initialized: "true"
14     spec:
15       containers:
16         - name: nacos
17           imagePullPolicy: IfNotPresent
18            image: nacos/nacos-server
19           ports:
20             - containerPort: 8848
21           env:
22             - name: MYSQL_DATABASE_NUM
23               value: "0"
24             - name: MODE
25              value: "standalone"
26  selector:
27    matchLabels:
28      app: nacos
29 ---
30 apiVersion: v1
31 kind: Service
32 metadata:
33   name: nacos-service
34   labels:
35       name: nacos-service
36 spec:
37   type: NodePort
38   ports:
39   - port: 8848
40   protocol: TCP
41   targetPort: 8848
42   nodePort: 32018
43 selector:
44   app: nacos
```

该配置文件分为两部分，第一部分定义了 StatefulSet，从第 1 行到第 28 行，第二部分定义了 Service，从第 30 行到第 44 行；从配置文件可以看出，该 StatefulSet 的名字是 Nacos。从第 7 行可以看出只部署了一个节点；从第 18 行可以看出本次使用的 Nacos 镜像是 nacos/nacos-server；第 33 行表示该 Service 的名字为 nacos-service。对外提供服务的接口可以用 30 000～32 767 范围里面的数字，第 40 行表示该 Service 对外提供的接口为 32018。

在该配置文件所在文件夹下，执行终端命令 kubectl create -f nacos-deployment.yaml，以便执行上述文件的规则，如图 15-9 所示。

执行上述命令后，可以先检验一下是否成功部署，由于本书部署 Nacos 时的端口为 32018，所以可以通过浏览器输入 http://localhost:32018/nacos/index.html 来查看，如

```
D:\code>kubectl create -f nacos-deployment.yaml
statefulset.apps/nacos created
service/nacos-service created
```

图 15-9　执行 nacos-deployment.yaml

图 15-10 所示。

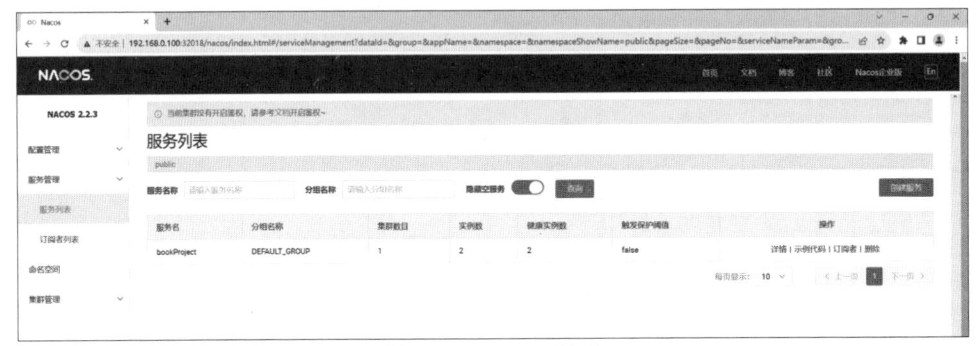

图 15-10　Nacos 界面

15.2.4　使用 StatefulSet 编排 Sentinel

编排 Sentinel 需要有 Sentinel 的镜像。首先需要用命令 docker images bladex/sentinel-dashboard 查看本机是否已经安装 Redis。如果还没有下载 Sentinel 镜像，则可通过命令 docker pull bladex/sentinel-dashboard 下载镜像，指定下载镜像的版本，如图 15-11 所示。

图 15-11　查看 Sentinel-dashboard 镜像

接着通过创建 YAML 文件来编排 Sentinel，创建 sentinel-deployment.yaml 文件，内容如下：

```
1  apiVersion: apps/v1
2  kind: StatefulSet
3  metadata:
4    name: sentinel
5  spec:
6    serviceName: sentinel
7    replicas: 1
8    template:
9      metadata:
10       labels:
11         app: sentinel
12       annotations:
```

```
13          pod.alpha.kubernetes.io/initialized: "true"
14      spec:
15        containers:
16        -name: sentinel
17          imagePullPolicy: IfNotPresent
18          image: bladex/sentinel-dashboard:latest
19          ports:
20            -containerPort: 8858
21    selector:
22      matchLabels:
23        app: sentinel
24 ---
25 apiVersion: v1
26 kind: Service
27 metadata:
28   name: sentinel
29   labels:
30       app: sentinel
31 spec:
32   ports:
33     -protocol: TCP
34       name: http
35       port: 8858
36       targetPort: 8858
37       nodePort: 30017
38   type: NodePort
39   selector:
40     app: sentinel
```

该配置文件分为两部分，第一部分定义了 StatefulSet，从第 1 行到第 23 行，第二部分定义了 Service，从第 25 行到第 40 行；从配置文件可以看出，该 StatefulSet 的名字是 Sentinel。从第 7 行可以看出只部署了一个节点；从第 18 行可以看出本次使用的 Sentinel 镜像是 bladex/sentinel-dashboard；第 28 行表示该 Service 的名字为 Sentinel。对外提供服务的接口可以用 30 000～32 767 范围里面的数字，第 37 行表示该 Service 对外提供的接口为 30017。

在该配置文件所在文件夹下，执行终端命令 kubectl create -f sentinel-deployment.yaml 来部署上述规则，如图 15-12 所示。

```
D:\code>kubectl create -f sentinel-deployment.yaml
statefulset.apps/sentinel created
service/sentinel created
```

图 15-12 sentinel-deployment.yaml

执行上述命令后，可以先检验一下是否成功部署，由于本书部署 Sentinel 时的端口为

30017，所以可以通过浏览器输入 http://192.168.0.100:30017 来查看，如图 15-13 所示。

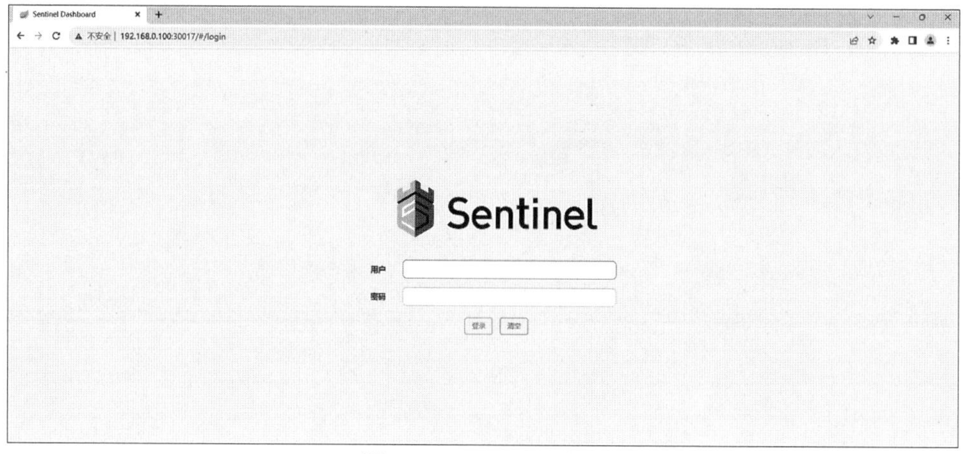

图 15-13 Sentinel 界面

Sentinel 默认的用户名和密码均为 sentinel，可以用默认的账号和密码登录。登录后的界面如图 15-14 所示。

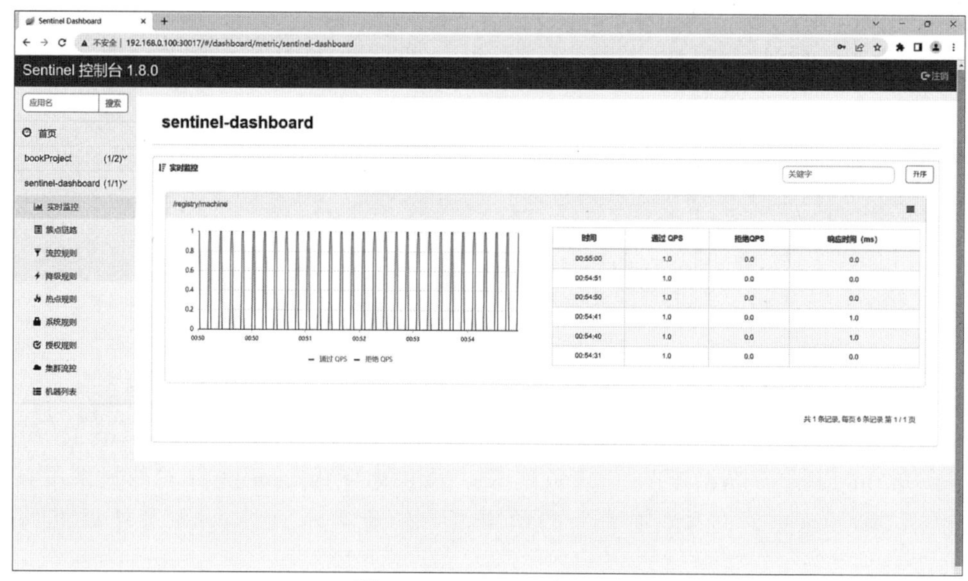

图 15-14 Sentinel 主界面

15.3 使用 Kubernetes 编排图书管理模块

本节将前文讲述的 MySQL、Redis、Nacos 和 Sentinel 与基于 Spring Cloud Alibaba 的图书管理项目结合到一起。通过一个图书管理项目来将各个组件与 Spring Cloud Alibaba

结合。

15.3.1 微服务框架说明

本节实现的是基于 Spring Cloud Alibaba 组件的图书管理模块，具体的框架如图 15-15 所示。

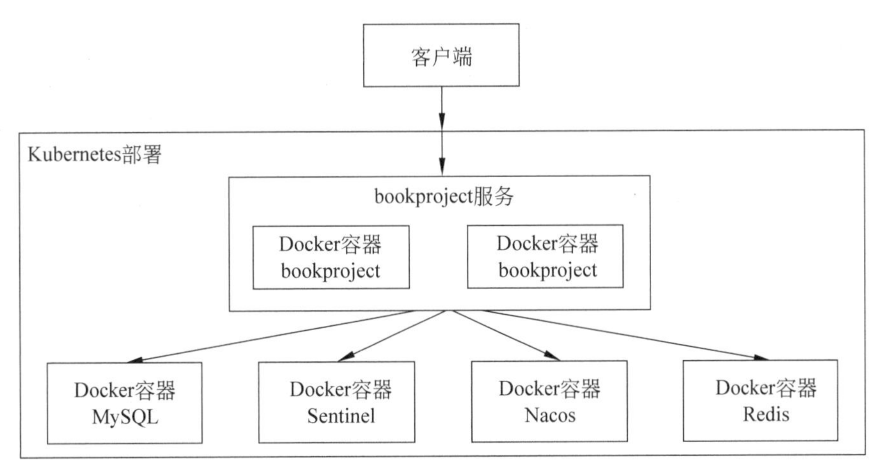

图 15-15　图书项目框架

由于相关的组件都基于 Docker 容器，所以用 Kubernetes 编排都是对各个 Docker 容器进行编排。

15.3.2 图书管理微服务模块

在 pom.xml 文件里面引入项目需要的依赖包，如 MySQL、Sentinel、Redis、Nacos、Lombok 等，示例配置如下：

```
<dependency>
    <groupId>org.springframework.boot</groupId>
    <artifactId>spring-boot-starter-web</artifactId>
</dependency>
<dependency>
    <groupId>mysql</groupId>
    <artifactId>mysql-connector-java</artifactId>
    <version>8.0.20</version>
</dependency>
<dependency>
    <groupId>org.springframework.boot</groupId>
    <artifactId>spring-boot-starter-data-jpa</artifactId>
    <version>3.0.2</version>
```

```
</dependency>
<dependency>
    <groupId>org.springframework.boot</groupId>
    <artifactId>spring-boot-starter-data-redis</artifactId>
</dependency>
<dependency>
    <groupId>com.google.code.gson</groupId>
    <artifactId>gson</artifactId>
    <version>2.8.0</version>
</dependency>
<dependency>
    <groupId>com.alibaba.cloud</groupId>
    <artifactId>spring-cloud-starter-alibaba-nacos-discovery</artifactId>
</dependency>
<dependency>
    <groupId>com.alibaba.cloud</groupId>
    <artifactId>spring-cloud-starter-alibaba-sentinel</artifactId>
</dependency>
<dependency>
    <groupId>org.projectlombok</groupId>
    <artifactId>alibaba</artifactId>
</dependency>
```

图书管理模块在 controller 里面有 3 种方法：addBook、addBook4 和 findBook；前两个用于向数据库 book 添加新的数据，findBook 用于根据图书的 id 来查找对应的信息，示例代码如下：

```
import com.alibaba.csp.sentinel.annotation.SentinelResource;
import org.springframework.beans.factory.annotation.Autowired;
import org.springframework.web.bind.annotation.PathVariable;
import org.springframework.web.bind.annotation.RequestMapping;
import org.springframework.web.bind.annotation.RestController;
import prj.model.book;
import prj.service.bookService;

@RestController
public class Controller {
    @Autowired
    bookService bookService;

    @SentinelResource(value ="savebook3")
    @RequestMapping("/savebook3")
    public void addBook(){
        book book =new book();
        book.setId(3);
```

```
        book.setName("计算机网络");
        book.setPrice(55);
        book.setInfomation("计算机网络的简介");
        bookService.savebook(book);
    }
    @SentinelResource(value ="savebook4")
    @RequestMapping("/savebook4")
    public void addBook4(){
        book book =new book();
        book.setId(4);
        book.setName("操作系统");
        book.setPrice(65);
        book.setInfomation("操作系统的简介");
        bookService.savebook(book);
    }

    @SentinelResource(value ="findBook")
    @RequestMapping("/findBook/{id}")
    public book findBook(@PathVariable int id){
        return bookService.findBook(id);
    }


}
```

application.yml 文件需要填写相关组件的连接信息，注意配置里面的地址需要和本机的地址一致，例如本机的 IP 地址为 192.168.0.100，如果不知道本机地址，则可以通过终端输入命令 ipconfig 来查找本机的 IP 地址。同时，MySQL 的端口需要和前面 Kubernetes 编排的 MySQL 对外提供服务的端口一致，即 32316，MySQL 还需要提供用户名 root 和密码 123456；同理，Redis 及 Sentinel 等都需要保持和前文一致的端口信息，Redis 连接端口是 32079，Sentinel 的连接端口是 8085。

```
spring:
  application:
    name: bookProject
  cloud:
    nacos:
      discovery:
        server-addr: 192.168.0.100:32018
        #server-addr: localhost:8848
    sentinel:
      transport:
        port: 8085
        dashboard: 192.168.0.100:30017
```

```
  datasource:
    url: jdbc:mysql://192.168.0.100:32316/bookDB?characterEncoding=UTF-
8&useSSL=false&serverTimezone=UTC&allowPublicKeyRetrieval=true

    username: root
    password: 123456
    driver-class-name: com.mysql.cj.jdbc.Driver
  jpa:
    database: MYSQL
    show-sql: true
    hibernate:
      ddl-auto: validate
    properties:
      hibernate:
        dialect: org.hibernate.dialect.MySQL5Dialect
  redis:
    host: 192.168.0.100
    port: 32079
```

检查 Redis 缓存是否正常，可以先登录到本机的 Redis 查看，如图 15-16 所示。

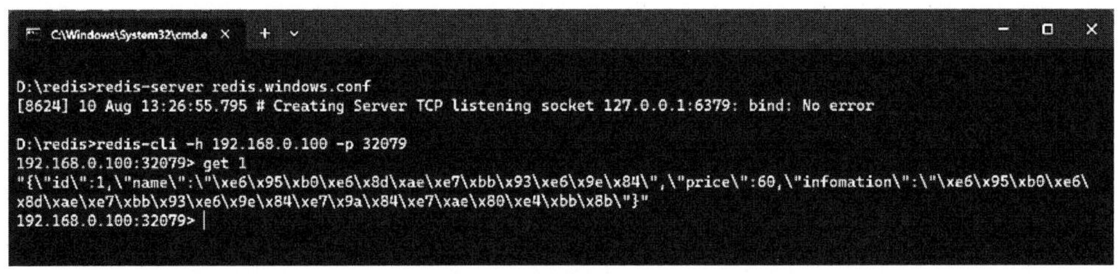

图 15-16　登录 Redis

程序运行后，可以通过浏览器查看是否正常运行，如图 15-17 所示。

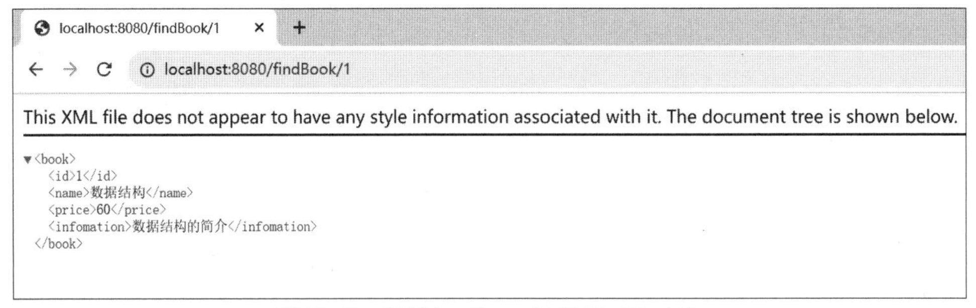

图 15-17　访问 localhost:8080/findBook/1

为了验证 Nacos 组件是否正常工作，可以通过 http://localhost:32018/nacos.index.html 来查看，如图 15-18 所示。

图 15-18　Nacos 界面

15.3.3　编排图书管理微服务模块

首先将项目打包，单击 IDEA 右侧的 Maven 按钮，单击项目的生命周期，然后单击 package 按钮，IDEA 会自动打包并在项目下生成一个 target 文件夹，里面的文件 bookproject-1.0-SNAPSHOT.jar 就是生成的包，如图 15-19 所示。

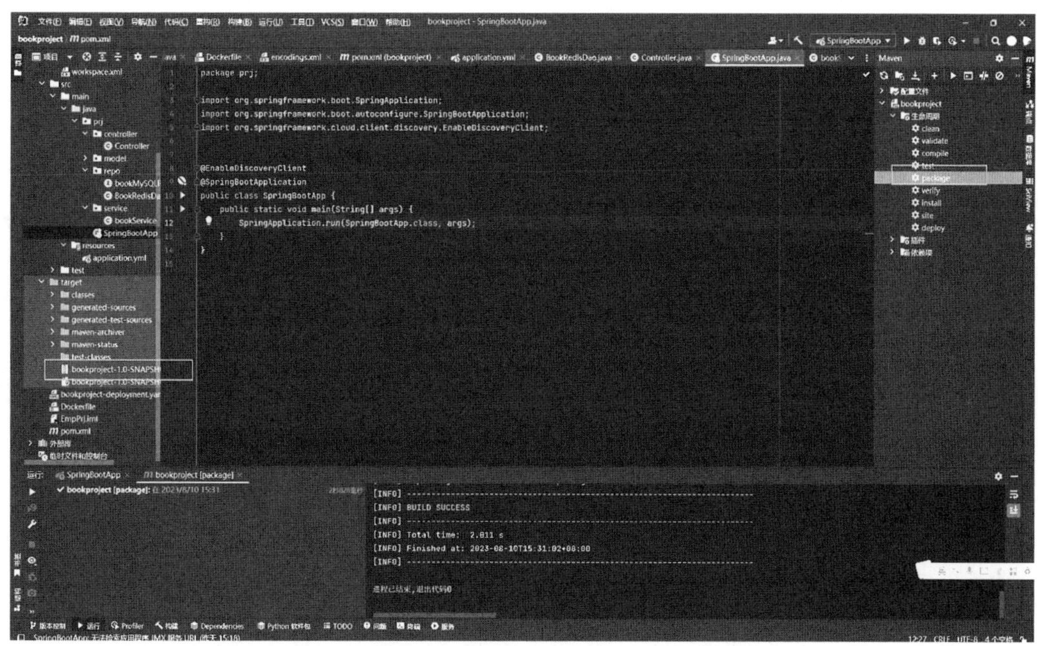

图 15-19　打包 bookproject 项目

接着编写 Dockerfile 文件。文件的第 1 行代码是为了准备 Java 环境，第 2 行代码表示开放 8080 端口对外访问，第 3 行代码表示将 bookproject-1.0-SNAPSHOT.jar 重名为 app.jar，第 4 行代码表示启动对应镜像生成的容器时会以命令行的方式运行 app.jar，也就是启动图书管理模块,代码如下：

```
From openjdk:8
EXPOSE 8080
COPY target/bookproject-1.0-SNAPSHOT.jar app.jar
ENTRYPOINT ["java","-jar", "/app.jar"]
```

再将上述文件打包成镜像文件,执行命令 docker build -t bookproject-springboot:0.1.0 .。注意该命令最后需要加空格及一个英文的“.”。本书将其打包为 bookproject-springboot 镜像,镜像版本为 0.1.0,如图 15-20 所示。

```
D:\code\bookproject>docker build -t bookproject-springboot:0.1.0 .
[+] Building 3.5s (7/7) FINISHED
 => [internal] load .dockerignore                                                              0.0s
 => => transferring context: 2B                                                                0.0s
 => [internal] load build definition from Dockerfile                                           0.0s
 => => transferring dockerfile: 155B                                                           0.0s
 => [internal] load metadata for docker.io/library/openjdk:8                                   2.5s
 => [internal] load build context                                                              0.4s
 => => transferring context: 68.35MB                                                           0.4s
 => CACHED [1/2] FROM docker.io/library/openjdk:8@sha256:86e863cc57215cfb181bd319736d0baf625fe8f150577f9eb58bd937  0.0s
 => [2/2] COPY target/bookproject-1.0-SNAPSHOT.jar app.jar                                     0.2s
 => exporting to image                                                                         0.3s
 => => exporting layers                                                                        0.3s
 => => writing image sha256:46c35d116f006b3e76f765dbebf406be2e9c9ea7232c4ae2ab28c17f0cd7644a  0.0s
 => => naming to docker.io/library/bookproject-springboot:0.1.0                                0.0s
```

图 15-20　生成对应的容器

在此镜像编排 bookproject-deployment.yaml 文件。代码分成两部分,第一部分定义了 StatefulSet,从第 1 行到第 24 行。第二部分定义了 Service,从第 25 行到第 40 行。第 4 行代码表明该 StatefulSet 的名字为 bookprj。第 7 行代码表明会生成两个节点,以负载均衡的方式对外提供服务。第 20 行代码提供了端口 8080,表明该服务会对外提供服务,服务器端口是 8080。第 28 行代码定义了服务的名称 bookprj-service。第 30 行代码说明服务的 label 为 bookprj-service。第 32 行代码说明对外提供服务的方式是 NodePort。第 36 行代码说明 Pod 的内部端口是 8080,第 38 行代码说明服务对外提供端口是 30070。示例配置代码如图 15-21 所示。

执行该配置文件,执行命令 kubectl create -f bookproject-deployment.yaml,如图 15-22 所示。

15.3.4　测试 Kubernetes 编排微服务项目的效果

可以通过查看服务来验证部署是否成功,输入命令 kubectl get service,如图 15-23 所示。

通过 kubectl get pod 来验证是否成功生成对应的 pod,如图 15-24 所示,生成了两个 pod,与之前的保持一致。

为了验证图书管理模块能否正常运行,在浏览器地址栏输入 http://192.168.0.100:30070/findBook/1,如果可以看到对应 id 的书本信息,则表明图书管理模块正常运行,如图 15-25 所示。

```yaml
apiVersion: apps/v1
kind: StatefulSet
metadata:
  name: bookprj
spec:
  serviceName: bookprj
  replicas: 2
  template:
    metadata:
      labels:
        app: bookprj
      annotations:
        pod.alpha.kubernetes.io/initialized: "true"
    spec:
      containers:
        - name: bookprj
          imagePullPolicy: IfNotPresent
          image: bookproject-springboot:0.1.0
          ports:
            - containerPort: 8080
  selector:
    matchLabels:
      app: bookprj
---
apiVersion: v1
kind: Service
metadata:
  name: bookprj-service
  labels:
    name: bookprj-service
spec:
  type: NodePort
  ports:
  - port: 8080
    protocol: TCP
    targetPort: 8080
    name: http
    nodePort: 30070
  selector:
    app: bookprj
```

图 15-21　bookproject-deployment.yaml 配置代码

```
D:\code\bookproject>kubectl create -f bookproject-deployment.yaml
statefulset.apps/bookprj created
service/bookprj-service created
```

图 15-22　执行 bookproject-deployment.yaml

```
D:\code\bookproject>kubectl get service
NAME              TYPE       CLUSTER-IP      EXTERNAL-IP   PORT(S)          AGE
bookprj-service   NodePort   10.104.210.222  <none>        8080:30070/TCP   34s
```

图 15-23　查看 service

```
D:\code\bookproject>kubectl get pod
NAME                                 READY   STATUS    RESTARTS       AGE
bookprj-0                            1/1     Running   0              111s
bookprj-1                            1/1     Running   0              109s
mysql-deployment-76f985dd9-gk5n7     1/1     Running   1 (145m ago)   13h
nacos-0                              1/1     Running   4 (145m ago)   15d
redis-deployment-8474b55bfc-4m4wv    1/1     Running   4 (145m ago)   17d
sentinel-0                           1/1     Running   4 (145m ago)   15d
```

图 15-24　查看 pod

输入命令 kubectl get Service，查看是否产生对应的服务，如图 15-26 所示。

输入命令 kubectl get pod 查看是否产生对应的 pod，如图 15-27 所示。

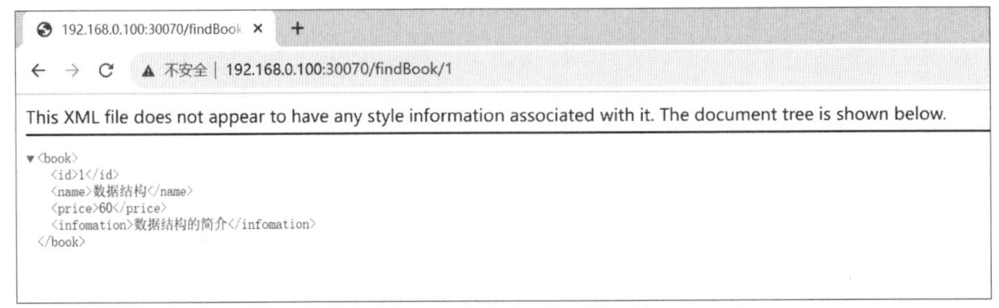

图 15-25　访问 192.168.0.100:30070/findBook/1

```
D:\code\EmpPrj>kubectl get Service
NAME                TYPE        CLUSTER-IP       EXTERNAL-IP   PORT(S)          AGE
empprj-service      NodePort    10.110.158.243   <none>        8080:30070/TCP   37s
```

图 15-26　查看 service

```
D:\code\bookproject>kubectl get pod
NAME                                  READY   STATUS    RESTARTS        AGE
bookprj-0                             1/1     Running   0               111s
bookprj-1                             1/1     Running   0               109s
mysql-deployment-76f985dd9-gk5n7      1/1     Running   1 (145m ago)    13h
nacos-0                               1/1     Running   4 (145m ago)    15d
redis-deployment-8474b55bfc-4m4wv     1/1     Running   4 (145m ago)    17d
sentinel-0                            1/1     Running   4 (145m ago)    15d
```

图 15-27　查看 pod

15.3.5　引入限流和熔断

由上文可知，Sentinel 对应的端口是 30017，所以访问 http://192.168.0.100:30017 可以访问 Sentinel。Sentinel 的默认账号和密码均为 sentinel。进入主界面后可以对图书管理模块的方法进行设置，实现限流和熔断。

本节为 addbook3 方法设置了单机阈值 10，表示此方法每秒限流 10 次，如图 15-28 所示。

图 15-28　限流

本节将 findBook 方法的异常数设置为 10，将最小请求数设置为 10，将熔断时长设置为 5s，表明如果访问 findBook 方法 10 次里面有 5 次是异常的情况下，就会熔断 5s，如图 15-29 所示。

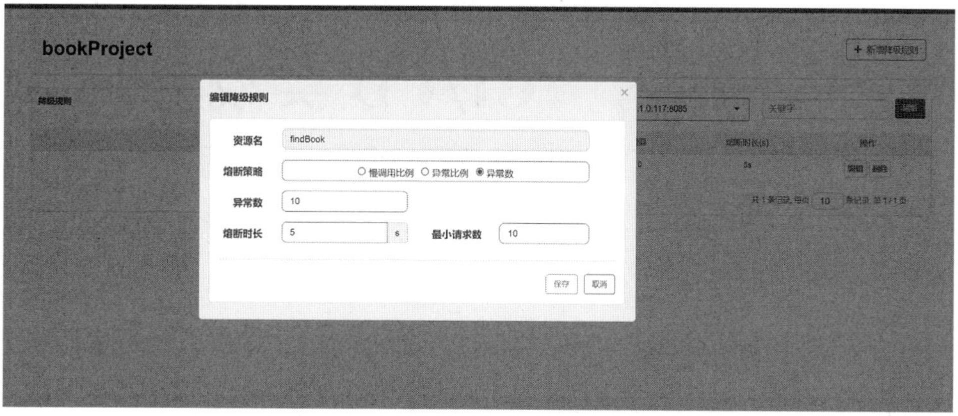

图 15-29　熔断

第16章 基于Jenkins的微服务CI/CD实战

本章主要内容：

- CI/CD简介
- Jenkins安装
- Jenkins基本配置
- 自动构建项目

本章介绍CI/CD的概念，Jenkins的安装与实现CI/CD的详细步骤。

16.1 CI/CD简介

持续集成(Continuous Integration，CI)是指持续地将开发人员对代码的修改集成到共享存储库中，并经常进行自动化构建和测试的软件开发实践。持续交付(Continuous Delivery)和持续部署(Continuous Deployment，CD)是CI的延伸，它们指的是将经过测试的代码自动发布到生产环境中，实现快速、可靠的软件发布流程。

CI/CD的核心概念可以总结为以下3点。

(1) 持续集成：持续地将开发人员对代码的修改集成到共享存储库中，并进行自动化构建和测试。

(2) 持续交付：将经过测试的代码自动发布到生产环境之前的一个预发布环境中，以便进行最终的手动测试或审批。

(3) 持续部署：将经过测试的代码自动发布到生产环境，实现自动化的软件发布流程，减少人工干预。

代码上线流程一般包括以下步骤：拉取代码、构建、测试、打包、部署。

Jenkins是一款开源的CI/CD软件，它提供了超过1000个插件来支持构建、部署和自动化，几乎可以满足任何项目的需求。Jenkins基于Java开发，旨在提供一个开放易用的软件平台，使持续集成成为可能，并促进团队协作和提高软件交付的效率。

16.2　Jenkins 安装

Jenkins 安装步骤如下。

(1) 进入官网 Jenkins 官网下载安装包 jenkins.war。

(2) 在安装包根路径下,运行命令 java --jar enkins.war,默认端口是 8080,如果要修改为其他端口,则上述命令后需要补充--httpPort=端口号。

(3) 打开浏览器,进入链接 http://localhost:8080,此时会出现如图 16-1 所示的界面。

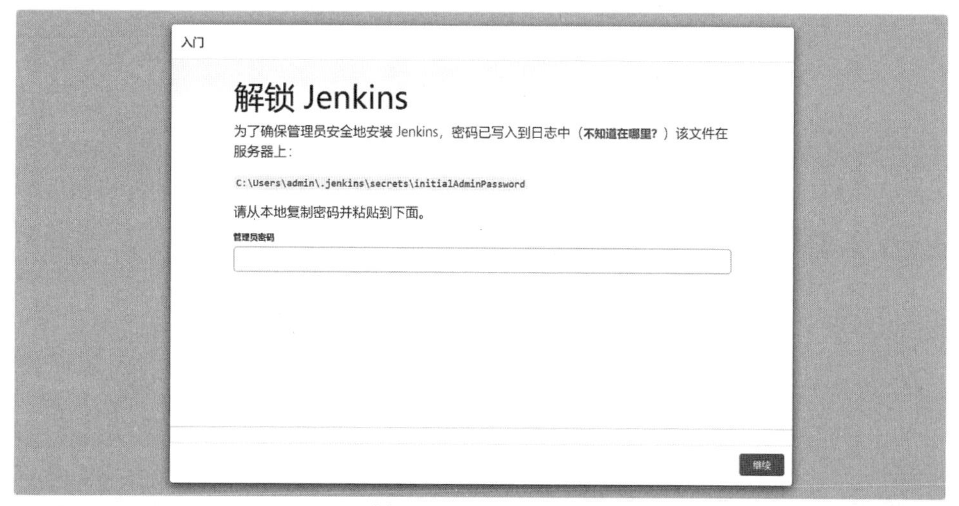

图 16-1　Jenkins 界面

(4) 填写初始密码,激活系统。这个密码可以在启动 Jenkins 的命令行窗口中找到,也可以在图中所示的路径下找到。单击“继续”按钮,结果如图 16-2 所示。

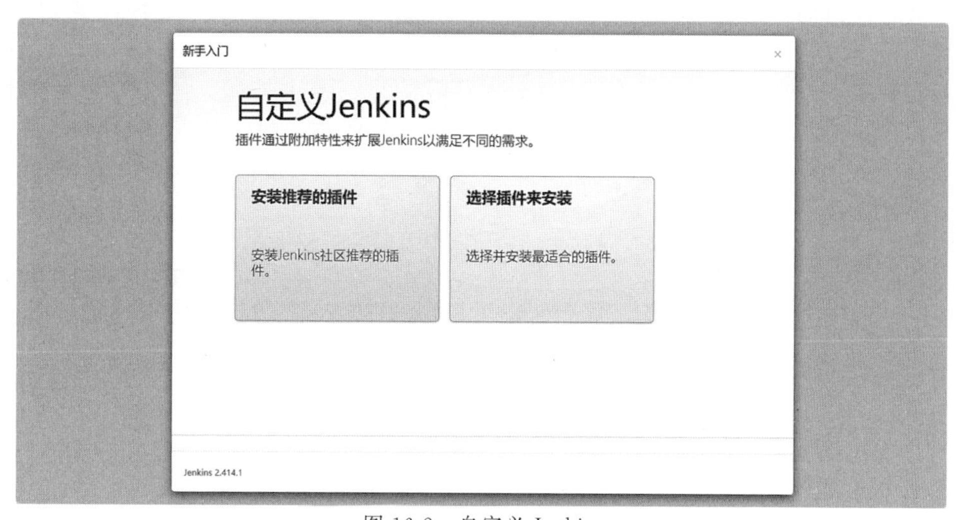

图 16-2　自定义 Jenkins

(5) 进入插件安装选择。这里建议选择推荐安装的插件,保证常用的功能可以使用。选择后,进入插件安装页面,如图 16-3 所示。

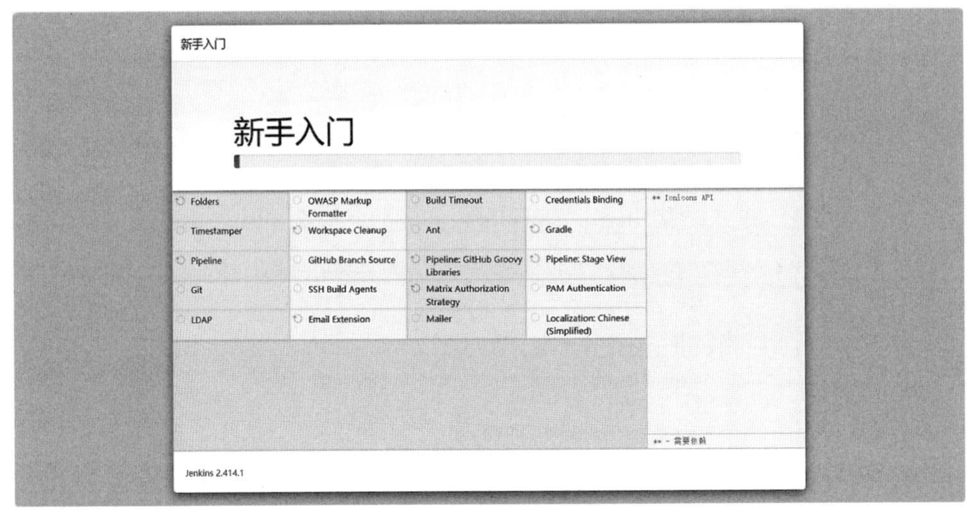

图 16-3 插件安装页面

(6) 设置第 1 个管理员用户,填写用户名与密码等信息,下次登录时将以此用户名与密码登录,也可以不创建,选择下面的"使用 admin 账户继续",则用户名仍然是 admin,密码也是原来控制台提供的密码,如图 16-4 所示。

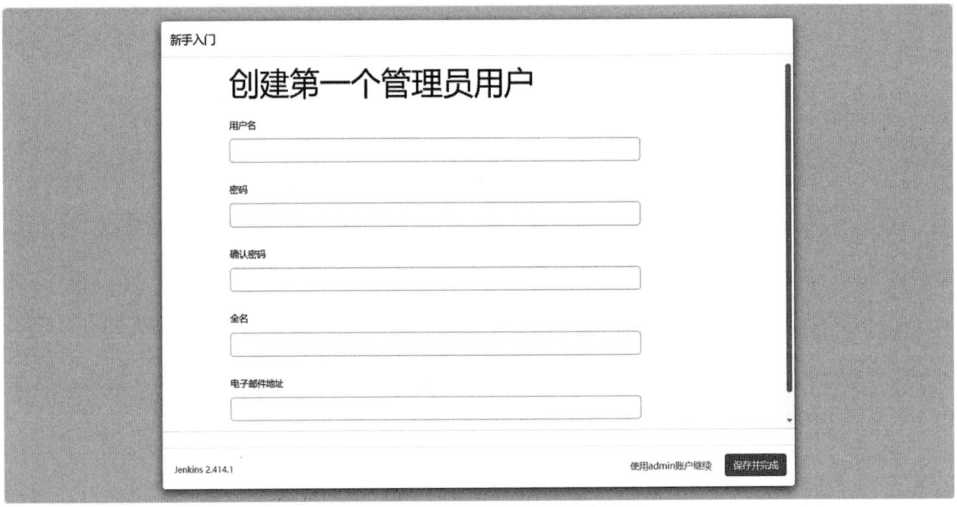

新手入门
创建第一个管理员用户
用户名
密码
确认密码
全名
电子邮件地址
Jenkins 2.414.1
使用admin账户继续
保存并完成

图 16-4 创建管理员用户

然后进入实例配置界面,如图 16-5 所示。

保持默认信息,单击"保存"按钮,结果如图 16-6 所示。

(7) 单击"开始使用 Jenkins"按钮,进入 Jenkins 主界面,结果如图 16-7 所示。

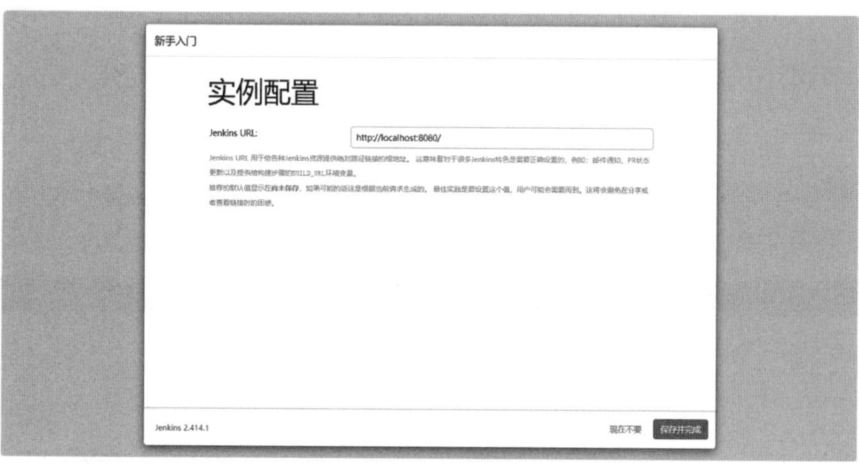

图 16-5　实例配置界面

图 16-6　保存成功界面

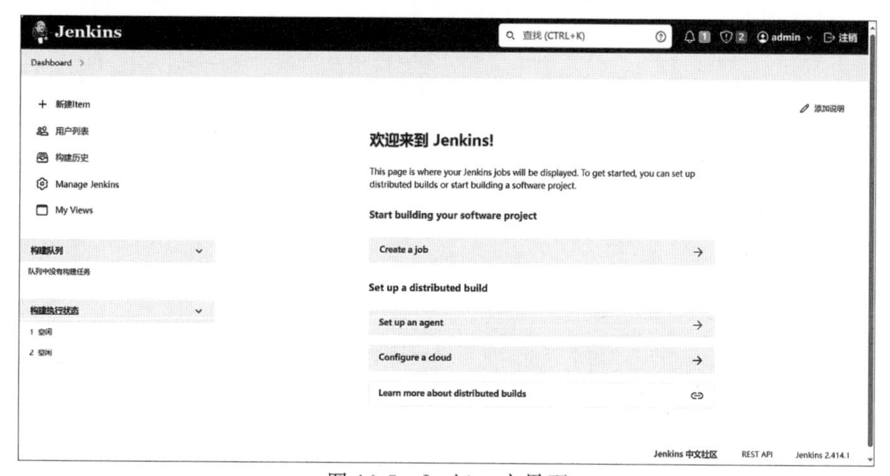

图 16-7　Jenkins 主界面

16.3 Jenkins 基本配置

进入 Jenkins 主界面后，还要进行一些基本的配置。配置的目的之一是使 Jenkins 能使用本地的一些工具(如 Maven、Git、JDK)构建所需的操作。选择左侧的 Manage Jenkins，结果如图 16-8 所示。

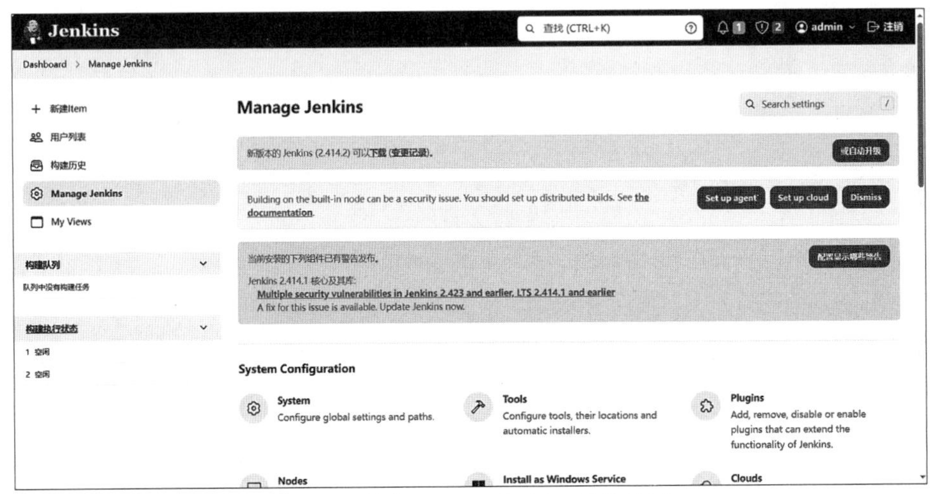

图 16-8　单击 Manage Jenkins 后的界面

单击图中的 Tools 按钮，结果如图 16-9 所示。

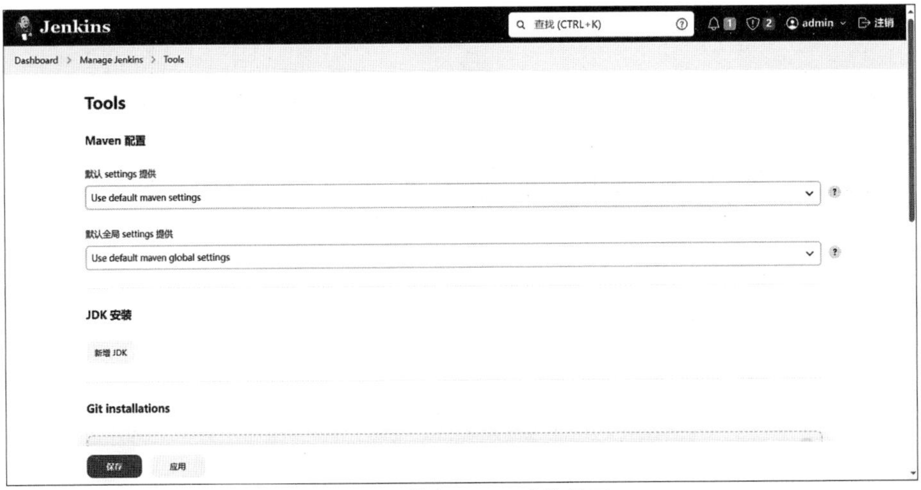

图 16-9　单击 Tools 后的界面

接下来需要在这里分别配置本地计算机上的 Maven 的 settings.xml 文件、JDK 主目录、git.exe 的路径、Maven 主目录，如图 16-10～图 16-13 所示。

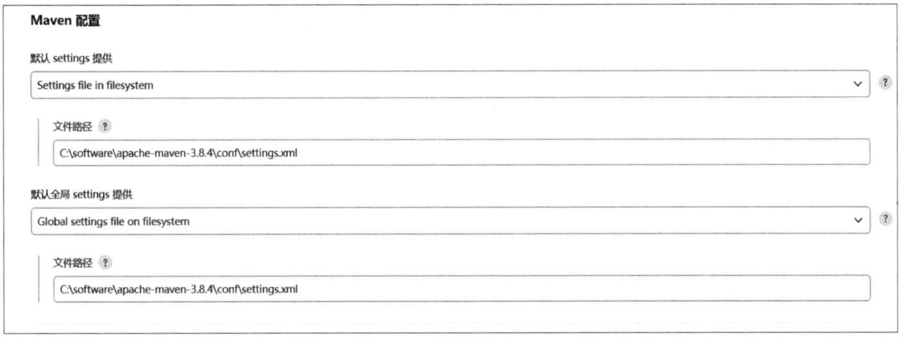

Maven 配置

默认 settings 提供

Settings file in filesystem

文件路径

C:\software\apache-maven-3.8.4\conf\settings.xml

默认全局 settings 提供

Global settings file on filesystem

文件路径

C:\software\apache-maven-3.8.4\conf\settings.xml

图 16-10　Maven 配置

图 16-11　JDK 安装

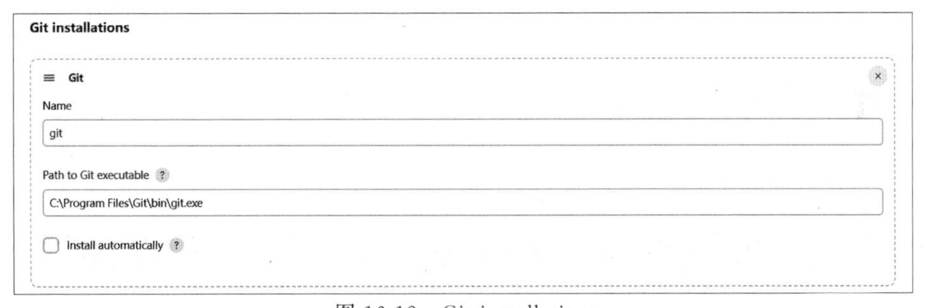

图 16-12　Git installations

图 16-13　Maven 安装

最后单击“保存”按钮。

16.4 自动构建项目

安装 JDK 17、Maven 和 Git，并且打开第 12 章的 HelloDocker 项目，使用浏览器访问 http://localhost:8081/helloDocker，即可返回 Hello Docker，并且会把源码上传到 Gitee 远程仓库。

16.4.1 创建任务

在 Jenkins 中创建任务。选择左侧的“新建 Item”，结果如图 16-14 所示。

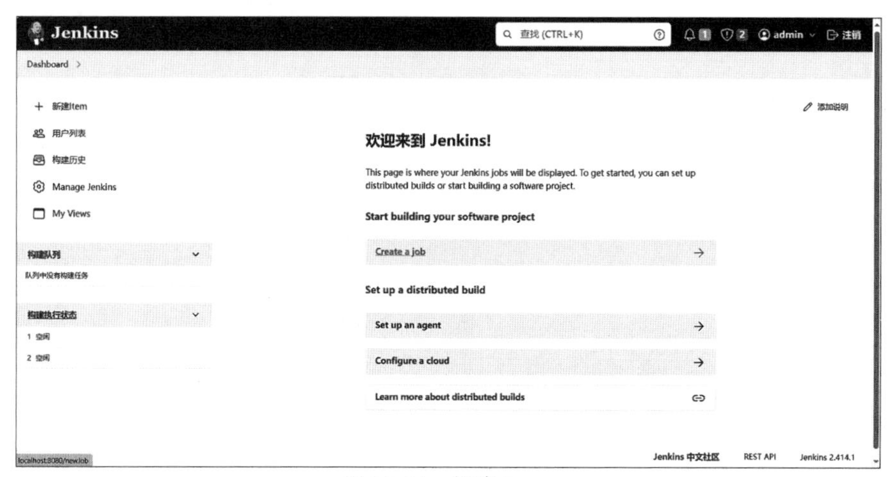

图 16-14 新建 Item

在图 16-15 中输入任务名称，例如 taskDemo1，然后选择 Freestyle project(自由风格的项目)。再单击“确定”按钮，结果如图 16-16 所示。

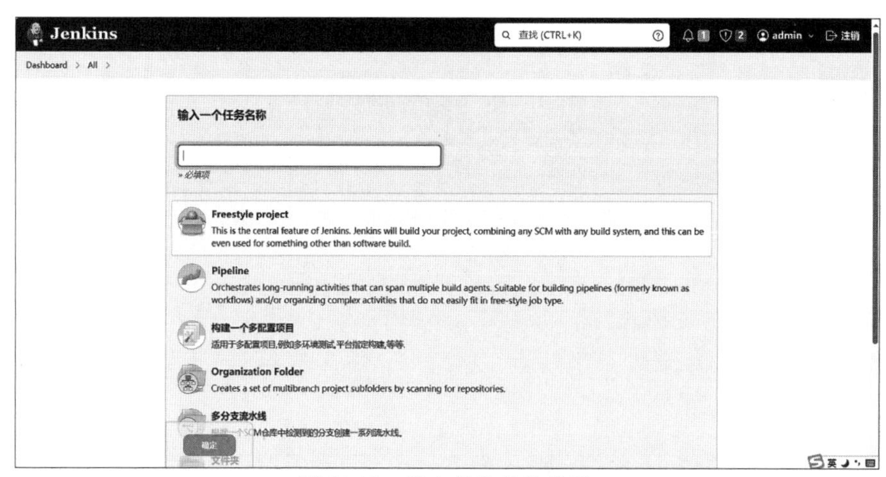

图 16-15 输入任务名称界面

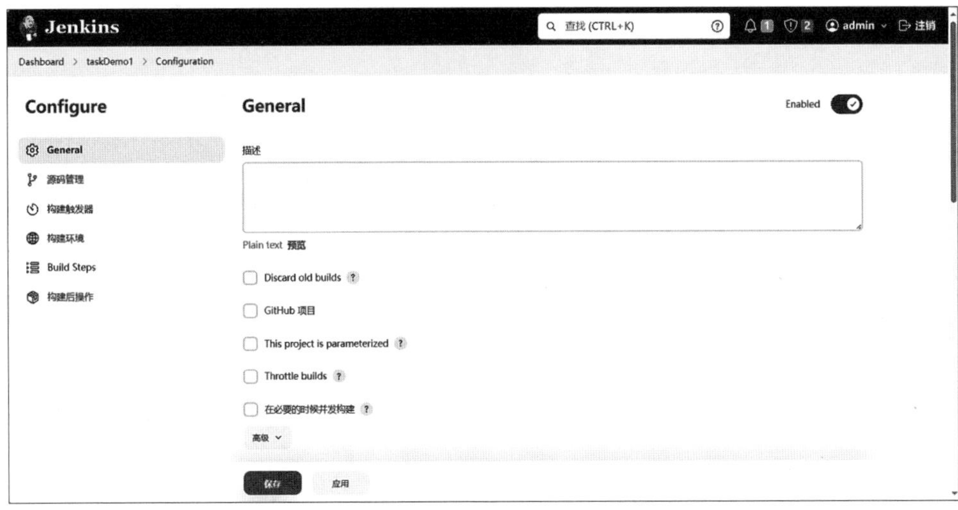

图 16-16　选择 Freestyle project 后的界面

16.4.2　设置源码管理

单击左侧菜单中的“源码管理”，选择 Git 并在 Repository URL 中输入 Gitee 中的仓库地址，然后单击“保存”按钮，如图 16-17 所示。

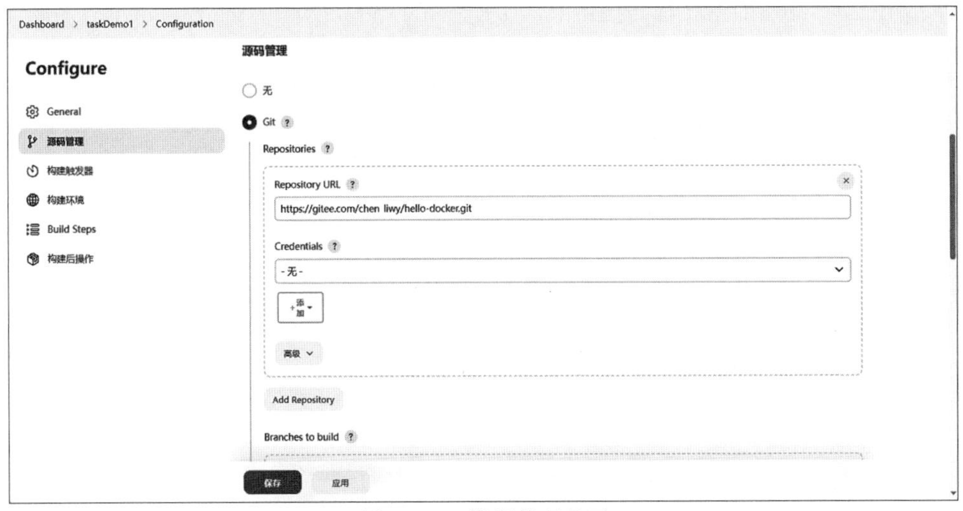

图 16-17　资源管理界面

由于本案例使用的远程仓库是开源的，所以无须设置用户名或密码，如果不是开源的，则需要选择“高级”，设置 Gitee 的用户名与密码。

16.4.3 构建步骤

选择“源码管理”，选择构建环境中的 Delete workspace before starts 选项，表示每次从远端代码仓库中拉取代码前都会删除上次保存在本地的项目代码，如图 16-18 所示。

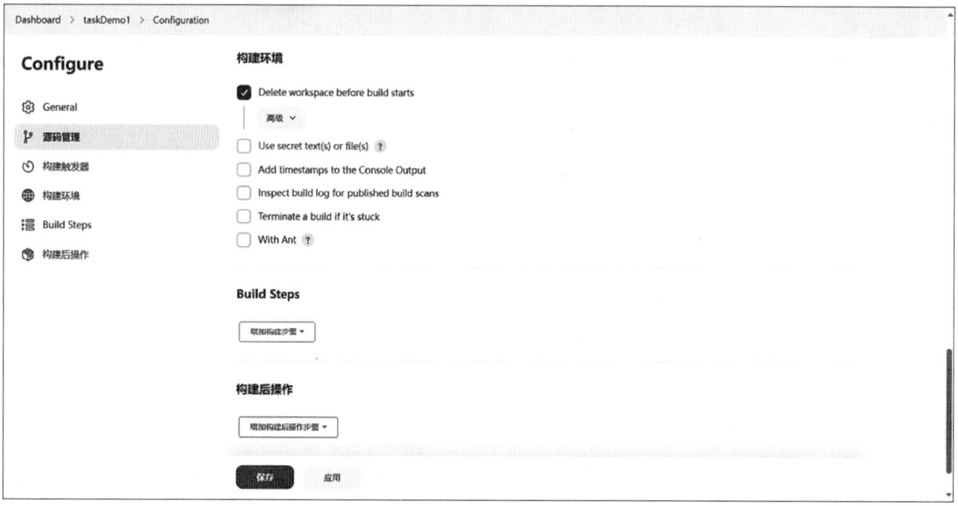

图 16-18 源码管理

单击 Build Steps 的下拉框，选择第 1 项 Execute Windows batch command，如图 16-19 所示，选择此项后的界面如图 16-20 所示。

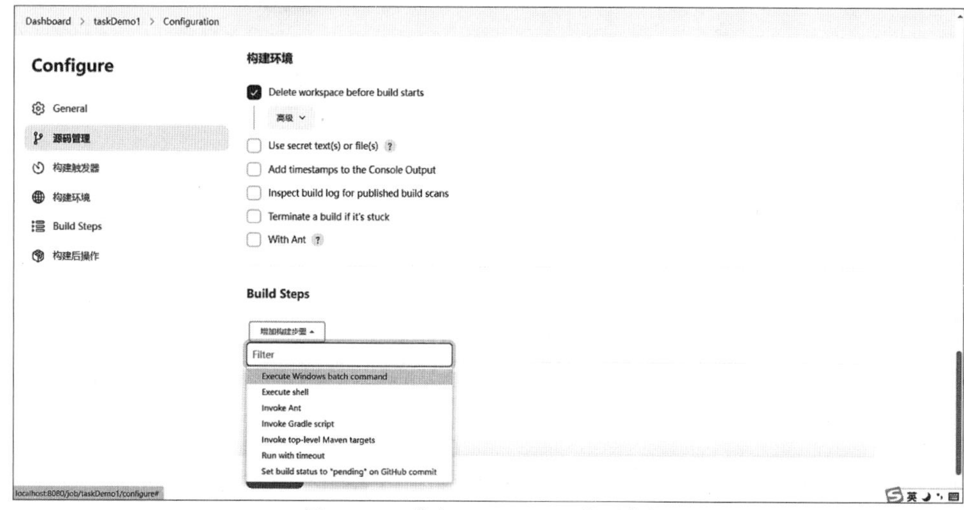

图 16-19 单击 Build Steps 的下拉框

在命令文本域中输入命令 mvn clean package，如图 16-21 所示。

选择 Build Steps，在出现的命令文本域中输入命令 docker stop hellodocker，其中

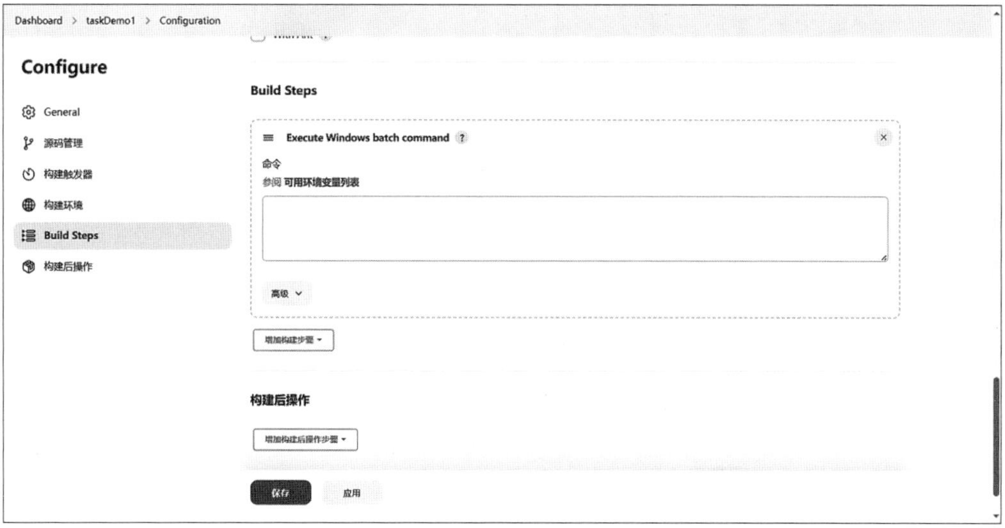

图 16-20 选择 Execute Windows batch command 后的界面

图 16-21 输入 mvn clean package

hellodocker 是自定义的一个 Docker 容器，如图 16-22 所示。

由于名为 hellodocker 的 Docker 容器在某些情形下可能已经被删除，所以此语句执行时可能会报错，并终止本次任务。为了避免报错，可单击“高级”按钮，在弹出的“设置为构建不稳定时的退出码”中输入值 1，如图 16-23 所示。

继续增加构建步骤，输入命令 docker rm hellodocker，并且同样将“设置为构建不稳定时的退出码”的值配置为 1。

继续增加构建步骤，输入命令：docker rmi hellodocker-img:0.1.0，并且同样将“设置为

图 16-22　输入 docker stop hellodocker

图 16-23　高级设置

构建不稳定时的退出码"的配置值为 1。

继续增加构建步骤，输入命令 docker build -t hellodocker-img:0.1.0 .，注意这个命令的最后有个点号，代表当前目录。

继续增加构建步骤，输入命令 docker run -p 8081:8081 -itd -name hellodocker hellodocker-img:0.1.0，最后单击"保存"按钮。

上面的各个子任务全部串起来的意思就是先清空，再打 JAR 包，停止原来的容器，清除原来的 Docker 镜像与容器，然后重新创建镜像，再重新启动 Docker 容器。Jenkins 将一键执行所有这些操作，无须开发者手动一个一个执行。Jenkins 会自动从 Git 远程仓库中拉取源码以完成上述任务。

16.5 测试步骤

测试步骤如下。

（1）将第 12 章的 Docker 项目作为要构建的项目，使用 IDEA 打开项目。

（2）在 Gittee 中创建一个仓库，设置为开源，并复制好仓库地址。

（3）在 IDEA 中配置 Git，并与上述远程仓库关联。

（4）启动 Docker 容器，这里启动 Windows 的 Docker Desktop。

（5）在 IDEA 中将当前项目提交到远程仓库。

（6）进入 Jenkins 管理界面，找到并进入上述新建的任务 taskDemo1，单击左侧的 Build Now 按钮，如图 16-24 所示，Jenkins 将从远程仓库拉取源码并执行上述任务。

图 16-24　Jenkins 管理界面

构建完成后结果可能成功，也可能失败，如果失败，则左侧是红色的 X，这时可以单击红色的 X 查看控制台的输出，查找失败的原因，修改后再次单击 Build Now，直到出现绿色的图标为止，代表成功。成功构建后查看 Docker Desktop 会发现里面出了 helloDocker 容器，并处于正常运行状态，如图 16-25 所示。

（7）容器运行后，就可用浏览器访问 localhost:8081/helloDocker 了，如图 16-26 所示。

到此实现自动部署一键完成。

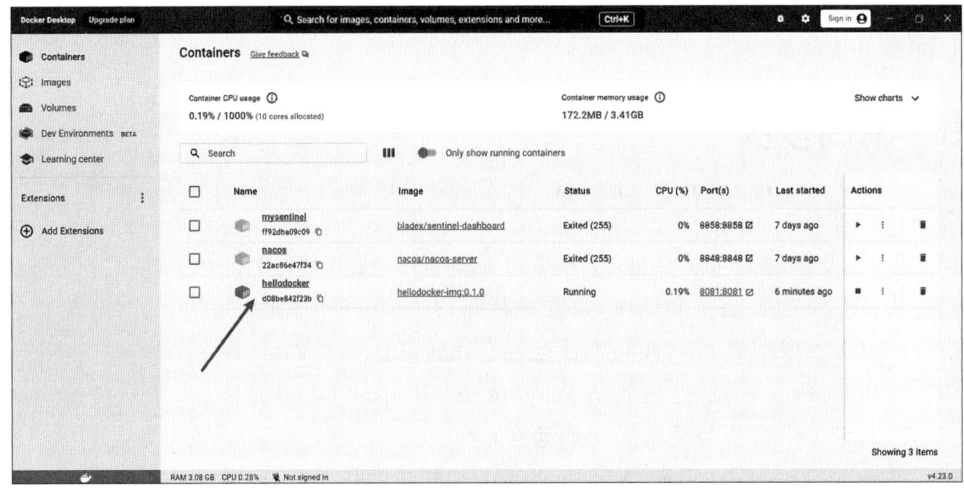

图 16-25　Docker Desktop 界面

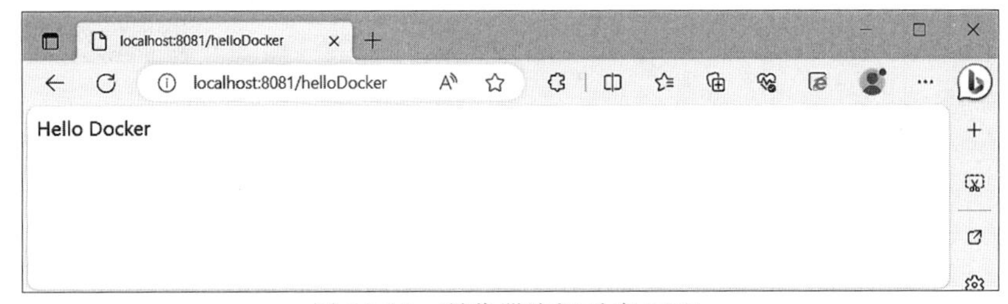

图 16-26　浏览器访问对应 URL

参 考 文 献

[1] 谭锋. Spring Cloud Alibaba 微服务原理与实战[M]. 北京：电子工业出版社，2020.

[2] 曹宇，王宇翔，胡书敏. Spring Cloud Alibaba 与 Kubernetes 微服务容器化实践[M]. 北京：清华大学出版社，2022.

[3] 黄文毅. Spring Boot＋Spring Cloud＋Spring Cloud Alibaba 微服务训练营[M]. 北京：清华大学出版社，2021.

[4] 周仲清. Spring Cloud Alibaba 微服务实战[M]. 北京：北京大学出版社，2021.

[5] 胡弦. Spring Cloud Alibaba 微服务架构实战派[M]. 北京：电子工业出版社，2022.

[6] 胡永锋，胡亚威，甄瑞英. Spring Cloud Alibaba 微服务框架电商平台搭建与编程解析[M]. 北京：人民邮电出版社，2023.

[7] 高洪岩. SPRING CLOUD ALIBABA 核心技术与实战案例[M]. 北京：北京大学出版社，2023.

图 书 推 荐

书　　名	作　　者
仓颉语言实战（微课视频版）	张磊
仓颉语言核心编程——入门、进阶与实战	徐礼文
仓颉语言程序设计	董昱
仓颉程序设计语言	刘安战
仓颉语言元编程	张磊
仓颉语言极速入门——UI 全场景实战	张云波
HarmonyOS 移动应用开发（ArkTS 版）	刘安战、余雨萍、陈争艳 等
公有云安全实践（AWS 版 · 微课视频版）	陈涛、陈庭暄
虚拟化 KVM 极速入门	陈涛
虚拟化 KVM 进阶实践	陈涛
移动 GIS 开发与应用——基于 ArcGIS Maps SDK for Kotlin	董昱
Vue＋Spring Boot 前后端分离开发实战（第 2 版 · 微课视频版）	贾志杰
前端工程化——体系架构与基础建设（微课视频版）	李恒谦
TypeScript 框架开发实践（微课视频版）	曾振中
精讲 MySQL 复杂查询	张方兴
Kubernetes API Server 源码分析与扩展开发（微课视频版）	张海龙
编译器之旅——打造自己的编程语言（微课视频版）	于东亮
全栈接口自动化测试实践	胡胜强、单镜石、李睿
Spring Boot＋Vue.js＋uni-app 全栈开发	夏运虎、姚晓峰
Selenium 3 自动化测试——从 Python 基础到框架封装实战（微课视频版）	栗任龙
Unity 编辑器开发与拓展	张寿昆
跟我一起学 uni-app——从零基础到项目上线（微课视频版）	陈斯佳
Python Streamlit 从入门到实战——快速构建机器学习和数据科学 Web 应用（微课视频版）	王鑫
Java 项目实战——深入理解大型互联网企业通用技术（基础篇）	廖志伟
Java 项目实战——深入理解大型互联网企业通用技术（进阶篇）	廖志伟
深度探索 Vue.js——原理剖析与实战应用	张云鹏
前端三剑客——HTML5＋CSS3＋JavaScript 从入门到实战	贾志杰
剑指大前端全栈工程师	贾志杰、史广、赵东彦
JavaScript 修炼之路	张云鹏、戚爱斌
Flink 原理深入与编程实战——Scala＋Java（微课视频版）	辛立伟
Spark 原理深入与编程实战（微课视频版）	辛立伟、张帆、张会娟
PySpark 原理深入与编程实战（微课视频版）	辛立伟、辛雨桐
HarmonyOS 原子化服务卡片原理与实战	李洋
鸿蒙应用程序开发	董昱
HarmonyOS App 开发从 0 到 1	张诏添、李凯杰
Android Runtime 源码解析	史宁宁
恶意代码逆向分析基础详解	刘晓阳
网络攻防中的匿名链路设计与实现	杨昌家
深度探索 Go 语言——对象模型与 runtime 的原理、特性及应用	封幼林
深入理解 Go 语言	刘丹冰
Spring Boot 3.0 开发实战	李西明、陈立为
全解深度学习——九大核心算法	于浩文

续表

书　　名	作　　者
HuggingFace 自然语言处理详解——基于 BERT 中文模型的任务实战	李福林
动手学推荐系统——基于 PyTorch 的算法实现(微课视频版)	於方仁
深度学习——从零基础快速入门到项目实践	文青山
LangChain 与新时代生产力——AI 应用开发之路	陆梦阳、朱剑、孙罗庚、韩中俊
图像识别——深度学习模型理论与实战	于浩文
编程改变生活——用 PySide6/PyQt6 创建 GUI 程序(基础篇·微课视频版)	邢世通
编程改变生活——用 PySide6/PyQt6 创建 GUI 程序(进阶篇·微课视频版)	邢世通
编程改变生活——用 Python 提升你的能力(基础篇·微课视频版)	邢世通
编程改变生活——用 Python 提升你的能力(进阶篇·微课视频版)	邢世通
Python 量化交易实战——使用 vn.py 构建交易系统	欧阳鹏程
Python 从入门到全栈开发	钱超
Python 全栈开发——基础入门	夏正东
Python 全栈开发——高阶编程	夏正东
Python 全栈开发——数据分析	夏正东
Python 编程与科学计算(微课视频版)	李志远、黄化人、姚明菊 等
Python 数据分析实战——从 Excel 轻松入门 Pandas	曾贤志
Python 概率统计	李爽
Python 数据分析从 0 到 1	邓立文、俞心宇、牛瑶
Python 游戏编程项目开发实战	李志远
Java 多线程并发体系实战(微课视频版)	刘宁萌
从数据科学看懂数字化转型——数据如何改变世界	刘通
Dart 语言实战——基于 Flutter 框架的程序开发(第 2 版)	亢少军
Dart 语言实战——基于 Angular 框架的 Web 开发	刘仕文
FFmpeg 入门详解——音视频原理及应用	梅会东
FFmpeg 入门详解——SDK 二次开发与直播美颜原理及应用	梅会东
FFmpeg 入门详解——流媒体直播原理及应用	梅会东
FFmpeg 入门详解——命令行与音视频特效原理及应用	梅会东
FFmpeg 入门详解——音视频流媒体播放器原理及应用	梅会东
FFmpeg 入门详解——视频监控与 ONVIF+GB28181 原理及应用	梅会东
Python 玩转数学问题——轻松学习 NumPy、SciPy 和 Matplotlib	张骞
Pandas 通关实战	黄福星
深入浅出 Power Query M 语言	黄福星
深入浅出 DAX——Excel Power Pivot 和 Power BI 高效数据分析	黄福星
从 Excel 到 Python 数据分析:Pandas、xlwings、openpyxl、Matplotlib 的交互与应用	黄福星
云原生开发实践	高尚衡
云计算管理配置与实战	杨昌家
HarmonyOS 从入门到精通 40 例	戈帅
OpenHarmony 轻量系统从入门到精通 50 例	戈帅
AR Foundation 增强现实开发实战(ARKit 版)	汪祥春
AR Foundation 增强现实开发实战(ARCore 版)	汪祥春